水利水电水工金属结构安装工程单元工程施工质量验收评定表实例及填表说明

郭海　彭立前　等　编著

中国水利水电出版社
www.waterpub.com.cn
·北京·

内容提要

2012年9月、2013年8月，水利部批准了《水利水电工程单元工程施工质量验收评定标准》（SL 631～637—2012、SL 638～639—2013）9项标准为水利行业标准。为推动该标准的执行，进一步帮助广大水利水电工程质量管理人员理解和掌握该标准，松辽水利委员会水利工程建设管理站组织相关专家编写了本书。本书对应《水利水电工程单元工程施工质量验收评定标准——水工金属结构安装工程》（SL 635—2012），分三部分，共计152个表格。第一部分为水工金属结构安装工程单元工程施工质量验收评定表，计136个表格，其中样表68个表格，实例68个表格；第二部分为施工质量评定备查表，共11个样表；第三部分为单位、分部工程质量评定通用表，共5个样表。本书具有较强的理论性、实践性和操作性。

本书既可供广大水利水电工程的施工单位、监理单位和项目法人单位的施工、质量管理人员参考使用，也可作为高等院校水利工程质量专业师生的辅助教材。

图书在版编目（CIP）数据

水利水电水工金属结构安装工程单元工程施工质量验收评定表实例及填表说明 / 郭海，彭立前等编著. -- 北京：中国水利水电出版社，2017.11

ISBN 978-7-5170-6063-5

Ⅰ. ①水… Ⅱ. ①郭… ②彭… Ⅲ. ①水利水电工程－金属结构－工程施工－工程质量－工程验收－表格 Ⅳ. ①TV5-62

中国版本图书馆CIP数据核字(2017)第288474号

书　名	**水利水电水工金属结构安装工程单元工程施工质量验收评定表实例及填表说明** SHUILI SHUIDIAN SHUIGONG JINSHU JIEGOU ANZHUANG GONGCHENG DANYUAN GONGCHENG SHIGONG ZHILIANG YANSHOU PINGDINGBIAO SHILI JI TIANBIAO SHUOMING
作　者	郭海　彭立前 等　编著
出版发行	中国水利水电出版社 （北京市海淀区玉渊潭南路1号D座　100038） 网址：www.waterpub.com.cn E-mail：sales@waterpub.com.cn 电话：（010）68367658（营销中心）
经　售	北京科水图书销售中心（零售） 电话：（010）88383994、63202643、68545874 全国各地新华书店和相关出版物销售网点
排　版	中国水利水电出版社微机排版中心
印　刷	北京市密东印刷有限公司
规　格	184mm×260mm　16开本　19.5印张　462千字
版　次	2017年11月第1版　2017年11月第1次印刷
印　数	0001—2000册
定　价	**79.00**元

凡购买我社图书，如有缺页、倒页、脱页的，本社营销中心负责调换

版权所有·侵权必究

编 写 人 员 名 单

主　　编：郭　海　彭立前

副 主 编：周　兵　巩维屏　蔡永坤　张越鹏

编写人员：王秀梅　王　诚　何世军　杨　微

贾长青　翟天夫　高　远　武长松

陈张羽　吴文吉　刘　佳　杜　臣

李留安　关林超　王立勇　邹玉涛

张继真　范文涛　王　昕

前　　言

为进一步加强水利水电工程施工质量管理，统一单元工程施工质量验收评定标准，规范工程质量评定工作，2012年9月、2013年8月，水利部分别以〔2012〕第57号、〔2013〕第39号公告发布了《水利水电工程单元工程施工质量验收评定标准》(SL 631～637—2012、SL 638～639—2013）（以下简称《新标准》），包括土石方工程、混凝土工程、地基处理与基础工程、堤防工程、水工金属结构安装工程、水轮发电机组安装工程、水力机械辅助设备系统安装工程、发电电气设备安装工程、升压变电电气设备安装工程。《新标准》替代了原《水利水电基本建设工程单元工程质量等级评定标准（试行）》(SDJ 249.1～6—1988）和《水利水电基本建设工程单元工程质量等级评定标准（七）——碾压式土石坝和浆砌石坝》(SL 38—1992)、《堤防工程施工质量评定与验收规程（试行）》(SL 239—1999)。

自《新标准》实施以来，水利部及相关省（自治区、直辖市）根据《新标准》的要求，结合工程实际情况，编写了“水利水电工程施工质量评定表及填表说明”。2016年4月，水利部建设与管理司组织编制出版了《水利水电工程单元工程施工质量验收评定表及填表说明》(上、下册）（以下简称《新填表说明》），包括土石方工程、混凝土工程、地基处理与基础工程、堤防工程、水工金属结构安装工程、水轮发电机组安装工程、水力机械辅助设备系统安装工程、发电电气设备安装工程、升压变电电气设备安装工程。

松辽水利委员会水利工程建设管理站为推动《新标准》及《新填表说明》的贯彻落实，提升质量管理人员对《新标准》的理解和执行，组织松辽流域四省（自治区）质量监督单位、辽西北工程建设管理局等大型工程参建单位的专家收集整理了不同类型工程的实际案例，编写了《水利水电工程单元工程施工质量验收评定表实例及填表说明》(以下简称《实例及说明》)。本书旨在结合工程实际案例，对《新标准》进行具体诠释，为工程建设的各参建方和工程质量监督人员提供帮助和指导。

《实例及说明》对应《新标准》(SL 631～637—2012、SL 638～639—2013）及《新填表说明》，分为9册。本书是其中之一，全书共分为三部分，共计152个表格。第一部分为水工金属结构安装工程单元工程施工质量验收评定表，计 136 个表格，其中样表 68 个表格，实例 68 个表格；第二部分为施工质量评定备查表，计 11 个样表；第三部分为单位、分部工程质量评定通用表，计 5 个样表。在实际工程中，如有《新标准》尚未涉及的单元工程时，其质量标准及评定表格，由项目法人组织监理、设计、施工单位根据设计要求和设备生产厂商的技术说明书，制定施工、安装的质量验收评定标准，并按《新标准》的格式（表头、表身、表尾）制定相应的质量验收评定表格，报相应的质量监督机构核备。

由于近年来东北四省（自治区）水利工程数量多、投资大，为了尽快满足工程质量验收评定工作的需要，本书编著时间较短，选用的案例较多，案例选择也不尽完善，相关资料不足和编者水平有限，书中难免有不完善之处。敬请各位读者和工程质量管理人员在使用过程中如发现问题，请及时与编者联系，我们将不胜感激。

本书在编写过程中得到了松辽流域有关单位的领导、专家的大力协助，在此一并感谢。

编者

2016 年 12 月

填表基本规定

《水利水电水工金属结构安装工程单元工程施工质量验收评定表》（以下简称《水工金属结构安装工程质评表》）是检验与评定施工质量及工程验收的基础资料，也是进行工程维修和事故处理的重要凭证。工程竣工验收后，《水工金属结构安装工程质评表》将作为档案资料长期保存。因此，必须认真做好《水工金属结构安装工程质评表》的填写工作。

一、基本要求

单元（安装质量检验项目）工程完工后，应及时评定其质量等级，并按现场检验结果如实填写《水工金属结构安装工程质评表》。现场检验应遵守随机取样原则，填写《水工金属结构安装工程质评表》应遵守以下基本规定。

1. 格式要求

（1）表格原则上左右边距各2cm，装订线1cm，装订线在左，上边距2.54cm，下边距2.5cm，如表格文字太多可适当调整。表内文字上下居中，超过一行的文字左对齐。

（2）工程名称为宋体小四号字，表名为宋体四号字。表内原有文字采用宋体五号字，如字数过多最小可采用小五号字。其中阿拉伯数字、单位、百分号采用 Times New Roman 字体，五号字。

（3）表内标点符号、括号、“/”等用全角；“±”采用 Word 插入特殊数学符号。

（4）《水工金属结构安装工程质评表》与备查资料的制备规格纸张采用国际标准 A4（210mm×297 mm）纸。

（5）《水工金属结构安装工程质评表》一式四份，签字、复印后盖章，原件单独装订。

2. 填表文字

（1）填表文字应使用国家正式公布的简化汉字，不得使用繁体字。

（2）可使用计算机或蓝色（黑色）墨水笔填写，不得使用圆珠笔、铅笔填写。

计算机输入字体采用楷体、五号、加粗，如字数过多最小可采用小五号字；钢笔填写应按国务院颁布的简化汉字书写，字迹应工整、清晰。

（3）检查（检测）记录可以使用蓝黑色或黑色墨水钢笔手写，字迹应工整、清晰；也可以使用打印机打印，输入内容的字体应与表格固有字体不同，以示区别，字号相同或相近，匀称为宜。

3. 数字和单位

（1）数字使用阿拉伯数字（1，2，3，…，9，0），计算数值要符合《数字修约规则与极限数值的表示和判定》（GB/T 8170）的要求，使用法定计量单位及其符号，数据与数据之间用顿号（、）隔开，小数点要用圆下角点（.）。

（2）单位使用国家法定计量单位和惯用的非法定计量单位，并以规定的符号表示（如：MPa、m、m^3、t、…）。

4. 合格率

用百分数表示，小数点后保留一位，如果恰为整数，除100%外，则小数点后以0表示。例如：95.0%。

5. 改错

将错误用斜线划掉，再在其右上方填写正确的文字（或数据），禁止使用涂改液、贴纸重写、橡皮擦、刀片刮或用墨水涂黑等方法进行修改。

6. 表头填写要求

（1）名称填写要求。单位工程、分部工程名称，按质量监督机构对本工程项目划分确认的名称填写。如果本工程仅为一个单位工程时，单位工程名称应与设计批复名称一致。如果一个单位工程涉及多个相同分部工程名称时，分部工程名称还应附加标注分部工程编号，以便查找。

单元工程名称，应与质量监督机构备案的名称一致。单元工程名称应与工程量清单中的项目名称对应，单元工程部位可用桩号、高程、到轴线（中心线）距离表示，原则是使该单元工程从空间（三维）上受控，必要时附图示意。

（2）工程量填写要求。"单元工程量"填写单元工程主要工程量。

（3）施工单位名称填写要求。施工单位名称应填写与项目法人或建设单位签订承包合同的法人单位全称（即与资质证书单位名称一致）。

（4）施工日期填写要求。施工日期应填写单元工程或安装质量检验项目从开始施工至本单元工程或安装质量检验项目完成的实际日期。

检验（评定）日期：年——填写4位数，年份不得简写；月——填写实际月份（1—12月）；日——填写实际日期（1—31日）。

7. 表身填写要求

（1）表身项次均包括主控项目和一般项目，其主控项目和一般项目的质量要求应符合《水利水电工程单元工程施工质量验收评定标准——水工金属结构安装工程》（SL 635—2012）的要求，且在每个单元工程及工序填表说明中有另行说明。主控项目和一般项目均包含检验项目、质量要求、实测值、合格数、优良数及质量等级。

1）检验项目和质量要求。检验项目和质量要求应符合《水利水电工程单元工程施工质量验收评定标准——水工金属结构安装工程》（SL 635—2012）所列内容，对于这一标准未涉及的单元工程，在自编单元工程施工质量验收评定表中，应参考这一标准及设计要求列项。

凡检验项目的"质量要求"栏中为"符合设计要求"者，应填写出设计要求的具体指标，检查项目应注明设计要求的具体内容，如内容较多可简要说明；凡检验项目的"质量要求"栏中为"符合规范要求"者，应填写出所执行的规范名称、编号和条款。"质量要求"栏中的"设计要求"，包括设计单位的设计文件，也包括经监理单位批准的施工方案。

对于"质量要求"中只有定性描述的检验项目，则实测值记录中也作定性描述，"合格数"栏不填写内容，在"合格率"栏填写"100%"。

2）实测值。实测值应真实、准确，实测值结果中的数据为终检数据。

设计值按施工图纸填写。对于设计值不是一个数值时，应填写设计值范围。

实测值填写实际检测数据，而不是偏差值。当实测数据多时，可填写实测组数、实测值范围（最小值～最大值）、合格数，实测值应作附件备查。

检查记录是文字性描述的，在检查记录中应客观反映工程实际情况，描写真实、准确、简练。如质量标准是“符合设计要求”，在检验记录中应填写满足设计的具体要求；如质量要求是“符合规范要求”，在检验记录中应填写规范代号及满足规范的主要指标值。

（2）《水工金属结构安装工程质评表》中列出的某些项目，如本工程无该项内容，应在相应检验栏内用斜线“/”表示。

8. 表尾填写要求

（1）施工单位自评意见。单元工程安装质量检验项目质量标准：主控项目检测点的合格率达到100%（或合格率100%且优良率达到90%及以上），一般项目检测点的合格率达到90%及以上（或优良率达到90%及以上），不合格点最大值不超过其允许偏差值的1.2倍，且不合格点不集中分布，则单元工程安装质量检验项目评定为合格（或优良）。

单元工程安装质量评定标准：各检验项目均达到合格等级及以上标准（或在此基础上，优良项目达到70%及以上），则单元工程施工质量等级评定为合格（或优良）。

（2）监理单位复核意见。《水工金属结构安装工程质评表》从表头至评定意见栏均由施工单位经“三检”合格后填写，“质量等级”栏由复核质量的监理工程师填写。监理工程师复核质量等级时，如对施工单位填写的质量检验资料有不同意见，可写入“质量等级”栏内或另附页说明，并在质量等级栏内填写出核定的等级。

1）单元工程安装质量检验项目质量标准：经复核，主控项目检验点全部符合合格标准（或合格率100%且优良率达到90%及以上），一般项目逐项检验点的合格率达到90%及以上（或优良率达到90%及以上），不合格点最大值不超过其允许偏差值的1.2倍，且不合格点不集中分布，则单元工程安装质量检验项目施工质量等级复核为合格（或优良）。

2）单元工程施工质量检验项目质量标准：经抽查并查验相关检验报告和检验资料，主控项目检验点100%合格，一般项目检测点90%及以上合格，不合格点最大值不应超过其允许偏差值的1.2倍且不合格点不集中（或检验项目中优良项目占全部项目70%及以上），且主控项目100%合格（优良），则单元工程施工质量等级复核为合格（或优良）。

（3）签字、加盖公章。施工单位自评意见的签字人员必须是具有合法的水利工程质量检测员资格的人员，且由本人按照身份证上的姓名签字。监理单位复核意见签字人员必须是在工程建设现场、直接对施工单位的施工过程履行监理职责的具有水利工程监理工程师注册证书的人员，同时必须由本人按照身份证上的姓名签字。

加盖的公章必须是经中标企业以文件形式报项目法人认可的现场施工和现场监理机构的印章。

（4）自评、复核意见及评定时间。施工单位自评意见时间，应填写安装质量检验项目或单元工程施工终检完成时间。对于有试验结果要求的安装质量检验项目或单元工程，评定时间应为取得试验结果后的日期。施工单位栏自评意见及日期可以直接打印，监理单位栏复核意见及日期必须执笔填写。

二、注意事项

（1）本书的所有表格适用于大中型水利水电工程的水工金属结构安装工程的单元工程

施工质量验收评定，小型水利水电工程可参照执行。

（2）本书各单元工程质量检查表中引用的标准有：《水利水电工程施工质量检验与评定规程》（SL 176—2007）、《水利水电工程单元工程施工质量验收评定标准——水工金属结构安装工程》（SL 635—2012）。

（3）单元工程的施工质量验收评定在安装质量检验项目质量检查评定合格和施工项目实体质量检验合格的基础上进行。

（4）安装质量检验项目施工质量具备下述条件后进行检查评定：①所有安装质量检验项目（或施工内容）已完成，现场具备检查评定条件；②安装质量检验项目经施工单位自检全部合格。

（5）单元工程安装质量具备下述条件后进行验收评定：①单元工程所有施工项目已完成，并自检合格，施工现场具备验收条件；②有关质量缺陷已处理完毕或有监理单位批准的处理意见。

（6）单元工程安装质量按下述程序进行验收评定：①施工单位对已经完成的单元工程安装质量进行自检，并填写检验记录；②自检合格后，填写单元工程施工质量验收评定表，向监理单位申请复核；③监理单位收到申请后，在8h内进行复核，并核定单元工程质量等级；④重要隐蔽单元工程和关键部位单元工程施工质量的验收评定应由建设单位（或委托监理单位）主持，由建设、设计、监理、施工等单位的代表组成联合小组，共同验收评定，并在验收前通知工程质量监督机构。

（7）监理工程师复核工序施工质量包括以下内容：①逐项核查报验资料是否真实、齐全、完整；②对照有关图纸及有关技术文件，复核单元工程质量是否达到《水利水电工程单元工程施工质量验收评定标准》（SL 635—2012）的要求；③检查已完单元工程遗留问题的处理情况，核定单元工程安装质量等级，复核合格后签署验收意见，履行相关手续；④对验收中发现的问题提出处理意见。

（8）单元工程施工质量按下述程序进行验收评定：①施工单位首先对已经完成的单元工程施工质量进行自检，并填写检验记录；②自检合格后，填写单元工程施工质量验收评定表，向监理单位申请复核；③监理单位收到申报后，在8h内进行复核。

（9）对重要隐蔽单元工程和关键部位单元工程的施工质量验收评定应有设计、建设等单位的代表签字，具体要求应满足《水利水电工程施工质量检验与评定规程》（SL 176—2007）的规定。

目　　录

第一部分

水工金属结构安装工程单元工程施工质量验收评定表

____________工程

表1　　压力钢管单元工程安装质量验收评定表（样表）

<table>
<tr><td colspan="2">单位工程名称</td><td colspan="2"></td><td>单元工程量</td><td colspan="2"></td></tr>
<tr><td colspan="2">分部工程名称</td><td colspan="2"></td><td>安装单位</td><td colspan="2"></td></tr>
<tr><td colspan="2">单元工程名称、部位</td><td colspan="2"></td><td>评定日期</td><td colspan="2"></td></tr>
<tr><td rowspan="2">项次</td><td rowspan="2">项　目</td><td colspan="2">主控项目</td><td colspan="3">一般项目</td></tr>
<tr><td>合格数</td><td>其中优良数</td><td>合格数</td><td colspan="2">其中优良数</td></tr>
<tr><td>1</td><td>管节安装</td><td></td><td></td><td></td><td colspan="2"></td></tr>
<tr><td>2</td><td>焊缝外观质量</td><td></td><td></td><td></td><td colspan="2"></td></tr>
<tr><td>3</td><td>焊缝内部质量</td><td></td><td></td><td></td><td colspan="2"></td></tr>
<tr><td>4</td><td>表面防腐蚀</td><td></td><td></td><td></td><td colspan="2"></td></tr>
<tr><td colspan="2">小计</td><td></td><td></td><td></td><td colspan="2"></td></tr>
<tr><td>安装单位自评意见</td><td colspan="6">各项报验资料符合规定。检验项目全部合格。检验项目优良率为____%，其中主控项目优良率为____%。
单元工程安装质量验收评定等级为____。
（签字，加盖公章）　　年　　月　　日</td></tr>
<tr><td>监理单位意见</td><td colspan="6">各项报验资料符合规定。检验项目全部合格。检验项目优良率为____%，其中主控项目优良率为____%。
单元工程安装质量验收核定等级为____。
（签字，加盖公章）　　年　　月　　日</td></tr>
<tr><td colspan="7">注　1. 主控项目和一般项目中的合格数指达到合格及以上质量标准的项目个数。
2. 优良项目占全部项目百分率＝$\frac{\text{主控项目优良数}+\text{一般项目优良数}}{\text{检验项目总数}}\times 100\%$。</td></tr>
</table>

×××输水______工程

表 1　压力钢管单元工程安装质量验收评定表（实例）

<table>
<tr><td colspan="2">单位工程名称</td><td>隧洞主洞及连接段工程
（18＋600.000～29＋100.000）</td><td colspan="2">单元工程量</td><td colspan="2">110t
（D＝6000mm，δ＝24mm）</td></tr>
<tr><td colspan="2">分部工程名称</td><td>×××连接段</td><td colspan="2">安装单位</td><td colspan="2">×××水利工程局</td></tr>
<tr><td colspan="2">单元工程名称、部位</td><td>压力钢管安装
（18＋600.000～18＋660.000）</td><td colspan="2">评定日期</td><td colspan="2">2015 年 7 月 11 日</td></tr>
<tr><td rowspan="2">项次</td><td rowspan="2" colspan="2">项　目</td><td colspan="2">主控项目</td><td colspan="2">一般项目</td></tr>
<tr><td>合格数</td><td>其中优良数</td><td>合格数</td><td>其中优良数</td></tr>
<tr><td>1</td><td colspan="2">管节安装</td><td>5</td><td>5</td><td>2</td><td>2</td></tr>
<tr><td>2</td><td colspan="2">焊缝外观质量</td><td>5</td><td>5</td><td>7</td><td>7</td></tr>
<tr><td>3</td><td colspan="2">焊缝内部质量</td><td>2</td><td>2</td><td>/</td><td>/</td></tr>
<tr><td>4</td><td colspan="2">表面防腐蚀</td><td>2</td><td>2</td><td>8</td><td>8</td></tr>
<tr><td colspan="3">小计</td><td>14</td><td>14</td><td>17</td><td>17</td></tr>
<tr><td>安装单位自评意见</td><td colspan="6">各项报验资料符合规定。检验项目全部合格。检验项目优良率为<u>100</u>%，其中主控项目优良率为<u>100</u>%。
单元工程安装质量验收评定等级为<u>优良</u>。
×××（签字，加盖公章）　2015 年 7 月 11 日</td></tr>
<tr><td>监理单位意见</td><td colspan="6">各项报验资料符合规定。检验项目全部合格。检验项目优良率为<u>100</u>%，其中主控项目优良率为<u>100</u>%。
单元工程安装质量验收核定等级为<u>优良</u>。
×××（签字，加盖公章）　2015 年 7 月 11 日</td></tr>
<tr><td colspan="7">注　1. 主控项目和一般项目中的合格数指达到合格及以上质量标准的项目个数。
2. 优良项目占全部项目百分率＝$\frac{主控项目优良数＋一般项目优良数}{检验项目总数}$×100%。</td></tr>
</table>

表1　压力钢管单元工程安装质量验收评定表

填　表　说　明

填表时必须遵守“填表基本规定”，并应符合下列要求。

1. 单元工程划分：宜以一个安装单元或一个混凝土浇筑段或一个钢管段的钢管安装划分为一个单元工程。

2. 单元工程量：填写本单元工程钢管重量（t）、管径 D、壁厚 δ。

3. 本表是在第一部分水工金属结构安装工程单元工程施工质量验收评定表中表1.1～表1.4检查表质量评定合格基础上进行。

4. 单元工程施工质量验收评定应提交下列资料。

（1）施工单位应提供钢管等主要材料合格证、管节主要尺寸复测记录、安装质量检验项目检测记录、重大缺欠（缺陷）处理记录、焊接质量检验记录、表面防腐蚀记录、水压试验及安装图样等资料。

（2）监理单位应提交对单元工程施工质量的平行检测资料。

5. 压力钢管安装由管节安装、焊接与检验、表面防腐蚀等部分组成，其安装技术要求应符合《水利工程压力钢管制造安装及验收规范》（SL 432—2008）和设计文件的规定。压力钢管的水压试验应按《水利工程压力钢管制造安装及验收规范》（SL 432—2008）和设计文件的规定进行。

6. 单元工程安装质量评定标准。

（1）合格等级标准。

1）各检验项目均达到合格等级及以上标准。

2）设备的试验和试运行符合《水利水电工程单元工程施工质量验收评定标准——水工金属结构安装工程》（SL 635—2012）及相关专业标准的规定；各项报验资料符合《水利水电工程单元工程施工质量验收评定标准——水工金属结构安装工程》（SL 635—2012）的要求。

（2）优良等级标准。在合格等级标准基础上，安装质量检验项目中优良项目占全部项目70%及以上，且主控项目100%优良。

______________工程

表 1.1　　管节安装质量检查表（样表）

编号：__________

<table>
<tr><td colspan="3">分部工程名称</td><td colspan="6"></td><td colspan="3">单元工程名称</td><td colspan="4"></td></tr>
<tr><td colspan="3">安装部位及管节编号</td><td colspan="6"></td><td colspan="3">安装内容</td><td colspan="4"></td></tr>
<tr><td colspan="3">安装单位</td><td colspan="6"></td><td colspan="3">开/完工日期</td><td colspan="4"></td></tr>
<tr><td colspan="2" rowspan="3">项次</td><td rowspan="3">检验项目</td><td colspan="8">质量要求</td><td rowspan="3">实测值</td><td rowspan="3">合格数</td><td rowspan="3">优良数</td><td rowspan="3">质量等级</td></tr>
<tr><td colspan="4">合　格</td><td colspan="4">优　良</td></tr>
<tr><td>$D \leqslant 2000$</td><td>$2000 < D \leqslant 5000$</td><td>$5000 < D \leqslant 8000$</td><td>$D > 8000$</td><td>$D \leqslant 2000$</td><td>$2000 < D \leqslant 5000$</td><td>$5000 < D \leqslant 8000$</td><td>$D > 8000$</td></tr>
<tr><td rowspan="9">主控项目</td><td>1</td><td>始装节管口里程</td><td colspan="4">±5mm</td><td colspan="4">±4mm</td><td></td><td></td><td></td><td></td></tr>
<tr><td>2</td><td>始装节管口中心</td><td colspan="4">5mm</td><td colspan="4">4mm</td><td></td><td></td><td></td><td></td></tr>
<tr><td>3</td><td>始装节两端管口垂直度</td><td colspan="4">3mm</td><td colspan="4">3mm</td><td></td><td></td><td></td><td></td></tr>
<tr><td>4</td><td>钢管圆度</td><td colspan="4">5D/1000，且不大于40mm</td><td colspan="4">4D/1000，且不大于30mm</td><td></td><td></td><td></td><td></td></tr>
<tr><td>5</td><td>纵缝对口径向错边量</td><td colspan="4">任意板厚 δ，不大于10%δ，且不大于 2mm</td><td colspan="4">任意板厚 δ，不大于5%δ，且不大于 2mm</td><td></td><td></td><td></td><td></td></tr>
<tr><td rowspan="4">6</td><td rowspan="4">环缝对口径向错边量</td><td colspan="4">板厚 δ≤30mm，不大于15%δ，且不大于 3mm</td><td colspan="4">不大于 10%δ，且不大于 3mm</td><td></td><td></td><td></td><td></td></tr>
<tr><td colspan="4">30mm<δ≤60mm，不大于 10%δ</td><td colspan="4">不大于 5%δ</td><td></td><td></td><td></td><td></td></tr>
<tr><td colspan="4">δ>60mm，不大于 6mm</td><td colspan="4">不大于 6mm</td><td></td><td></td><td></td><td></td></tr>
<tr><td colspan="4">不锈钢复合钢板焊缝，任意板厚 δ，不大于10%δ，且不大于 1.5mm</td><td colspan="4">不锈钢复合钢板焊缝，任意板厚 δ，不大于 5%δ，且不大于 1.5mm</td><td></td><td></td><td></td><td></td></tr>
</table>

续表

<table>
<tr><th colspan="2" rowspan="3">项次</th><th rowspan="3">检验项目</th><th colspan="8">质量要求</th><th rowspan="3">实测值</th><th rowspan="3">合格数</th><th rowspan="3">优良数</th><th rowspan="3">质量等级</th></tr>
<tr><th colspan="4">合　格</th><th colspan="4">优　良</th></tr>
<tr><th>$D\leqslant 2000$</th><th>$2000<D\leqslant 5000$</th><th>$5000<D\leqslant 8000$</th><th>$D>8000$</th><th>$D\leqslant 2000$</th><th>$2000<D\leqslant 5000$</th><th>$5000<D\leqslant 8000$</th><th>$D>8000$</th></tr>
<tr><td rowspan="6">一般项目</td><td>1</td><td>与蜗壳、伸缩节、蝴蝶阀、球阀、岔管连接的管节及弯管起点的管口中心</td><td>6mm</td><td>10mm</td><td>12mm</td><td>12mm</td><td>6mm</td><td>10mm</td><td>12mm</td><td>12mm</td><td></td><td></td><td></td><td></td></tr>
<tr><td>2</td><td>其他部位管节的管口中心</td><td>15mm</td><td>20mm</td><td>25mm</td><td>30mm</td><td>10mm</td><td>15mm</td><td>20mm</td><td>25mm</td><td></td><td></td><td></td><td></td></tr>
<tr><td>3</td><td>鞍式支座顶面弧度和样板间隙</td><td colspan="8">不大于 2mm</td><td></td><td></td><td></td><td></td></tr>
<tr><td>4</td><td>滚动支座或摇摆支座的支墩垫板高程和纵、横中心</td><td colspan="4">±5mm</td><td colspan="4">±4mm</td><td></td><td></td><td></td><td></td></tr>
<tr><td>5</td><td>支墩垫板与钢管设计轴线的倾斜度</td><td colspan="8">不大于$\frac{2}{1000}$</td><td></td><td></td><td></td><td></td></tr>
<tr><td>6</td><td>各接触面的局部间隙（滚动支座和摇摆支座）</td><td colspan="8">不大于 0.5mm</td><td></td><td></td><td></td><td></td></tr>
</table>

检查意见：

主控项目共检____项，其中合格____项，优良____项，合格率____%，优良率____%。

一般项目共检____项，其中合格____项，优良____项，合格率____%，优良率____%。

检验人：（签字） 年　月　日	评定人：（签字） 年　月　日	监理工程师：（签字） 年　月　日

注　D 为钢管内径，mm；δ 为任意板厚，mm。

×××输水　工程

表 1.1　管节安装质量检查表（实例）

编号：________

分部工程名称	×××连接段	单元工程名称	压力钢管安装
安装部位及管节编号	（18＋600.000～18＋660.000）	安装内容	管节安装
安装单位	×××水利工程局	开/完工日期	2015 年 6 月 2 日至 7 月 3 日

项次		检验项目	质量要求								实测值	合格数	优良数	质量等级
			合　格				优　良							
			$D\leqslant 2000$	$2000<D\leqslant 5000$	$5000<D\leqslant 8000$	$D>8000$	$D\leqslant 2000$	$2000<D\leqslant 5000$	$5000<D\leqslant 8000$	$D>8000$				
主控项目	1	始装节管口里程	±5mm（设计要求：始装节桩号 18＋600.000）				±4mm（设计要求：始装节桩号 18＋600.000）				18＋600.002、18＋600.001、18＋600.001、18＋600.004	4	4	优良
	2	始装节管口中心	5mm（设计要求：始装节管口中心高程 560.320m）				4mm（设计要求：始装节管口中心高程 560.320m）				560.322m、560.321m 560.320m、560.321m	4	4	优良
	3	始装节两端管口垂直度	3mm				3mm				上游端：560.322m、560.321m；下游端：560.320m、560.321m	2	2	优良
	4	钢管圆度	5D/1000，且不大于 40mm				4D/1000，且不大于 30mm				安装总长度 60m，共 30 个钢管，检测 60 组，圆度大小为 7～15mm，详见测量资料	60	60	优良
	5	纵缝对口径向错边量	任意板厚 δ，不大于 10%δ，且不大于 2mm				任意板厚 δ，不大于 5%δ，且不大于 2mm				/	/	/	/
	6	环缝对口径向错边量	板厚 δ≤30mm，不大于 15%δ，且不大于 3mm				不大于 10%δ，且不大于 3mm				板厚δ为 24mm，共测量 29 组径向错边量，其值为 1.8～2.3mm，详见测量资料	29	29	优良
			30mm<δ≤60mm，不大于 10%δ				不大于 5%δ				/	/	/	/
			δ>60mm，不大于 6mm				不大于 6mm				/	/	/	/
			不锈钢复合钢板焊缝，任意板厚 δ，不大于 10%δ，且不大于 1.5mm				不锈钢复合钢板焊缝，任意板厚 δ，不大于 5%δ，且不大于 1.5mm				/	/	/	/

续表

<table>
<tr><th rowspan="3" colspan="2">项次</th><th rowspan="3">检验项目</th><th colspan="8">质量要求</th><th rowspan="3">实测值</th><th rowspan="3">合格数</th><th rowspan="3">优良数</th><th rowspan="3">质量等级</th></tr>
<tr><th colspan="4">合　格</th><th colspan="4">优　良</th></tr>
<tr><th>D≤2000</th><th>2000<D≤5000</th><th>5000<D≤8000</th><th>D>8000</th><th>D≤2000</th><th>2000<D≤5000</th><th>5000<D≤8000</th><th>D>8000</th></tr>
<tr><td rowspan="6">一般项目</td><td>1</td><td>与蜗壳、伸缩节、蝴蝶阀、球阀、岔管连接的管节及弯管起点的管口中心</td><td>6mm</td><td>10mm</td><td>12mm</td><td>12mm</td><td>6mm</td><td>10mm</td><td>12mm</td><td>12mm</td><td>/</td><td>/</td><td>/</td><td>/</td></tr>
<tr><td>2</td><td>其他部位管节的管口中心</td><td>15mm</td><td>20mm</td><td>25mm</td><td>30mm</td><td>10mm</td><td>15mm</td><td>20mm</td><td>25mm</td><td>D=6000mm；共测量数据31组，其中29组偏差大小为10～20mm，2组编号为22mm、23mm，详见测量资料</td><td>31</td><td>29</td><td>优良</td></tr>
<tr><td>3</td><td>鞍式支座顶面弧度和样板间隙</td><td colspan="8">不大于2mm</td><td>共测量4个鞍式支座和样板的间隙，测量结果为1.2mm、1.6mm、1.0mm、1.8mm</td><td>4</td><td>4</td><td>优良</td></tr>
<tr><td>4</td><td>滚动支座或摇摆支座的支墩垫板高程和纵、横中心</td><td colspan="4">±5mm</td><td colspan="4">±4mm</td><td>/</td><td>/</td><td>/</td><td>/</td></tr>
<tr><td>5</td><td>支墩垫板与钢管设计轴线的倾斜度</td><td colspan="8">不大于$\frac{2}{1000}$</td><td>/</td><td>/</td><td>/</td><td>/</td></tr>
<tr><td>6</td><td>各接触面的局部间隙（滚动支座和摇摆支座）</td><td colspan="8">不大于0.5mm</td><td>/</td><td>/</td><td>/</td><td>/</td></tr>
<tr><td colspan="15">检查意见：
主控项目共检 5 项，其中合格 5 项，优良 5 项，合格率 100 %，优良率 100 %。
一般项目共检 2 项，其中合格 2 项，优良 2 项，合格率 100 %，优良率 100 %。</td></tr>
<tr><td colspan="5">检验人：×××
2015年7月4日</td><td colspan="5">评定人：×××
2015年7月4日</td><td colspan="5">监理工程师：×××
2015年7月4日</td></tr>
<tr><td colspan="15">**注**　D为钢管内径，mm；δ为任意板厚，mm。</td></tr>
</table>

表 1.1 管节安装质量检查表

填 表 说 明

填表时必须遵守“填表基本规定”，并符合以下要求。

1. 分部工程、单元工程名称填写应与第一部分 水工金属结构安装工程单元工程施工质量验收评定表中表 1 相同。

2. 各检验项目的检验方法及检验数量按下表执行。

检验项目	检验方法	检验数量
始装节管口里程	钢尺、钢板尺、垂球或激光指向仪、经纬仪、水准仪、全站仪	始装节在上、下游管口测量，其余管节管口中心只测一段管口
始装节管口中心		
始装节两端管口垂直度		
钢管圆度	钢尺	最大管口直径与最小管口直径的差值，且每端管口至少测 2 对直径
纵缝对口径向错边量	钢板尺或焊接检验规	沿焊缝全长测量，每延米布设 1 个测点
环缝对口径向错边量		
与蜗壳、伸缩节、蝴蝶阀、球阀、岔管连接的管节及弯管起点的管口中心	钢尺、钢板尺、垂球或激光指向仪	始装节在上、下游管口测量，其余管节管口中心只测一端管口
其他部位管节的管口中心		
鞍式支座顶面弧度和样板间隙	用样板检查	测 3～5 个点
滚动支座或摇摆支座的支墩垫板高程和纵、横中心	全站仪、水准仪和经纬仪	每项各测 1 个点
支墩垫板与钢管设计轴线的倾斜度		每米测 1 个点
各接触面的局部间隙（滚动支座和摇摆支座）	塞尺	各接触面至少测 1 个点

3. 管节安装前应对钢管、伸缩节和岔管的各项尺寸进行复测，并应符合《水利工程压力钢管制造安装及验收规范》（SL 432—2008）和设计文件的规定。

4. 管节就位调整后，应与支墩和锚栓加固焊牢，防止浇筑混凝土时管节发生变形及移位。

5. 钢管、伸缩节和岔管的表面防腐蚀工作，除安装焊缝坡口两侧外，均应在安装前全部完成，如设计文件另有规定，则应按设计文件的要求执行。

6. 单元工程安装质量检验项目质量标准。

（1）合格等级标准。

1）主控项目，检测点应 100%符合合格标准。

2）一般项目，检测点应 90%及以上符合合格标准，不合格点最大值不应超过其允许偏差值的 1.2 倍，且不合格点不应集中。

（2）优良等级标准。

在合格标准基础上，主控项目和一般项目的所有检测点应 90%及以上符合优良标准。

7. 表中数值为允许偏差值。

______________工程

表 1.2　　焊缝外观质量检查表（样表）

编号：__________

<table>
<tr><td colspan="3">分部工程名称</td><td colspan="2"></td><td>单元工程名称</td><td colspan="4"></td></tr>
<tr><td colspan="3">安装部位</td><td colspan="2"></td><td>安装内容</td><td colspan="4"></td></tr>
<tr><td colspan="3">安装单位</td><td colspan="2"></td><td>开/完工日期</td><td colspan="4"></td></tr>
<tr><td colspan="2" rowspan="2">项次</td><td rowspan="2">检验项目</td><td colspan="2">质量要求</td><td colspan="2" rowspan="2">实测值</td><td rowspan="2">合格数</td><td rowspan="2">优良数</td><td rowspan="2">质量等级</td></tr>
<tr><td colspan="2">合格</td></tr>
<tr><td rowspan="7">主控项目</td><td>1</td><td>裂纹</td><td colspan="2">不允许出现</td><td colspan="2"></td><td></td><td></td><td></td></tr>
<tr><td>2</td><td>表面夹渣</td><td colspan="2">一类、二类焊缝：不允许；
三类焊缝：深不大于0.1δ，长不大于0.3δ，且不大于10mm</td><td colspan="2"></td><td></td><td></td><td></td></tr>
<tr><td rowspan="2">3</td><td rowspan="2">咬边</td><td>钢管</td><td>一类、二类焊缝：深不大于0.5mm；
三类焊缝：深不大于1mm</td><td colspan="2"></td><td></td><td></td><td></td></tr>
<tr><td>钢闸门</td><td>一类、二类焊缝：深不大于0.5mm；连续咬边长度不大于焊缝总长的10%，且不大于100mm；两侧咬边累计长度不大于该焊缝总长的15%；角焊缝不大于20%；
三类焊缝：深不大于1mm</td><td colspan="2"></td><td></td><td></td><td></td></tr>
<tr><td rowspan="2">4</td><td rowspan="2">表面气孔</td><td>钢管</td><td>一类、二类焊缝：不允许；
三类焊缝：每米范围内允许直径小于1.5mm的气孔5个，间距不小于20mm</td><td colspan="2"></td><td></td><td></td><td></td></tr>
<tr><td>钢闸门</td><td>一类焊缝：不允许；
二类焊缝：每米范围内允许直径不大于1.0mm的气孔3个，间距不小于20mm；
三类焊缝：每米范围内允许直径不大于1.5mm的气孔5个，间距不小于20mm</td><td colspan="2"></td><td></td><td></td><td></td></tr>
<tr><td>5</td><td>未焊满</td><td colspan="2">一类、二类焊缝：不允许；
三类焊缝：深不大于（0.2+0.02δ）mm，且不大于1mm，每100mm焊缝内缺欠总长不大于25mm</td><td colspan="2"></td><td></td><td></td><td></td></tr>
</table>

续表

<table>
<tr><th colspan="2" rowspan="2">项次</th><th colspan="2" rowspan="2">检验项目</th><th>质量要求</th><th rowspan="2">实测值</th><th rowspan="2">合格数</th><th rowspan="2">优良数</th><th rowspan="2">质量等级</th></tr>
<tr><th>合格</th></tr>
<tr><td rowspan="11">一般项目</td><td rowspan="2">1</td><td rowspan="2">焊缝余高 Δh /mm</td><td>手工焊</td><td>一类、二类/三类（仅钢闸门）焊缝：$\delta \leqslant 12$，$\Delta h=(0\sim1.5)/(0\sim2)$；$12<\delta\leqslant25$，$\Delta h=(0\sim2.5)/(0\sim3)$；$25<\delta\leqslant50$，$\Delta h=(0\sim3)/(0\sim4)$；$\delta>50$，$\Delta h=(0\sim4)/(0\sim5)$</td><td></td><td></td><td></td><td></td></tr>
<tr><td>自动焊</td><td>$(0\sim4)/(0\sim5)$</td><td></td><td></td><td></td><td></td></tr>
<tr><td rowspan="2">2</td><td rowspan="2">对接焊缝宽度 Δb</td><td>手工焊</td><td>盖过每边坡口宽度 1.0～2.5mm，且平缓过渡</td><td></td><td></td><td></td><td></td></tr>
<tr><td>自动焊</td><td>盖过每边坡口宽度 2～7mm，且平缓过渡</td><td></td><td></td><td></td><td></td></tr>
<tr><td>3</td><td colspan="2">飞溅</td><td>不允许出现（高强钢、不锈钢此项作为主控项目）</td><td></td><td></td><td></td><td></td></tr>
<tr><td>4</td><td colspan="2">电弧擦伤</td><td>不允许出现（高强钢、不锈钢此项作为主控项目）</td><td></td><td></td><td></td><td></td></tr>
<tr><td>5</td><td colspan="2">焊瘤</td><td>不允许出现</td><td></td><td></td><td></td><td></td></tr>
<tr><td rowspan="2">6</td><td rowspan="2">角焊缝焊脚高 K</td><td>手工焊</td><td>$K<12$mm，$\Delta K=0\sim2$mm；$K\geqslant12$mm，$\Delta K=0\sim3$mm</td><td></td><td></td><td></td><td></td></tr>
<tr><td>自动焊</td><td>$K<12$mm，$\Delta K=0\sim2$mm；$K\geqslant12$mm，$\Delta K=0\sim3$mm</td><td></td><td></td><td></td><td></td></tr>
<tr><td>7</td><td colspan="2">端部转角</td><td>连续绕角施焊</td><td></td><td></td><td></td><td></td></tr>
<tr><td colspan="9">检查意见：
主控项目共____项，其中合格____项，优良____项，合格率____%，优良率____%。
一般项目共____项，其中合格____项，优良____项，合格率____%，优良率____%。</td></tr>
<tr><td colspan="4">检验人：（签字）
年　月　日</td><td colspan="2">评定人：（签字）
年　月　日</td><td colspan="3">监理工程师：（签字）
年　月　日</td></tr>
<tr><td colspan="9">注　1. 手工焊是指焊条电弧焊、CO_2 半自动气保焊、自保护药芯半自动焊以及手工 TIG 焊等。自动焊是指埋弧自动焊、MAG 自动焊、MIG 自动焊等。
2. δ 为任意板厚，mm。</td></tr>
</table>

×××输水工程

表 1.2　焊缝外观质量检查表（实例）

编号：____________

<table>
<tr><td colspan="3">分部工程名称</td><td colspan="2">×××连接段</td><td>单元工程名称</td><td colspan="3">压力钢管安装</td></tr>
<tr><td colspan="3">安装部位</td><td colspan="2">（18+600.000～18+660.000）</td><td>安装内容</td><td colspan="3">焊缝外观</td></tr>
<tr><td colspan="3">安装单位</td><td colspan="2">×××水利工程局</td><td>开/完工日期</td><td colspan="3">2015 年 7 月 4 日</td></tr>
<tr><td colspan="2" rowspan="2">项次</td><td rowspan="2">检验项目</td><td colspan="2">质量要求</td><td rowspan="2">实测值</td><td rowspan="2">合格数</td><td rowspan="2">优良数</td><td rowspan="2">质量等级</td></tr>
<tr><td colspan="2">合格</td></tr>
<tr><td rowspan="8">主控项目</td><td>1</td><td>裂纹</td><td colspan="2">不允许出现</td><td>安装总长度 60m，共 29 条焊缝，无裂纹出现</td><td>/</td><td>/</td><td>优良</td></tr>
<tr><td>2</td><td>表面夹渣</td><td colspan="2">一类、二类焊缝：不允许；
三类焊缝：深不大于 0.1δ，长不大于 0.3δ，且不大于 10mm</td><td>单元工程焊缝为二类焊缝，检测焊缝表面无夹渣</td><td>/</td><td>/</td><td>优良</td></tr>
<tr><td rowspan="2">3</td><td rowspan="2">咬边</td><td>钢管</td><td>一类、二类焊缝：深不大于 0.5mm；
三类焊缝：深不大于 1mm</td><td>检查发现 90 个咬边，长度为 0.3～0.5mm，详见测量资料</td><td>90</td><td>90</td><td>优良</td></tr>
<tr><td>钢闸门</td><td>一类、二类焊缝：深不大于 0.5mm；连续咬边长度不大于焊缝总长的 10%，且不大于 100 mm；两侧咬边累计长度不大于该焊缝总长的 15%；角焊缝不大于 20%；
三类焊缝：深不大于 1mm</td><td>/</td><td>/</td><td>/</td><td>/</td></tr>
<tr><td rowspan="2">4</td><td rowspan="2">表面气孔</td><td>钢管</td><td>一类、二类焊缝：不允许；
三类焊缝：每米范围内允许直径小于 1.5mm 的气孔 5 个，间距不小于 20mm</td><td>检查全部焊缝表面，无气孔现象</td><td>/</td><td>/</td><td>优良</td></tr>
<tr><td>钢闸门</td><td>一类焊缝：不允许；
二类焊缝：每米范围内允许直径不大于 1.0mm 的气孔 3 个，间距不小于 20mm；
三类焊缝：每米范围内允许直径不大于 1.5mm 的气孔 5 个，间距不小于 20mm</td><td>/</td><td>/</td><td>/</td><td>/</td></tr>
<tr><td>5</td><td>未焊满</td><td colspan="2">一类、二类焊缝：不允许；
三类焊缝：深不大于（0.2+0.02δ）mm，且不大于 1mm，每 100mm 焊缝内缺欠总长不大于 25mm</td><td>检查全部焊缝，焊缝无未焊满情况</td><td>/</td><td>/</td><td>优良</td></tr>
</table>

续表

<table>
<tr><th colspan="2" rowspan="2">项次</th><th colspan="2" rowspan="2">检验项目</th><th>质量要求</th><th rowspan="2">实测值</th><th rowspan="2">合格数</th><th rowspan="2">优良数</th><th rowspan="2">质量等级</th></tr>
<tr><th>合格</th></tr>
<tr><td rowspan="11">一般项目</td><td rowspan="2">1</td><td rowspan="2">焊缝余高Δh/mm</td><td>手工焊</td><td>一类、二类/三类(仅钢闸门)焊缝：$\delta \leqslant 12$，$\Delta h=(0\sim1.5)/(0\sim2)$；$12<\delta\leqslant25$，$\Delta h=(0\sim2.5)/(0\sim3)$；$25<\delta\leqslant50$，$\Delta h=(0\sim3)/(0\sim4)$；$\delta>50$，$\Delta h=(0\sim4)/(0\sim5)$</td><td>$\delta$=24mm，检查焊缝余高29组，余高为0.8～2.5mm，详见测量资料</td><td>29</td><td>29</td><td>优良</td></tr>
<tr><td>自动焊</td><td>(0～4)/(0～5)</td><td>/</td><td>/</td><td>/</td><td>/</td></tr>
<tr><td rowspan="2">2</td><td rowspan="2">对接焊缝宽度Δb</td><td>手工焊</td><td>盖过每边坡口宽度1～2.5mm，且平缓过渡</td><td>检查焊缝对接宽度29组，宽度为1.2～2.5mm，且平缓过渡，详见测量资料</td><td>29</td><td>29</td><td>优良</td></tr>
<tr><td>自动焊</td><td>盖过每边坡口宽度2～7mm，且平缓过渡</td><td>/</td><td>/</td><td>/</td><td>/</td></tr>
<tr><td>3</td><td colspan="2">飞溅</td><td>不允许出现（高强钢、不锈钢此项作为主控项目）</td><td>检查全部焊缝表面，未出现飞溅现象</td><td>/</td><td>/</td><td>优良</td></tr>
<tr><td>4</td><td colspan="2">电弧擦伤</td><td>不允许出现（高强钢、不锈钢此项作为主控项目）</td><td>检查全部焊缝表面，未出现电弧擦伤情况</td><td>/</td><td>/</td><td>优良</td></tr>
<tr><td>5</td><td colspan="2">焊瘤</td><td>不允许出现</td><td>检查全部焊缝表面，无焊瘤出现</td><td>/</td><td>/</td><td>优良</td></tr>
<tr><td rowspan="2">6</td><td rowspan="2">角焊缝焊脚高K</td><td>手工焊</td><td>$K<12$mm，$\Delta K=0\sim2$mm；$K\geqslant12$mm，$\Delta K=0\sim3$mm</td><td>K=24mm，单元工程共涉及4处角焊缝，ΔK分别为1.0mm、0.6mm、1.8mm、1.6mm</td><td>4</td><td>4</td><td>优良</td></tr>
<tr><td>自动焊</td><td>$K<12$mm，$\Delta K=0\sim2$mm；$K\geqslant12$mm，$\Delta K=0\sim3$mm</td><td>/</td><td>/</td><td>/</td><td>/</td></tr>
<tr><td>7</td><td colspan="2">端部转角</td><td>连续绕角施焊</td><td>单元工程共涉及4处端部转角焊缝，均连续绕角施焊</td><td>4</td><td>4</td><td>优良</td></tr>
<tr><td colspan="9">检查意见：
主控项目共__5__项，其中合格__5__项，优良__5__项，合格率__100__%，优良率__100__%。
一般项目共__7__项，其中合格__7__项，优良__7__项，合格率__100__%，优良率__100__%。</td></tr>
<tr><td colspan="4">检验人：×××
2015年7月4日</td><td colspan="2">评定人：×××
2015年7月4日</td><td colspan="3">监理工程师：×××
2015年7月4日</td></tr>
<tr><td colspan="9">注 1. 手工焊是指焊条电弧焊、CO_2半自动气保焊、自保护药芯半自动焊以及手工TIG焊等。自动焊是指埋弧自动焊、MAG自动焊、MIG自动焊等。
2. δ为任意板厚，mm。</td></tr>
</table>

表 1.2 焊缝外观质量检查表

填 表 说 明

填表时必须遵守“填表基本规定”，并应符合下列要求。

1. 分部工程、单元工程名称填写应与第一部分水工金属结构安装工程单元工程施工质量验收评定表中表 1 相同。

2. 各检验项目的检验方法及检验数量按下表要求执行。

<table>
<tr><th colspan="2">检验项目</th><th>检验方法</th><th>检验数量</th></tr>
<tr><td colspan="2">裂纹</td><td rowspan="5">检查（必要时用 5 倍放大镜检查）</td><td rowspan="3">沿焊缝长度</td></tr>
<tr><td colspan="2">表面夹渣</td></tr>
<tr><td colspan="2">咬边</td></tr>
<tr><td colspan="2">表面气孔</td><td rowspan="2">全部表面</td></tr>
<tr><td colspan="2">未焊满</td></tr>
<tr><td rowspan="2">焊缝余高 Δh</td><td>手工焊</td><td rowspan="4">钢板尺或焊接检验规</td><td rowspan="4">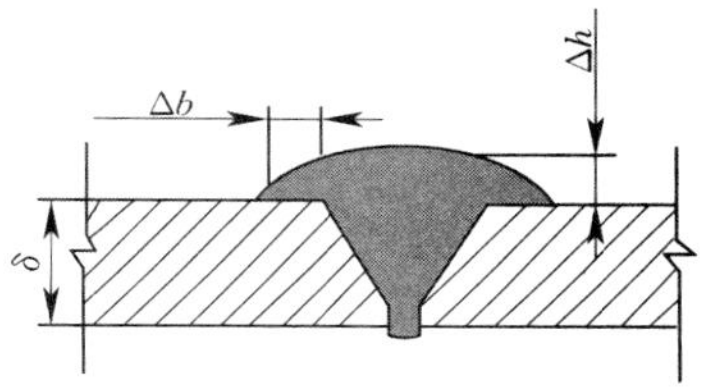
</td></tr>
<tr><td>自动焊</td></tr>
<tr><td rowspan="2">对接焊缝宽度 Δb</td><td>手工焊</td></tr>
<tr><td>自动焊</td></tr>
<tr><td colspan="2">飞溅</td><td rowspan="3">检查</td><td rowspan="3">全部表面</td></tr>
<tr><td colspan="2">电弧擦伤</td></tr>
<tr><td colspan="2">焊瘤</td></tr>
<tr><td rowspan="2">角焊缝焊脚高 K</td><td>手工焊</td><td rowspan="2">焊接检验规</td><td rowspan="2">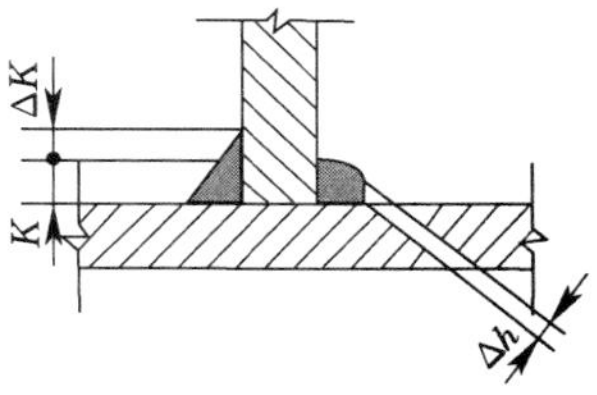
</td></tr>
<tr><td>自动焊</td></tr>
<tr><td colspan="2">端部转角</td><td>检查</td><td></td></tr>
</table>

3. 压力钢管焊接与检验的技术要求应符合《水工金属结构焊接通用技术条件》（SL 36）和《水利工程压力钢管制造安装及验收规范》（SL 432）的规定。

4. 焊缝的无损检验应根据施工图样和相关标准的规定进行。一类、二类焊缝的射线、超声波、磁粉、渗透探伤应分别符合《金属熔化焊焊接头射线照相》（GB/T 3323）、《焊缝无损检测 超声检测 技术、检测等级和评定》（GB/T 11345）、《无损检测 焊缝磁粉检测》（JB/T 6061）、《无损检测 焊缝渗透检测》（JB/T 6062）的规定。

5. 焊缝焊接质量由焊缝外观质量和焊缝内部质量组成。

6. 单元工程安装质量检验项目质量标准。

（1）合格等级标准。

1）主控项目，检测点应100％符合合格标准。

2）一般项目，检测点应90％及以上符合合格标准，不合格点最大值不应超过其允许偏差值的1.2倍，且不合格点不应集中。

（2）优良等级标准。在合格标准基础上，主控项目和一般项目的所有检测点应90％及以上符合优良标准。

7. 表中数值为允许偏差值。

________工程

表 1.3　　焊缝内部质量检查表（样表）

编号：________

<table>
<tr><td colspan="3">分部工程名称</td><td colspan="2"></td><td>单元工程名称</td><td colspan="3"></td></tr>
<tr><td colspan="3">安装部位</td><td colspan="2"></td><td>安装内容</td><td colspan="3"></td></tr>
<tr><td colspan="3">安装单位</td><td colspan="2"></td><td>开/完工日期</td><td colspan="3"></td></tr>
<tr><td colspan="2" rowspan="2">项次</td><td rowspan="2">检验项目</td><td colspan="2">质量要求</td><td rowspan="2">实测值</td><td rowspan="2">合格数</td><td rowspan="2">优良数</td><td rowspan="2">质量等级</td></tr>
<tr><td>合格</td><td>优良</td></tr>
<tr><td rowspan="4">主控项目</td><td>1</td><td>射线探伤</td><td>一类焊缝不低于Ⅱ级合格，二类焊缝不低于Ⅲ级合格</td><td>一次合格率不低于90%</td><td></td><td></td><td></td><td></td></tr>
<tr><td>2</td><td>超声波探伤</td><td>一类焊缝不低于Ⅰ级合格，二类焊缝不低于Ⅱ级合格</td><td>一次合格率不低于95%</td><td></td><td></td><td></td><td></td></tr>
<tr><td>3</td><td>磁粉探伤</td><td>一类、二类焊缝不低于Ⅱ级合格</td><td>一次合格率不低于95%</td><td></td><td></td><td></td><td></td></tr>
<tr><td>4</td><td>渗透探伤</td><td>一类、二类焊缝不低于Ⅱ级合格</td><td>一次合格率不低于95%</td><td></td><td></td><td></td><td></td></tr>
<tr><td colspan="9">检查意见：
主控项目共____项，其中合格____项，优良____项，合格率____%，优良率____%。</td></tr>
<tr><td colspan="4">检验人：（签字）
年　月　日</td><td colspan="2">评定人：（签字）
年　月　日</td><td colspan="3">监理工程师：（签字）
年　月　日</td></tr>
<tr><td colspan="9">注　1. 射线探伤一次合格率 $=\frac{\text{合格底片（张）}}{\text{拍片总数（张）}}\times 100\%$。
2. 其余探伤一次合格率 $=\frac{\text{合格焊缝总长度（m）}}{\text{所检焊缝总长度（m）}}\times 100\%$。
3. 当焊缝长度小于200mm时，按实际焊缝长度检测。</td></tr>
</table>

×××输水　工程

表 1.3　　**焊缝内部质量检查表（实例）**

编号：＿＿＿＿＿＿

<table>
<tr><td colspan="3">分部工程名称</td><td colspan="2">×××连接段</td><td>单元工程名称</td><td colspan="3">压力钢管安装</td></tr>
<tr><td colspan="3">安装部位</td><td colspan="2">（18＋600.000～18＋660.000）</td><td>安装内容</td><td colspan="3">焊缝内部</td></tr>
<tr><td colspan="3">安装单位</td><td colspan="2">×××水利工程局</td><td>开/完工日期</td><td colspan="3">2015 年 7 月 4 日</td></tr>
<tr><td colspan="2" rowspan="2">项次</td><td rowspan="2">检验项目</td><td colspan="2">质量要求</td><td rowspan="2">实测值</td><td rowspan="2">合格数</td><td rowspan="2">优良数</td><td rowspan="2">质量等级</td></tr>
<tr><td>合格</td><td>优良</td></tr>
<tr><td rowspan="4">主控项目</td><td>1</td><td>射线探伤</td><td>一类焊缝不低于Ⅱ级合格，二类焊缝不低于Ⅲ级合格</td><td>一次合格率不低于 90%</td><td>共检测焊缝 29 条，每处拍片 4 张，合格底片 4 张，合格率 100%</td><td>29</td><td>29</td><td>优良</td></tr>
<tr><td>2</td><td>超声波探伤</td><td>一类焊缝不低于Ⅰ级合格，二类焊缝不低于Ⅱ级合格</td><td>一次合格率不低于 95%</td><td>共检测焊缝 29 条，合格率均为 100%</td><td>29</td><td>29</td><td>优良</td></tr>
<tr><td>3</td><td>磁粉探伤</td><td>一类、二类焊缝不低于Ⅱ级合格</td><td>一次合格率不低于 95%</td><td>/</td><td>/</td><td>/</td><td>/</td></tr>
<tr><td>4</td><td>渗透探伤</td><td>一类、二类焊缝不低于Ⅱ级合格</td><td>一次合格率不低于 95%</td><td>/</td><td>/</td><td>/</td><td>/</td></tr>
<tr><td colspan="9">检查意见：
主控项目共＿2＿项，其中合格＿2＿项，优良＿2＿项，合格率＿100＿%，优良率＿100＿%。</td></tr>
<tr><td colspan="3">检验人：×××
2015 年 7 月 4 日</td><td colspan="3">评定人：×××
2015 年 7 月 4 日</td><td colspan="3">监理工程师：×××
2015 年 7 月 4 日</td></tr>
<tr><td colspan="9">注　1. 射线探伤一次合格率＝$\frac{\text{合格底片（张）}}{\text{拍片总数（张）}}$×100%。
2. 其余探伤一次合格率＝$\frac{\text{合格焊缝总长度（m）}}{\text{所检焊缝总长度（m）}}$×100%。
3. 当焊缝长度小于 200mm 时，按实际焊缝长度检测。</td></tr>
</table>

表 1.3　焊缝内部质量检查表

填　表　说　明

填表时必须遵守“填表基本规定”，并符合以下要求。

1. 分部工程、单元工程名称填写应与第一部分水工金属结构安装工程单元工程施工质量验收评定表中表 1 相同。

2. 各检验项目的检验方法按下表要求执行。

检验项目	检验方法
射线探伤	压力钢管：按《水利工程压力钢管制造安装及验收规范》（SL 432）的要求； 钢闸门及拦污栅：按《水利水电工程钢闸门制造、安装及验收规范》（GB/T 14173）的要求； 启闭机：按《水利水电工程启闭机制造安装及验收规范》（SL 381）和《水工金属结焊接通用技术条件》（SL 36）的要求
超声波探伤	压力钢管：按《水利工程压力钢管制造安装及验收规范》（SL 432）的要求； 钢闸门及拦污栅：按《水利水电工程钢闸门制造、安装及验收规范》（GB/T 14173）的要求； 启闭机：按《水利水电工程启闭机制造安装及验收规范》（SL 381）和《水工金属结焊接通用技术条件》（SL 36）的要求
磁粉探伤	厚度大于 32mm 的高强度钢，不低于焊缝总长的 20%，且不小于 200mm
渗透探伤	厚度大于 32mm 的高强度钢，不低于焊缝总长的 20%，且不小于 200mm

3. 单元工程安装质量检验项目质量标准。

（1）合格等级标准。

1）主控项目，检测点应 100%符合合格标准。

2）一般项目，检测点应 90%及以上符合合格标准，不合格点最大值不应超过其允许偏差值的 1.2 倍，且不合格点不应集中。

（2）优良等级标准。在合格标准基础上，主控项目和一般项目的所有检测点应 90%及以上符合优良标准。

______________工程

表 1.4　　表面防腐蚀质量检查表（样表）

编号：__________

<table>
<tr><td colspan="3">分部工程名称</td><td colspan="2"></td><td>单元工程名称</td><td colspan="3"></td></tr>
<tr><td colspan="3">安装部位</td><td colspan="2"></td><td>安装内容</td><td colspan="3"></td></tr>
<tr><td colspan="3">安装单位</td><td colspan="2"></td><td>开/完工日期</td><td colspan="3"></td></tr>
<tr><td colspan="2" rowspan="2">项次</td><td rowspan="2">检验项目</td><td colspan="2">质量要求</td><td rowspan="2">实测值</td><td rowspan="2">合格数</td><td rowspan="2">优良数</td><td rowspan="2">质量等级</td></tr>
<tr><td>合格</td><td>优良</td></tr>
<tr><td rowspan="3">主控项目</td><td>1</td><td>钢管表面清除</td><td>管壁临时支撑割除，焊疤清除干净</td><td>管壁临时支撑割除，焊疤清除干净并磨光</td><td></td><td></td><td></td><td></td></tr>
<tr><td>2</td><td>钢管局部凹坑焊补</td><td>凡凹坑深度大于板厚的10%或大于2.0mm应焊补</td><td>凡凹坑深度大于板厚的10%或大于2.0mm应焊补并磨光</td><td></td><td></td><td></td><td></td></tr>
<tr><td>3</td><td>灌浆孔堵焊</td><td colspan="2">堵焊后表面平整，无渗水现象</td><td></td><td></td><td></td><td></td></tr>
<tr><td rowspan="4">一般项目</td><td>1</td><td>表面预处理</td><td colspan="2">明管内外壁和埋管内壁用压缩空气喷砂或喷丸除锈，除锈清洁度等级应达到《涂装前钢材表面锈蚀等级和除锈等级》（GB 8923）中规定的 Sa $2\frac{1}{2}$ 级；表面粗糙度对非厚浆型涂料应达到 $Rz40\sim70\mu m$，对厚浆型涂料及金属热喷涂为 $Rz60\sim100\mu m$。
埋管外壁经喷射或抛射除锈后，采用改性水泥浆防腐蚀除锈等级不低于 Sa1 级</td><td></td><td></td><td></td><td></td></tr>
<tr><td>2</td><td rowspan="3">涂料涂装</td><td>外观检查</td><td>表面光滑、颜色均匀一致，无皱纹、起泡、流挂、针孔、裂纹、漏涂等缺欠</td><td></td><td></td><td></td><td></td></tr>
<tr><td>3</td><td>涂层厚度</td><td>85%以上的局部厚度应达到设计文件规定厚度，漆膜最小局部厚度应不低于设计文件规定厚度的85%</td><td></td><td></td><td></td><td></td></tr>
<tr><td>4</td><td>针孔</td><td>厚浆型涂料，按规定的电压值检测针孔，发现针孔，用砂纸或弹性砂轮片打磨后补涂</td><td></td><td></td><td></td><td></td></tr>
</table>

续表

<table>
<tr><th colspan="2" rowspan="2">项次</th><th colspan="3" rowspan="2">检验项目</th><th colspan="2">质量要求</th><th rowspan="2">实测值</th><th rowspan="2">合格数</th><th rowspan="2">优良数</th><th rowspan="2">质量等级</th></tr>
<tr><th>合格</th><th>优良</th></tr>
<tr><td rowspan="5">一般项目</td><td>5</td><td rowspan="2">涂料涂装</td><td rowspan="2">附着力</td><td>涂膜厚度大于250μm</td><td colspan="2">在涂膜上划两条夹角为60°的切割线，应划透至基底，用透明压敏胶粘带粘牢划口部分，快速撕起胶带，涂层应无剥落</td><td></td><td></td><td></td><td></td></tr>
<tr><td>6</td><td>涂膜厚度不大于250μm</td><td>用划格法检查（0～60μm，刀口间距1mm；61～120μm，刀口间距2mm；121～250μm，刀口间距3mm），涂层沿切割边缘或切口交叉处脱落明显大于5%，但受影响明显不大于15%</td><td>切割的边缘完全平滑，无一格脱落，或在切割交叉处涂层有少许薄片分离，划格区受影响明显不大于5%</td><td></td><td></td><td></td><td></td></tr>
<tr><td>7</td><td rowspan="3">金属喷涂</td><td colspan="2">外观检查</td><td colspan="2">表面均匀，无金属熔融粗颗粒、起皮、鼓泡、裂纹、掉块及其他影响使用的缺陷</td><td></td><td></td><td></td><td></td></tr>
<tr><td>8</td><td colspan="2">涂层厚度</td><td colspan="2">最小局部厚度不小于设计文件规定厚度</td><td></td><td></td><td></td><td></td></tr>
<tr><td>9</td><td colspan="2">结合性能</td><td>胶带上有破断的涂层黏附，但基底未裸露</td><td>涂层的任何部位都未与基体金属剥离</td><td></td><td></td><td></td><td></td></tr>
<tr><td colspan="11">检查意见：
主控项目共____项，其中合格____项，优良____项，合格率____%，优良率____%。
一般项目共____项，其中合格____项，优良____项，合格率____%，优良率____%。</td></tr>
<tr><td colspan="4">检验人：（签字）
年　月　日</td><td colspan="3">评定人：（签字）
年　月　日</td><td colspan="4">监理工程师：（签字）
年　月　日</td></tr>
</table>

××× 输水 工程

表 1.4　表面防腐蚀质量检查表（实例）

编号：＿＿＿＿＿＿

<table>
<tr><td colspan="3">分部工程名称</td><td colspan="3">×××连接段</td><td>单元工程名称</td><td colspan="3">压力钢管安装</td></tr>
<tr><td colspan="3">安装部位</td><td colspan="3">（18＋600.000～18＋660.000）</td><td>安装内容</td><td colspan="3">焊缝内部</td></tr>
<tr><td colspan="3">安装单位</td><td colspan="3">×××水利工程局</td><td>开/完工日期</td><td colspan="3">2015 年 7 月 5—10 日</td></tr>
<tr><td colspan="2" rowspan="2">项次</td><td rowspan="2">检验项目</td><td colspan="2">质量要求</td><td colspan="2" rowspan="2">实测值</td><td rowspan="2">合格数</td><td rowspan="2">优良数</td><td rowspan="2">质量等级</td></tr>
<tr><td>合格</td><td>优良</td></tr>
<tr><td rowspan="3">主控项目</td><td>1</td><td>钢管表面清除</td><td>管壁临时支撑割除，焊疤清除干净</td><td>管壁临时支撑割除，焊疤清除干净并磨光</td><td colspan="2">检查钢管表面，管壁临时支撑已割除，焊疤清除干净并磨光</td><td>/</td><td>/</td><td>优良</td></tr>
<tr><td>2</td><td>钢管局部凹坑焊补</td><td>凡凹坑深度大于板厚的10%或大于2.0mm应焊补</td><td>凡凹坑深度大于板厚的10%或大于2.0mm应焊补并磨光</td><td colspan="2">检查钢管表面，发现深度大于2.0mm的凹坑4处，进行了焊补并磨光</td><td>4</td><td>4</td><td>优良</td></tr>
<tr><td>3</td><td>灌浆孔堵焊</td><td colspan="2">堵焊后表面平整，无渗水现象</td><td colspan="2">/</td><td>/</td><td>/</td><td>/</td></tr>
<tr><td rowspan="4">一般项目</td><td>1</td><td>表面预处理</td><td colspan="2">明管内外壁和埋管内壁用压缩空气喷砂或喷丸除锈，除锈清洁度等级应达到《涂装前钢材表面锈蚀等级和除锈等级》（GB 8923）中规定的 Sa $2\frac{1}{2}$ 级；表面粗糙度对非厚浆型涂料应达到 Rz40～70μm，对厚浆型涂料及金属热喷涂为 Rz60～100μm。
埋管外壁经喷射或抛射除锈后，采用改性水泥浆防腐蚀除锈等级不低于 Sa1 级</td><td colspan="2">对钢管内外壁表面进行了喷丸除锈清洁，清洁后钢管表面无可见的油脂和污垢，且氧化皮、铁锈、油漆涂层等附着物基本清除，清洁度等级达到 Sa $2\frac{1}{2}$ 级；
本单元工程涂料采用非厚浆型涂料，采用比较样板目视对除锈处理后的钢管表面进行了检查，表面粗糙度为 Rz45μm</td><td>/</td><td>/</td><td>优良</td></tr>
<tr><td>2</td><td rowspan="3">涂料涂装</td><td>外观检查</td><td>表面光滑、颜色均匀一致，无皱纹、起泡、流挂、针孔、裂纹、漏涂等缺欠</td><td colspan="2">检查焊缝两侧，表面光滑、颜色均匀一致，无皱纹、气泡、流挂等缺欠</td><td>/</td><td>/</td><td>优良</td></tr>
<tr><td>3</td><td>涂层厚度</td><td>85%以上的局部厚度应达到设计文件规定厚度，漆膜最小局部厚度应不低于设计文件规定厚度的85%</td><td colspan="2">设计要求：涂层厚度为70μm。
采用测厚仪共检测120个点，涂层厚度为70～76μm</td><td>120</td><td>120</td><td>优良</td></tr>
<tr><td>4</td><td>针孔</td><td>厚浆型涂料，按规定的电压值检测针孔，发现针孔，用砂纸或弹性砂轮片打磨后补涂</td><td colspan="2">采用针孔检测仪检测20个点，发现针孔3个，用砂纸打磨后补涂</td><td>20</td><td>20</td><td>优良</td></tr>
</table>

续表

<table>
<tr><th colspan="2" rowspan="2">项次</th><th colspan="3" rowspan="2">检验项目</th><th colspan="2">质量要求</th><th rowspan="2">实测值</th><th rowspan="2">合格数</th><th rowspan="2">优良数</th><th rowspan="2">质量等级</th></tr>
<tr><th>合格</th><th>优良</th></tr>
<tr><td rowspan="5">一般项目</td><td>5</td><td rowspan="2">涂料涂装</td><td rowspan="2">附着力</td><td>涂膜厚度大于250μm</td><td colspan="2">在涂膜上划两条夹角为60°的切割线，应划透至基底，用透明压敏胶粘带粘牢划口部分，快速撕起胶带，涂层应无剥落</td><td>采用划叉法对涂料附着情况进行了检测，检测30处，涂层均无剥落现象</td><td>30</td><td>30</td><td>优良</td></tr>
<tr><td>6</td><td>涂膜厚度不大于250μm</td><td>用划格法检查（0～60μm，刀口间距1mm；61～120μm，刀口间距2mm；121～250μm，刀口间距3mm），涂层沿切割边缘或切口交叉处脱落明显大于5%，但受影响明显不大于15%</td><td>切割的边缘完全平滑，无一格脱落，或在切割交叉处涂层有少许薄片分离，划格区受影响明显不大于5%</td><td>/</td><td>/</td><td>/</td><td>/</td></tr>
<tr><td>7</td><td rowspan="3">金属喷涂</td><td colspan="2">外观检查</td><td colspan="2">表面均匀，无金属熔融粗颗粒、起皮、鼓泡、裂纹、掉块及其他影响使用的缺陷</td><td>检查钢管表面喷漆外观，表面均匀，无起皮、裂纹等缺陷</td><td>/</td><td>/</td><td>优良</td></tr>
<tr><td>8</td><td colspan="2">涂层厚度</td><td colspan="2">最小局部厚度不小于设计文件规定厚度</td><td>设计要求：涂层厚度为50μm。
共检测80个点，涂层厚度为50.2～53.5μm，详见检测资料</td><td>80</td><td>80</td><td>优良</td></tr>
<tr><td>9</td><td colspan="2">结合性能</td><td>胶带上有破断的涂层黏附，但基底未裸露</td><td>涂层的任何部位都未与基体金属剥离</td><td>采用切割刀、布胶带对30个涂层部位进行了检查，各涂层均未与基体剥离</td><td>30</td><td>30</td><td>优良</td></tr>
<tr><td colspan="11">检查意见：
主控项目共__2__项，其中合格__2__项，优良__2__项，合格率__100__%，优良率__100__%。
一般项目共__8__项，其中合格__8__项，优良__8__项，合格率__100__%，优良率__100__%。</td></tr>
<tr><td colspan="4">检验人：×××
2015年7月10日</td><td colspan="3">评定人：×××
2015年7月10日</td><td colspan="4">监理工程师：×××
2015年7月10日</td></tr>
</table>

表 1.4 表面防腐蚀质量检查表

填 表 说 明

填表时必须遵守“填表基本规定”，并符合以下要求。

1. 分部工程、单元工程名称填写应与第一部分水工金属结构安装工程单元工程施工质量验收评定表中表 1 相同。

2. 各检验项目的检验方法及检验数量按下表要求执行。

<table>
<tr><th colspan="3">检验项目</th><th>检验方法</th><th>检验数量</th></tr>
<tr><td colspan="3">钢管表面清除</td><td rowspan="2">目测检查</td><td rowspan="2">全部表面</td></tr>
<tr><td colspan="3">钢管局部凹坑焊补</td></tr>
<tr><td colspan="3">灌浆堵焊</td><td>检查（或 5 倍放大镜检查）</td><td>全部灌浆孔</td></tr>
<tr><td colspan="3">表面预处理</td><td>清洁度按《涂装前钢材表面锈蚀等级和除锈等级》（GB 8923）照片对比；粗糙度用触针式轮廓仪测量或比较样板目测评定</td><td>每 2m² 表面至少要有 1 个评定点。触针式轮廓仪在 40mm 长度范围内测 5 点，取其算数平均值；比较样块法每一评定点面积不小于 50mm²</td></tr>
<tr><td rowspan="5">涂料涂装</td><td colspan="2">外观检查</td><td>目测检查</td><td>安装焊缝两侧</td></tr>
<tr><td colspan="2">涂层厚度</td><td>测厚仪</td><td>平整表面上，每 10m² 表面应不少于 3 个测点；结构复杂、面积较小的表面，每 2m² 表面应不少于 1 个测点；单节钢管在两端和中间的圆周上每隔 1.5m 测 1 个点</td></tr>
<tr><td colspan="2">针孔</td><td>针孔检测仪</td><td>侧重在安装环缝两侧检测，每个区域 5 个测点，探测距离 300mm 左右</td></tr>
<tr><td rowspan="2">附着力</td><td>涂膜厚度大于 250μm</td><td rowspan="2">专用刀具</td><td rowspan="2">符合《水工金属结构防腐蚀规范》（SL 105）附录“色漆和清漆漆膜的划格试验”的规定</td></tr>
<tr><td>涂膜厚度不大于 250μm</td></tr>
<tr><td rowspan="3">金属喷涂</td><td colspan="2">外观检查</td><td>目测检查</td><td>全部表面</td></tr>
<tr><td colspan="2">涂层厚度</td><td>测厚仪</td><td>平整表面上每 10m² 不少于 3 个局部厚度（取 1 dm² 的基准面，每个基准面测 10 个测点，取算术平均值）</td></tr>
<tr><td colspan="2">结合性能</td><td>切割刀、布胶带</td><td>当涂层厚度不大于 200μm，在 15mm×15mm 面积内按 3mm 间距，用刀切划网格，切痕深度应将涂层切断至基体金属，再用一个辊子施以 5N 的载荷将一条合适的胶带压紧在网格部位，然后沿垂直涂层表面方向快速将胶带拉开；当涂层厚度大于 200μm，在 25mm×25mm 面积内按 5mm 间距切划网格，按上述方法检测</td></tr>
</table>

3. 压力钢管表面防腐蚀的技术要求应符合《水利工程压力钢管制造安装及验收规范》（SL 432）和《水工金属结构防腐蚀规范》（SL 105）的规定。

4. 压力钢管表面防腐蚀质量评定包括管道内外壁表面清除、局部凹坑焊补、灌浆孔堵焊和表面防腐蚀（焊缝两侧）等检验项目。

5. 单元工程安装质量检验项目质量标准。

（1）合格等级标准。

1）主控项目，检测点应100%符合合格标准。

2）一般项目，检测点应90%及以上符合合格标准，不合格点最大值不应超过其允许偏差值的1.2倍，且不合格点不应集中。

（2）优良等级标准。在合格标准基础上，主控项目和一般项目的所有检测点应90%及以上符合优良标准。

______________工程

表 2　　平面闸门埋件单元工程安装施工质量验收评定表（样表）

<table>
<tr><td colspan="2">单位工程名称</td><td colspan="2"></td><td>单元工程量</td><td></td></tr>
<tr><td colspan="2">分部工程名称</td><td colspan="2"></td><td>安装单位</td><td></td></tr>
<tr><td colspan="2">单元工程名称、部位</td><td colspan="2"></td><td>评定日期</td><td></td></tr>
<tr><td rowspan="2">项次</td><td rowspan="2">项　目</td><td colspan="2">主控项目</td><td colspan="2">一般项目</td></tr>
<tr><td>合格数</td><td>其中优良数</td><td>合格数</td><td>其中优良数</td></tr>
<tr><td>1</td><td>平面闸门底槛安装</td><td></td><td></td><td></td><td></td></tr>
<tr><td>2</td><td>平面闸门门楣安装</td><td></td><td></td><td></td><td></td></tr>
<tr><td>3</td><td>平面闸门主轨安装</td><td></td><td></td><td></td><td></td></tr>
<tr><td>4</td><td>平面闸门侧轨安装</td><td></td><td></td><td></td><td></td></tr>
<tr><td>5</td><td>平面闸门反轨安装</td><td></td><td></td><td></td><td></td></tr>
<tr><td>6</td><td>平面闸门止水板安装</td><td></td><td></td><td></td><td></td></tr>
<tr><td>7</td><td>平面闸门护角兼作侧轨安装</td><td></td><td></td><td></td><td></td></tr>
<tr><td>8</td><td>平面闸门胸墙安装</td><td></td><td></td><td></td><td></td></tr>
<tr><td>9</td><td>焊接外观质量</td><td></td><td></td><td></td><td></td></tr>
<tr><td>10</td><td>焊接内部质量</td><td></td><td></td><td></td><td></td></tr>
<tr><td>11</td><td>表面防腐蚀质量</td><td></td><td></td><td></td><td></td></tr>
<tr><td>安装单位自评意见</td><td colspan="5">各项报验资料符合规定。检验项目全部合格。检验项目优良率为____%，其中主控项目优良率为____%。
单元工程安装质量验收评定等级为____。
（签字，加盖公章）　　年　月　日</td></tr>
<tr><td>监理单位复核意见</td><td colspan="5">各项报验资料符合规定。检验项目全部合格。检验项目优良率为____%，其中主控项目优良率为____%。
单元工程安装质量验收核定等级为____。
（签字，加盖公章）　　年　月　日</td></tr>
<tr><td colspan="6">注　1. 主控项目和一般项目中的合格数指达到合格及其以上质量标准的项目个数。
2. 优良项目占全部项目百分率＝$\frac{主控项目优良数＋一般项目优良数}{检验项目总数}\times 100\%$。
3. 胸墙下部系指和门楣结合处。
4. 门楣工作范围高度：静水启闭闸门为孔口高；动水启闭闸门为承压主轨高度。</td></tr>
</table>

×××电站　工程

表 2　平面闸门埋件单元工程安装施工质量验收评定表（实例）

单位工程名称	厂房工程		单元工程量	5t	
分部工程名称	金属结构及启闭机安装		安装单位	×××工程局有限公司	
单元工程名称、部位	×××机组进口平面闸门埋件安装		评定日期	2014 年 9 月 10 日	
项次	项　目	主控项目		一般项目	
		合格数	其中优良数	合格数	其中优良数
1	平面闸门底槛安装	6	6	1	1
2	平面闸门门楣安装	5	5	/	/
3	平面闸门主轨安装	5	5	4	4
4	平面闸门侧轨安装	4	4	4	4
5	平面闸门反轨安装	4	4	4	4
6	平面闸门止水板安装	5	5	1	1
7	平面闸门护角兼作侧轨安装	4	4	4	4
8	平面闸门胸墙安装	3	3	/	/
9	焊接外观质量	5	5	7	7
10	焊接内部质量	2	2	/	/
11	表面防腐蚀质量	/	/	7	7
安装单位自评意见	各项报验资料符合规定。检验项目全部合格。检验项目优良率为 100 %，其中主控项目优良率为 100 %。 单元工程安装质量验收评定等级为 优良 。 ×××（签字，加盖公章）　2014 年 9 月 10 日				
监理单位复核意见	各项报验资料符合规定。检验项目全部合格。检验项目优良率为 100 %，其中主控项目优良率为 100 %。 单元工程安装质量验收核定等级为 优良 。 ×××（签字，加盖公章）　2014 年 9 月 10 日				

注　1. 主控项目和一般项目中的合格数指达到合格及其以上质量标准的项目个数。

2. 优良项目占全部项目百分率$=\dfrac{\text{主控项目优良数}+\text{一般项目优良数}}{\text{检验项目总数}}\times100\%$。

3. 胸墙下部系指和门楣结合处。

4. 门楣工作范围高度：静水启闭闸门为孔口高；动水启闭闸门为承压主轨高度。

表2　平面闸门埋件单元工程安装施工质量验收评定表

填　表　说　明

填表时必须遵守“填表基本规定”，并应符合下列要求。

1. 单元工程划分：宜以每一孔（段）门槽的埋件安装划分为一个单元工程。

2. 单元工程量：填写本单元埋件重量（t）。

3. 本表是在第一部分水工金属结构安装工程单元工程施工质量验收评定表中表2.1～表2.11检查表质量评定合格基础上进行。

4. 单元工程施工质量验收评定应包括下列资料。

（1）施工单位应提交埋件的安装图样、安装记录、埋件焊接与表面防腐蚀记录、重大缺陷处理记录等资料。

（2）监理单位应提交对单元工程施工质量的平行检测资料。

5. 平面闸门埋件的安装及检查等技术要求应符合《水利水电工程钢闸门制造、安装及验收规范》（GB/T 14173）和设计文件的规定。

6. 埋件就位调整后，应用加固钢筋或调整螺栓，将其与预埋螺栓或插筋焊牢，以防浇筑二期混凝土时发生移位。二期混凝土拆模后，应进行复测，同时清除遗留的钢筋头等杂物，并将埋件表面清理干净。

7. 单元工程安装质量评定标准。

（1）合格等级标准。

1）各检验项目均达到合格等级以上标准。

2）设备的试验和试运行符合《水利水电工程单元工程施工质量验收评定标准——水工金属结构安装工程》（SL 635—2012）标准及相关专业标准规定；各项报验资料符合《水利水电工程单元工程施工质量验收评定标准——水工金属结构安装工程》（SL 635—2012）标准的要求。

（2）优良等级标准。在合格等级标准基础上，安装质量检验项目中优良项目占全部项目70%及以上，且主控项目100%优良。

8. 表中数值为允许偏差值。

______________工程

表 2.1　　　　平面闸门底槛安装质量检查表（样表）

编号：__________

<table>
<tr><td colspan="3">分部工程名称</td><td colspan="3"></td><td>单元工程名称</td><td colspan="3"></td></tr>
<tr><td colspan="3">安装部位</td><td colspan="3"></td><td>安装内容</td><td colspan="3"></td></tr>
<tr><td colspan="3">安装单位</td><td colspan="3"></td><td>开/完工日期</td><td colspan="3"></td></tr>
<tr><td colspan="2">项次</td><td colspan="3">检验项目</td><td>质量要求</td><td>实测值</td><td>合格数</td><td>优良数</td><td>质量等级</td></tr>
<tr><td rowspan="9">主控项目</td><td>1</td><td colspan="2">对门槽中心线 a</td><td>工作范围内</td><td>±5.0mm</td><td></td><td></td><td></td><td></td></tr>
<tr><td>2</td><td colspan="2">对孔口中心线 b</td><td>工作范围内</td><td>±5.0mm</td><td></td><td></td><td></td><td></td></tr>
<tr><td rowspan="2">3</td><td colspan="2" rowspan="2">工作表面一端对另一端的高差（L 为闸门宽度）</td><td>L＜10000mm</td><td>2.0mm</td><td></td><td></td><td></td><td></td></tr>
<tr><td>L≥10000mm</td><td>3.0mm</td><td></td><td></td><td></td><td></td></tr>
<tr><td>4</td><td colspan="2">工作表面平面度</td><td>工作范围内</td><td>2.0mm</td><td></td><td></td><td></td><td></td></tr>
<tr><td>5</td><td colspan="2">工作表面组合处的错位</td><td>工作范围内</td><td>1.0mm</td><td></td><td></td><td></td><td></td></tr>
<tr><td rowspan="3">6</td><td rowspan="3">表面扭曲值 f</td><td rowspan="3">工作范围内表面宽度 B</td><td>B＜100mm</td><td>1.0mm</td><td></td><td></td><td></td><td></td></tr>
<tr><td>B＝100～200mm</td><td>1.5mm</td><td></td><td></td><td></td><td></td></tr>
<tr><td>B＞200mm</td><td>2.0mm</td><td></td><td></td><td></td><td></td></tr>
<tr><td>一般项目</td><td>1</td><td colspan="3">高程</td><td>±5.0mm</td><td></td><td></td><td></td><td></td></tr>
<tr><td colspan="10">检查意见：
主控项目共____项，其中合格____项，优良____项，合格率____%，优良率____%。
一般项目共____项，其中合格____项，优良____项，合格率____%，优良率____%。</td></tr>
<tr><td colspan="4">检验人：（签字）
年　月　日</td><td colspan="3">评定人：（签字）
年　月　日</td><td colspan="3">监理工程师：（签字）
年　月　日</td></tr>
</table>

××× 电站　　工程

表 2.1　平面闸门底槛安装质量检查表（实例）

编号：____________

分部工程名称	金属结构及启闭机安装	单元工程名称	×××机组进口平面闸门埋件安装
安装部位	×××机组进口	安装内容	底槛安装
安装单位	×××工程局有限公司	开/完工日期	2014 年 9 月 1—10 日

项次		检验项目		质量要求	实测值	合格数	优良数	质量等级
主控项目	1	对门槽中心线 a	工作范围内	±5.0mm	设计值 a 为 420mm，实测值 421mm、421mm、423mm、423.5mm	4	4	优良
	2	对孔口中心线 b	工作范围内	±5.0mm	设计值 b 为 5225mm、实测值 5225.5mm、5226mm、5227mm、5227mm	4	4	优良
	3	工作表面一端对另一端的高差（L 为闸门宽度）	L<10000mm	2.0mm	/	/	/	/
			L≥10000mm	3.0mm	设计值 10810mm，实测值 10811.2mm、10813mm、10813.5mm、108113.8mm	4	4	优良
	4	工作表面平面度	工作范围内	2.0mm	测定工作表面平面高程 6 组，得到平面度为 0.5mm、1.0mm、1.0mm、0.5mm、1.0mm、1.2mm	6	6	优良
	5	工作表面组合处的错位	工作范围内	1.0mm	测定工作表面结合处两平面高程 4 组，得到错位值为 0.5mm、0.8mm、0.75mm、0.7mm	4	4	优良
	6	表面扭曲值 f / 工作范围内表面宽度 B	B<100mm	1.0mm	/	/	/	/
			B=100～200mm	1.5mm	/	/	/	/
			B>200mm	2.0mm	设计值 B 为 400mm，f 设计值为 230.9mm，实测 f 值为 232.1mm、231.7mm、231.9mm、232.4mm	4	4	优良
一般项目	1	高程		±5.0mm	高程设计值 454.500m，实测值 454.502m、454.505m、454.502m、454.504m	4	4	优良

检查意见：

主控项目共 6 项，其中合格 6 项，优良 6 项，合格率 100 %，优良率 100 %。

一般项目共 1 项，其中合格 1 项，优良 1 项，合格率 100 %，优良率 100 %。

检验人：×××	评定人：×××	监理工程师：×××
2014 年 9 月 10 日	2014 年 9 月 10 日	2014 年 9 月 10 日

表 2.1 平面闸门底槛安装质量检查表

填 表 说 明

填表时必须遵守“填表基本规定”，并应符合下列要求。

1. 分部工程、单元工程名称填写应与第一部分水工金属结构安装工程单元工程施工质量验收评定表中表 2 相同。

2. 检验部位见图 2.1。

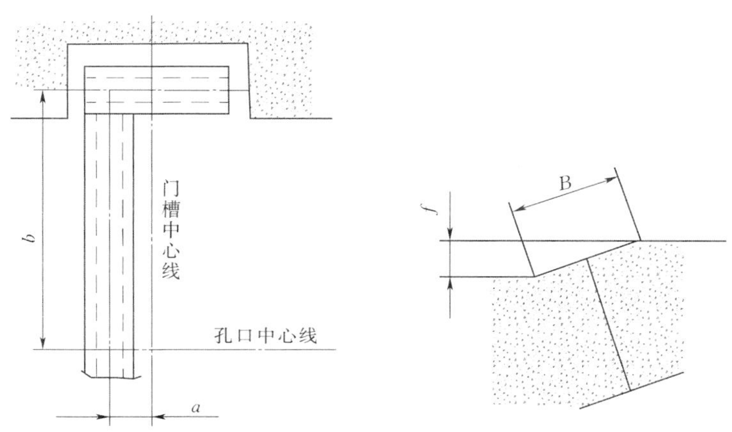

图 2.1 平面闸门底槛安装

3. 平面闸门埋件安装质量评定包括：底槛、门楣、主轨、侧轨、反轨、止水板、护角、胸墙和埋件表面防腐蚀等检验项目。

4. 平面闸门埋件焊接与表面防腐蚀质量应分别符合《水利水电工程单元工程施工质量验收评定标准——水工金属结构安装工程》（SL 635—2012）第 4 章的规定。

5. 单元工程安装质量检验项目质量标准。

（1）合格等级标准。

1）主控项目，检测点应 100%符合合格标准。

2）一般项目，检测点应 90%及以上符合合格标准，不合格点最大值不应超过其允许偏差值的 1.2 倍，且不合格点不应集中。

（2）优良等级标准。在合格等级标准基础上，主控项目和一般项目的所有检测点应 90%及以上符合优良标准。

6. 表中数值为允许偏差值。

______工程

表 2.2　　平面闸门门楣安装质量检查表（样表）

编号：______

<table>
<tr><td colspan="3">分部工程名称</td><td colspan="2"></td><td>单元工程名称</td><td colspan="4"></td></tr>
<tr><td colspan="3">安装部位</td><td colspan="2"></td><td>安装内容</td><td colspan="4"></td></tr>
<tr><td colspan="3">安装单位</td><td colspan="2"></td><td>开/完工日期</td><td colspan="4"></td></tr>
<tr><td colspan="2">项次</td><td colspan="3">检验项目</td><td>质量要求</td><td>实测值</td><td>合格数</td><td>优良数</td><td>质量等级</td></tr>
<tr><td rowspan="6">主控项目</td><td>1</td><td colspan="2">对门槽中心线 a</td><td>工作范围内</td><td>−1.0～+2.0mm</td><td></td><td></td><td></td><td></td></tr>
<tr><td>2</td><td colspan="3">门楣中心对底槛面的距离 h</td><td>±3.0mm</td><td></td><td></td><td></td><td></td></tr>
<tr><td>3</td><td colspan="2">工作表面平面度</td><td>工作范围内</td><td>2.0mm</td><td></td><td></td><td></td><td></td></tr>
<tr><td>4</td><td colspan="2">工作表面组合处的错位</td><td>工作范围内</td><td>0.5mm</td><td></td><td></td><td></td><td></td></tr>
<tr><td rowspan="2">5</td><td rowspan="2">表面扭曲值 f</td><td rowspan="2">工作范围内表面宽度 B</td><td>B<100mm</td><td>1.0mm</td><td></td><td></td><td></td><td></td></tr>
<tr><td>B=100～200mm</td><td>1.5mm</td><td></td><td></td><td></td><td></td></tr>
<tr><td colspan="10">检查意见：
主控项目共______项，其中合格______项，优良______项，合格率______%，优良率______%。</td></tr>
<tr><td colspan="4">检验人：（签字）
年　月　日</td><td colspan="3">评定人：（签字）
年　月　日</td><td colspan="3">监理工程师：（签字）
年　月　日</td></tr>
</table>

×××电站______工程

表 2.2　平面闸门门楣安装质量检查表（实例）

编号：____________

分部工程名称	金属结构及启闭机安装	单元工程名称	×××机组进口平面闸门埋件安装
安装部位	×××机组进口	安装内容	门楣安装
安装单位	×××工程局有限公司	开/完工日期	2014 年 9 月 1—10 日

项次		检验项目			质量要求	实测值	合格数	优良数	质量等级
主控项目	1	对门槽中心线 a		工作范围内	−1.0～+2.0mm	设计值 a 为 446mm，实测值为 446.2mm、446.2mm、446.5mm、446.8mm、446.8mm、446.7mm	6	6	优良
	2	门楣中心对底槛面的距离 h			±3.0mm	设计值 h 为 6060mm，实测值为 6058.2mm、6059.5mm、6060.2mm、6060.3mm、6060.5mm、6061.3mm	6	6	优良
	3	工作表面平面度		工作范围内	2.0mm	检查工作表面平面高程 6 组，得到平面度为 0.3mm、0.9mm、1.3mm、1.2mm、1.2mm、0.5mm	6	6	优良
	4	工作表面组合处的错位		工作范围内	0.5mm	检查工作表面结合处两平面高程 4 组，得到错位值为 0.2mm、0.2mm、0.5mm、0.7mm	4	4	优良
	5	表面扭曲值 f	工作范围内表面宽度 B	B<100mm	1.0mm	设计值 B 为 80mm，设计值 f 为 46.1mm，实测 f 值为 46.4mm、46.5mm、46.8mm、46.8mm	4	4	优良
				B=100～200mm	1.5mm	/	/	/	/

检查意见：

主控项目共__5__项，其中合格__5__项，优良__5__项，合格率__100__%，优良率__100__%。

检验人：×××	评定人：×××	监理工程师：×××
2014 年 9 月 10 日	2014 年 9 月 10 日	2014 年 9 月 10 日

表 2.2　平面闸门门楣安装质量检查表

填　表　说　明

填表时必须遵守“填表基本规定”，并应符合下列要求。

1. 分部工程、单元工程名称填写应与第一部分水工金属结构安装工程单元工程施工质量验收评定表中表 2 相同。

2. 检验部位见图 2.2。

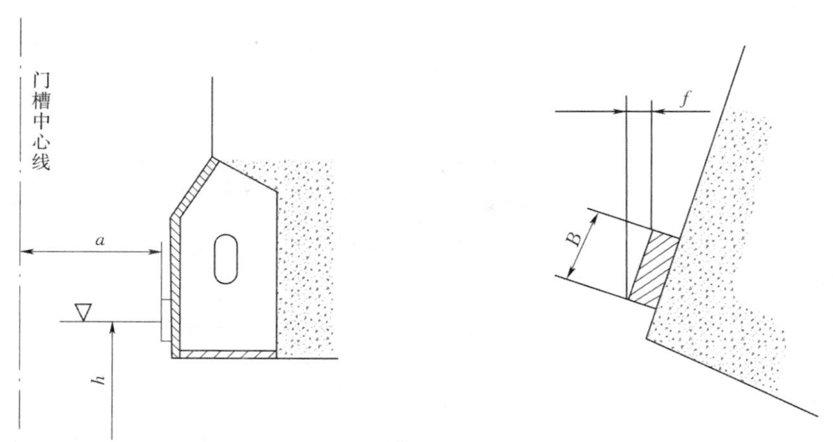

图 2.2　平面闸门门楣安装

3. 单元工程安装质量检验项目质量标准。

(1) 合格等级标准。主控项目，检测点应 100%符合合格标准。

(2) 优良等级标准。所有检测点应 90%及以上符合优良标准。

4. 表中数值为允许偏差值。

________________工程

表 2.3　平面闸门主轨安装质量检查表（样表）

编号：__________

<table>
<tr><td colspan="3">分部工程名称</td><td colspan="2"></td><td>单元工程名称</td><td colspan="4"></td></tr>
<tr><td colspan="3">安装部位</td><td colspan="2"></td><td>安装内容</td><td colspan="4"></td></tr>
<tr><td colspan="3">安装单位</td><td colspan="2"></td><td>开/完工日期</td><td colspan="4"></td></tr>
<tr><td colspan="2" rowspan="2">项次</td><td colspan="3" rowspan="2">检验项目</td><td colspan="2">质量要求</td><td rowspan="2">实测值</td><td rowspan="2">合格数</td><td rowspan="2">优良数</td><td rowspan="2">质量等级</td></tr>
<tr><td>加工</td><td>不加工</td></tr>
<tr><td rowspan="7">主控项目</td><td>1</td><td colspan="2">对门槽中心线 a</td><td>工作范围内</td><td>−1.0～+2.0mm</td><td>−1.0～+3.0mm</td><td></td><td></td><td></td><td></td></tr>
<tr><td>2</td><td colspan="2">对孔口中心线 b</td><td>工作范围内</td><td>±3.0mm</td><td>±3.0mm</td><td></td><td></td><td></td><td></td></tr>
<tr><td>3</td><td colspan="2">工作表面平面度</td><td>工作范围内</td><td>/</td><td>2.0mm</td><td></td><td></td><td></td><td></td></tr>
<tr><td>4</td><td colspan="2">工作表面组合处的错位</td><td>工作范围内</td><td>0.5mm</td><td>1.0mm</td><td></td><td></td><td></td><td></td></tr>
<tr><td rowspan="3">5</td><td rowspan="3">表面扭曲值 f</td><td rowspan="3">工作范围内标准宽度 B</td><td>B<100mm</td><td>0.5mm</td><td>1.0mm</td><td></td><td></td><td></td><td></td></tr>
<tr><td>B=100～200mm</td><td>1.0mm</td><td>2.0mm</td><td></td><td></td><td></td><td></td></tr>
<tr><td>B>200mm</td><td>1.0mm</td><td>2.0mm</td><td></td><td></td><td></td><td></td></tr>
<tr><td rowspan="4">一般项目</td><td>1</td><td colspan="2">对门槽中心线 a</td><td>工作范围外</td><td>−1.0～+3.0mm</td><td>−2.0～+5.0mm</td><td></td><td></td><td></td><td></td></tr>
<tr><td>2</td><td colspan="2">对孔口中心线 b</td><td>工作范围外</td><td>±4.0mm</td><td>±4.0mm</td><td></td><td></td><td></td><td></td></tr>
<tr><td>3</td><td colspan="2">工作表面组合处的错位</td><td>工作范围外</td><td>1.0mm</td><td>2.0mm</td><td></td><td></td><td></td><td></td></tr>
<tr><td>4</td><td colspan="2">表面扭曲值 f</td><td>工作范围外允许增加值</td><td>2.0mm</td><td>2.0mm</td><td></td><td></td><td></td><td></td></tr>
<tr><td colspan="11">检查意见：
主控项目共____项，其中合格____项，优良____项，合格率____%，优良率____%。
一般项目共____项，其中合格____项，优良____项，合格率____%，优良率____%。</td></tr>
<tr><td colspan="4">检验人：（签字）
年　月　日</td><td colspan="3">评定人：（签字）
年　月　日</td><td colspan="4">监理工程师：（签字）
年　月　日</td></tr>
</table>

×××电站　工程

表 2.3　平面闸门主轨安装质量检查表（实例）

编号：__________

分部工程名称	金属结构及启闭机安装	单元工程名称	×××机组进口平面闸门埋件安装
安装部位	×××机组进口	安装内容	主轨安装
安装单位	×××工程局有限公司	开/完工日期	2014 年 9 月 1—10 日

<table>
<tr><th colspan="2" rowspan="2">项次</th><th colspan="3" rowspan="2">检验项目</th><th colspan="2">质量要求</th><th rowspan="2">实测值</th><th rowspan="2">合格数</th><th rowspan="2">优良数</th><th rowspan="2">质量等级</th></tr>
<tr><th>加工</th><th>不加工</th></tr>
<tr><td rowspan="7">主控项目</td><td>1</td><td colspan="2">对门槽中心线 a</td><td>工作范围内</td><td>−1.0～+2.0mm</td><td>−1.0～+3.0mm</td><td>设计值 a 为 440mm；左侧实测值：440.5～441mm，共测 6 点；右侧实测值：440～441mm，共测 6 点</td><td>12</td><td>12</td><td>优良</td></tr>
<tr><td>2</td><td colspan="2">对孔口中心线 b</td><td>工作范围内</td><td>±3.0mm</td><td>±3.0mm</td><td>设计值 b 为 5225mm；左侧实测值：5225.5～5226mm，共测 6 点；右侧实测值：5225～5227mm，共测 6 点</td><td>12</td><td>12</td><td>优良</td></tr>
<tr><td>3</td><td colspan="2">工作表面平面度</td><td>工作范围内</td><td>/</td><td>2.0mm</td><td>检查工作表面平面高程 6 组，得到平面度为 0.1mm、0.6mm、0.5mm、0.6mm、1.2mm、1.1mm</td><td>6</td><td>6</td><td>优良</td></tr>
<tr><td>4</td><td colspan="2">工作表面组合处的错位</td><td>工作范围内</td><td>0.5mm</td><td>1.0mm</td><td>检查工作表面结合处两平面高程 4 组，得到错位值为 0.2mm、0.2mm、0.5mm、0.5mm</td><td>4</td><td>4</td><td>优良</td></tr>
<tr><td rowspan="3">5</td><td rowspan="3">表面扭曲值 f</td><td rowspan="3">工作范围内宽度 B</td><td>B<100mm</td><td>0.5mm</td><td>1.0mm</td><td>/</td><td>/</td><td>/</td><td>/</td></tr>
<tr><td>B=100～200mm</td><td>1.0mm</td><td>2.0mm</td><td>设计值 B 为 160mm，设计值 f 为 92.3mm，实测 f 值为 92.5mm、92.7mm、92.6mm、93.1mm</td><td>4</td><td>4</td><td>优良</td></tr>
<tr><td>B>200mm</td><td>1.0mm</td><td>2.0mm</td><td>/</td><td>/</td><td>/</td><td>/</td></tr>
</table>

续表

<table>
<tr><td rowspan="2" colspan="2">项次</td><td rowspan="2" colspan="2">检验项目</td><td colspan="2">质量要求</td><td rowspan="2">实测值</td><td rowspan="2">合格数</td><td rowspan="2">优良数</td><td rowspan="2">质量等级</td></tr>
<tr><td>加工</td><td>不加工</td></tr>
<tr><td rowspan="4">一般项目</td><td>1</td><td>对门槽中心线 a</td><td>工作范围外</td><td>−1.0～+3.0mm</td><td>−2.0～+5.0mm</td><td>设计值 a 为 450mm
左侧实测值：450.2～450.9mm，共测 6 点；
右侧实测值：450～450.8mm，共测 6 点</td><td>12</td><td>12</td><td>优良</td></tr>
<tr><td>2</td><td>对孔口中心线 b</td><td>工作范围外</td><td>±4.0mm</td><td>±4.0mm</td><td>设计值 b 为 5225mm；
左侧实测值：5225.3～5227mm，共测 6 点；
右侧实测值：5225.6～5227.5mm，共测 6 点</td><td>12</td><td>12</td><td>优良</td></tr>
<tr><td>3</td><td>工作表面组合处的错位</td><td>工作范围外</td><td>1.0mm</td><td>2.0mm</td><td>检查工作表面结合处两平面高程 4 组，得到错位值为 0.3mm、0.4mm、0.6mm、0.6mm</td><td>4</td><td>4</td><td>优良</td></tr>
<tr><td>4</td><td>表面扭曲值 f</td><td>工作范围外允许增加值</td><td>2.0mm</td><td>2.0mm</td><td>实测 f 值 92.7mm、93.4mm、93.2mm、93.5mm</td><td>4</td><td>4</td><td>优良</td></tr>
<tr><td colspan="10">检查意见：
主控项目共 5 项，其中合格 5 项，优良 5 项，合格率 100 %，优良率 100 %。
一般项目共 4 项，其中合格 4 项，优良 4 项，合格率 100 %，优良率 100 %。</td></tr>
<tr><td colspan="4">检验人：×××
2014 年 9 月 10 日</td><td colspan="3">评定人：×××
2014 年 9 月 10 日</td><td colspan="3">监理工程师：×××
2014 年 9 月 10 日</td></tr>
</table>

表 2.3 平面闸门主轨安装质量检查表

填 表 说 明

填表时必须遵守“填表基本规定”，并应符合下列要求。

1. 分部工程、单元工程名称填写应与第一部分水工金属结构安装工程单元工程施工质量验收评定表中表 2 相同。

2. 检验部位见图 2.3。

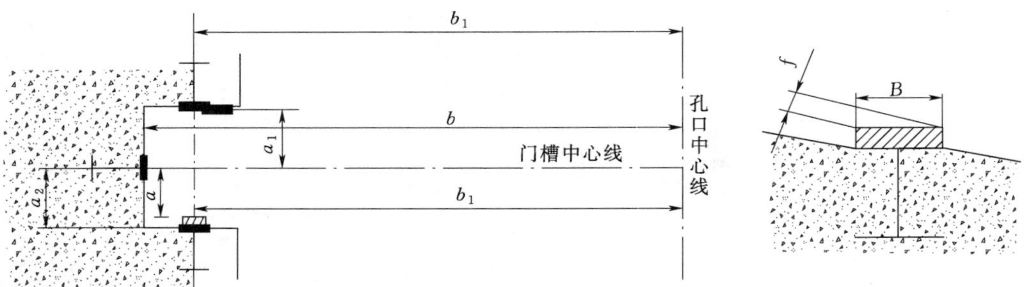

图 2.3 平面闸门主轨安装

3. 单元工程安装质量检验项目质量标准。

(1) 合格等级标准。

1) 主控项目，检测点应 100%符合合格标准。

2) 一般项目，检测点应 90%及以上符合合格标准，不合格点最大值不应超过其允许偏差值的 1.2 倍，且不合格点不应集中。

(2) 优良等级标准。在合格等级标准基础上，主控项目和一般项目的所有检测点应 90%及以上符合优良标准。

4. 表中数值为允许偏差值。

______工程

表 2.4　　平面闸门侧轨安装质量检查表（样表）

编号：______

分部工程名称					单元工程名称			
安装部位					安装内容			
安装单位					开/完工日期			
项次		检验项目			质量要求	实测值	合格数	优良数	质量等级
主控项目	1	对门槽中心线 a		工作范围内	±5.0mm				
	2	对孔口中心线 b		工作范围内	±5.0mm				
	3	工作表面组合处的错位		工作范围内	1.0mm				
	4	表面扭曲值 f	工作范围内表面宽度 B	$B<100$mm	2.0mm				
				$B=100\sim200$mm	2.5mm				
				$B>200$mm	3.0mm				
一般项目	1	对门槽中心线 a		工作范围外	±5.0mm				
	2	对孔口中心线 b		工作范围外	±5.0mm				
	3	工作表面组合处的错位		工作范围外	2.0mm				
	4	表面扭曲值 f		工作范围外允许增加值	2.0mm				

检查意见：

主控项目共______项，其中合格______项，优良______项，合格率______%，优良率______%。

一般项目共______项，其中合格______项，优良______项，合格率______%，优良率______%。

检验人：（签字） 年　月　日	评定人：（签字） 年　月　日	监理工程师：（签字） 年　月　日

××× 电站 工程

表 2.4　　平面闸门侧轨安装质量检查表（实例）

编号：____________

<table>
<tr><td colspan="2">分部工程名称</td><td colspan="2">金属结构及启闭机安装</td><td>单元工程名称</td><td colspan="4">×××机组进口平面闸门埋件安装</td></tr>
<tr><td colspan="2">安装部位</td><td colspan="2">×××机组进口</td><td>安装内容</td><td colspan="4">侧轨安装</td></tr>
<tr><td colspan="2">安装单位</td><td colspan="2">×××工程局有限公司</td><td>开/完工日期</td><td colspan="4">2014 年 9 月 1—10 日</td></tr>
<tr><td colspan="2">项次</td><td colspan="2">检验项目</td><td>质量要求</td><td>实测值</td><td>合格数</td><td>优良数</td><td>质量等级</td></tr>
<tr><td rowspan="6">主控项目</td><td>1</td><td>对门槽中心线 a</td><td>工作范围内</td><td>±5.0mm</td><td>设计值 a 为 440mm；左侧实测值：440.8～443mm，共测 6 点；右侧实测值：440.5～443.5mm，共测 6 点</td><td>12</td><td>12</td><td>优良</td></tr>
<tr><td>2</td><td>对孔口中心线 b</td><td>工作范围内</td><td>±5.0mm</td><td>设计值 b 为 5225mm；左侧实测值：5225.5～5228mm，共测 6 点；右侧实测值：5225～5228.5mm，共测 6 点</td><td>12</td><td>12</td><td>优良</td></tr>
<tr><td>3</td><td>工作表面组合处的错位</td><td>工作范围内</td><td>1.0mm</td><td>检查工作表面结合处两平面高程 4 组，得到错位值为 0.3mm、0.3mm、0.6mm、0.6mm</td><td>4</td><td>4</td><td>优良</td></tr>
<tr><td rowspan="3">4</td><td rowspan="3">表面扭曲值 f ／ 工作范围内表面宽度 B</td><td>B＜100mm</td><td>2.0mm</td><td>/</td><td>/</td><td>/</td><td>/</td></tr>
<tr><td>B＝100～200mm</td><td>2.5mm</td><td>设计值 B 为 160mm，设计值 f 为 92.3mm，实测 f 值为 92.4mm、93.5mm、92.9mm、93.2mm</td><td>4</td><td>4</td><td>优良</td></tr>
<tr><td>B＞200mm</td><td>3.0mm</td><td>/</td><td>/</td><td>/</td><td>/</td></tr>
</table>

续表

<table>
<tr><th colspan="2">项次</th><th colspan="2">检验项目</th><th>质量要求</th><th>实测值</th><th>合格数</th><th>优良数</th><th>质量等级</th></tr>
<tr><td rowspan="4">一般项目</td><td>1</td><td>对门槽中心线 a</td><td>工作范围外</td><td>±5.0mm</td><td>设计值 a 为 450mm；
左侧实测值：450.5～453.5mm，共测 6 点；
右侧实测值：450.8～452.8mm，共测 6 点</td><td>12</td><td>12</td><td>优良</td></tr>
<tr><td>2</td><td>对孔口中心线 b</td><td>工作范围外</td><td>±5.0mm</td><td>设计值 b 为 5225mm；
左侧实测值：5225.7～5228.5mm，共测 6 点；
右侧实测值：5225.5～5228.8mm，共测 6 点</td><td>12</td><td>12</td><td>优良</td></tr>
<tr><td>3</td><td>工作表面组合处的错位</td><td>工作范围外</td><td>2.0mm</td><td>检查工作表面结合处两平面高程 4 组，得到错位值为 0.8mm、0.6mm、1.3mm、1.1mm</td><td>4</td><td>4</td><td>优良</td></tr>
<tr><td>4</td><td>表面扭曲值 f</td><td>工作范围外允许增加值</td><td>2.0mm</td><td>实测 f 值 92.9mm、93.2mm、93.3mm、93.6mm</td><td>4</td><td>4</td><td>优良</td></tr>
<tr><td colspan="9">检查意见：
主控项目共__4__项，其中合格__4__项，优良__4__项，合格率__100__%，优良率__100__%。
一般项目共__4__项，其中合格__4__项，优良__4__项，合格率__100__%，优良率__100__%。</td></tr>
<tr><td colspan="4">检验人：×××
2014 年 9 月 10 日</td><td colspan="2">评定人：×××
2014 年 9 月 10 日</td><td colspan="3">监理工程师：×××
2014 年 9 月 10 日</td></tr>
</table>

表 2.4　平面闸门侧轨安装质量检查表

填　表　说　明

填表时必须遵守“填表基本规定”，并应符合下列要求。

1. 分部工程、单元工程名称填写应与第一部分水工金属结构安装工程单元工程施工质量验收评定表中表 2 相同。

2. 检验部位见图 2.4。

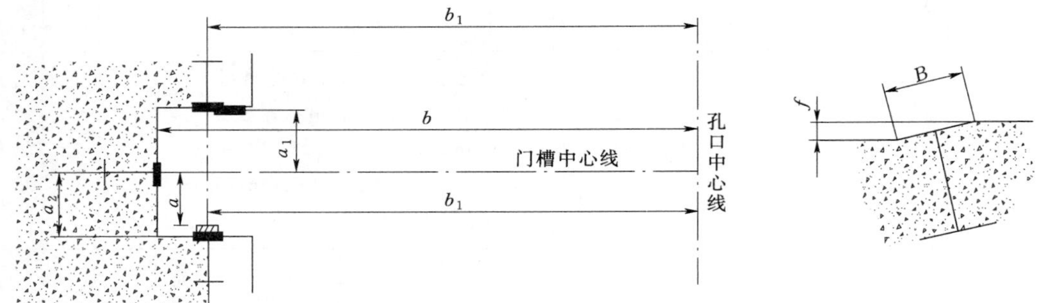

图 2.4　平面闸门侧轨安装

3. 单元工程安装质量检验项目质量标准。

(1) 合格等级标准。

1) 主控项目，检测点应 100%符合合格标准。

2) 一般项目，检测点应 90%及以上符合合格标准，不合格点最大值不应超过其允许偏差值的 1.2 倍，且不合格点不应集中。

(2) 优良等级标准。在合格等级标准基础上，主控项目和一般项目的所有检测点应 90%及以上符合优良标准。

4. 表中数值为允许偏差值。

________工程

表 2.5　　平面闸门反轨安装质量检查表（样表）

编号：________

<table>
<tr><td colspan="3">分部工程名称</td><td colspan="3"></td><td>单元工程名称</td><td colspan="3"></td></tr>
<tr><td colspan="3">安装部位</td><td colspan="3"></td><td>安装内容</td><td colspan="3"></td></tr>
<tr><td colspan="3">安装单位</td><td colspan="3"></td><td>开/完工日期</td><td colspan="3"></td></tr>
<tr><td colspan="2">项次</td><td colspan="3">检验项目</td><td>质量要求</td><td>实测值</td><td>合格数</td><td>优良数</td><td>质量等级</td></tr>
<tr><td rowspan="6">主控项目</td><td>1</td><td colspan="2">对门槽中心线 a</td><td>工作范围内</td><td>−1.0～+3.0mm</td><td></td><td></td><td></td><td></td></tr>
<tr><td>2</td><td colspan="2">对孔口中心线 b</td><td>工作范围内</td><td>±3.0mm</td><td></td><td></td><td></td><td></td></tr>
<tr><td>3</td><td colspan="2">工作表面组合处的错位</td><td>工作范围内</td><td>1.0mm</td><td></td><td></td><td></td><td></td></tr>
<tr><td rowspan="3">4</td><td rowspan="3">表面扭曲值 f</td><td rowspan="3">工作范围内表面宽度 B</td><td>$B<100$mm</td><td>2.0mm</td><td rowspan="3"></td><td rowspan="3"></td><td rowspan="3"></td><td rowspan="3"></td></tr>
<tr><td>$B=100$～200mm</td><td>2.5mm</td></tr>
<tr><td>$B>200$mm</td><td>3.0mm</td></tr>
<tr><td rowspan="4">一般项目</td><td>1</td><td colspan="2">对门槽中心线 a</td><td>工作范围外</td><td>−2.0～+5.0mm</td><td></td><td></td><td></td><td></td></tr>
<tr><td>2</td><td colspan="2">对孔口中心线 b</td><td>工作范围外</td><td>±5.0mm</td><td></td><td></td><td></td><td></td></tr>
<tr><td>3</td><td colspan="2">工作表面组合处的错位</td><td>工作范围外</td><td>2.0mm</td><td></td><td></td><td></td><td></td></tr>
<tr><td>4</td><td>表面扭曲值 f</td><td colspan="2">工作范围外允许增加值</td><td>2.0mm</td><td></td><td></td><td></td><td></td></tr>
<tr><td colspan="10">检查意见：
主控项目共____项，其中合格____项，优良____项，合格率____%，优良率____%。
一般项目共____项，其中合格____项，优良____项，合格率____%，优良率____%。</td></tr>
<tr><td colspan="4">检验人：（签字）
年　月　日</td><td colspan="3">评定人：（签字）
年　月　日</td><td colspan="3">监理工程师：（签字）
年　月　日</td></tr>
</table>

×××电站 工程

表 2.5　　平面闸门反轨安装质量检查表（实例）

编号：____________

分部工程名称	金属结构及启闭机安装	单元工程名称	×××机组进口平面闸门埋件安装
安装部位	×××机组进口	安装内容	反轨安装
安装单位	×××工程局有限公司	开/完工日期	2014 年 9 月 1—10 日

项次		检验项目			质量要求	实测值	合格数	优良数	质量等级
主控项目	1	对门槽中心线 a		工作范围内	$-1.0\sim+3.0$mm	设计值 a 为 450mm；左侧实测值：450～443.5mm，共测 6 点；右侧实测值：450.8～443.2mm，共测 6 点	12	12	优良
	2	对孔口中心线 b		工作范围内	±3.0mm	设计值 b 为 5225mm；左侧实测值：5225.8～5227.8mm，共测 6 点；右侧实测值：5225.6～5227.5mm，共测 6 点	12	12	优良
	3	工作表面组合处的错位		工作范围内	1.0mm	检查工作表面结合处两平面高程 4 组，得到错位值为 0.4mm、0.4mm、0.5mm、0.6mm	4	4	优良
	4	表面扭曲值 f	工作范围内表面宽度 B	$B<100$mm	2.0mm	/	/	/	/
				$B=100\sim200$mm	2.5mm	/	/	/	/
				$B>200$mm	3.0mm	设计值 B 为 360mm，设计值 f 为 207.8mm，实测 f 值为 208.1mm、209.3mm、208.6mm、209.1mm	4	4	优良

续表

<table>
<tr><td colspan="2">项次</td><td colspan="2">检验项目</td><td>质量要求</td><td>实测值</td><td>合格数</td><td>优良数</td><td>质量等级</td></tr>
<tr><td rowspan="4">一般项目</td><td>1</td><td>对门槽中心线 a</td><td>工作范围外</td><td>−2.0～+5.0mm</td><td>设计值 a 为 450mm；
左侧实测值：450.6～453.6mm，共测 6 点；
右侧实测值：449.2～452.8mm，共测 6 点</td><td>12</td><td>12</td><td>优良</td></tr>
<tr><td>2</td><td>对孔口中心线 b</td><td>工作范围外</td><td>±5.0mm</td><td>设计值 b 为 5225mm；
左侧实测值：5225.0～5228.1mm，共测 6 点；
右侧实测值：5225.4～5227.6mm，共测 6 点</td><td>12</td><td>12</td><td>优良</td></tr>
<tr><td>3</td><td>工作表面组合处的错位</td><td>工作范围外</td><td>2.0mm</td><td>检查工作表面结合处两平面高程 4 组，得到错位值为 1.1mm、1.0mm、0.5mm、0.7mm</td><td>4</td><td>4</td><td>优良</td></tr>
<tr><td>4</td><td>表面扭曲值 f</td><td>工作范围外允许增加值</td><td>2.0mm</td><td>实测 f 值 208.6mm、208.9mm、209.1mm、209.3mm</td><td>4</td><td>4</td><td>优良</td></tr>
<tr><td colspan="9">检查意见：
主控项目共 4 项，其中合格 4 项，优良 4 项，合格率 100 %，优良率 100 %。
一般项目共 4 项，其中合格 4 项，优良 4 项，合格率 100 %，优良率 100 %。</td></tr>
<tr><td colspan="3">检验人：×××
2014 年 9 月 10 日</td><td colspan="3">评定人：×××
2014 年 9 月 10 日</td><td colspan="3">监理工程师：×××
2014 年 9 月 10 日</td></tr>
</table>

表 2.5　平面闸门反轨安装质量检查表

填　表　说　明

填表时必须遵守“填表基本规定”，并应符合下列要求。

1. 分部工程、单元工程名称填写应与第一部分水工金属结构安装工程单元工程施工质量验收评定表中表 2 相同。

2. 检验部位见图 2.5。

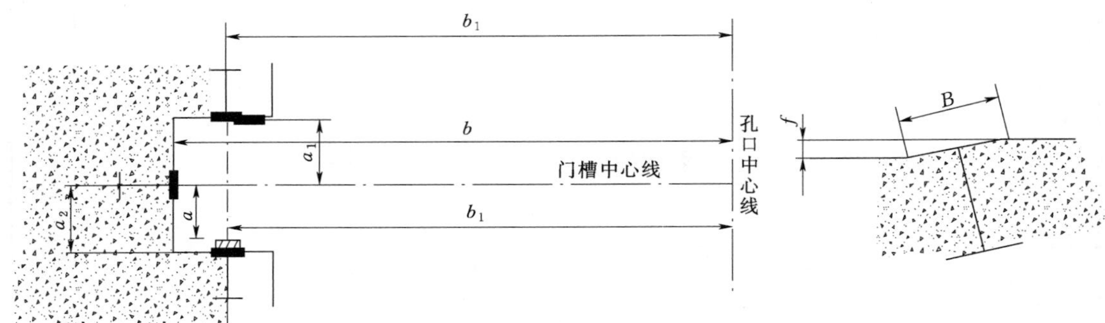

图 2.5　平面闸门反轨安装

3. 单元工程安装质量检验项目质量标准。

（1）合格等级标准。

1）主控项目，检测点应 100%符合合格标准。

2）一般项目，检测点应 90%及以上符合合格标准，不合格点最大值不应超过其允许偏差值的 1.2 倍，且不合格点不应集中。

（2）优良等级标准。在合格等级标准基础上，主控项目和一般项目的所有检测点应 90%及以上符合优良标准。

4. 表中数值为允许偏差值。

______________工程

表 2.6　　　　平面闸门止水板安装质量检查表（样表）

编号：__________

<table>
<tr><td colspan="4">分部工程名称</td><td colspan="2"></td><td>单元工程名称</td><td colspan="3"></td></tr>
<tr><td colspan="4">安装部位</td><td colspan="2"></td><td>安装内容</td><td colspan="3"></td></tr>
<tr><td colspan="4">安装单位</td><td colspan="2"></td><td>开/完工日期</td><td colspan="3"></td></tr>
<tr><td colspan="2">项次</td><td colspan="3">检验项目</td><td>质量要求</td><td>实测值</td><td>合格数</td><td>优良数</td><td>质量等级</td></tr>
<tr><td rowspan="7">主控项目</td><td>1</td><td colspan="2">对门槽中心线 a</td><td>工作范围内</td><td>−1.0～+2.0mm</td><td></td><td></td><td></td><td></td></tr>
<tr><td>2</td><td colspan="2">对孔口中心线 b</td><td>工作范围内</td><td>±3.0mm</td><td></td><td></td><td></td><td></td></tr>
<tr><td>3</td><td colspan="2">工作表面平面度</td><td>工作范围内</td><td>2.0mm</td><td></td><td></td><td></td><td></td></tr>
<tr><td>4</td><td colspan="2">工作表面组合处的错位</td><td>工作范围内</td><td>0.5mm</td><td></td><td></td><td></td><td></td></tr>
<tr><td rowspan="3">5</td><td rowspan="4">表面扭曲值 f</td><td rowspan="3">工作范围内表面宽度 B</td><td>B<100mm</td><td>1.0mm</td><td></td><td></td><td></td><td></td></tr>
<tr><td>B=100～200mm</td><td>1.5mm</td><td></td><td></td><td></td><td></td></tr>
<tr><td>B>200mm</td><td>3.0mm</td><td></td><td></td><td></td><td></td></tr>
<tr><td>一般项目</td><td>1</td><td colspan="2">工作范围外允许增加值</td><td>2.0mm</td><td></td><td></td><td></td><td></td></tr>
<tr><td colspan="10">检查意见：
主控项目共____项，其中合格____项，优良____项，合格率____%，优良率____%。
一般项目共____项，其中合格____项，优良____项，合格率____%，优良率____%。</td></tr>
<tr><td colspan="4">检验人：（签字）
年　月　日</td><td colspan="3">评定人：（签字）
年　月　日</td><td colspan="3">监理工程师：（签字）
年　月　日</td></tr>
</table>

×××电站 工程

表 2.6　平面闸门止水板安装质量检查表（实例）

编号：

分部工程名称	金属结构及启闭机安装	单元工程名称	×××机组进口平面闸门埋件安装
安装部位	×××机组进口	安装内容	止水板安装
安装单位	×××工程局有限公司	开/完工日期	2014 年 9 月 1—10 日

<table>
<tr><th colspan="2">项次</th><th colspan="3">检验项目</th><th>质量要求</th><th>实测值</th><th>合格数</th><th>优良数</th><th>质量等级</th></tr>
<tr><td rowspan="7">主控项目</td><td>1</td><td colspan="2">对门槽中心线 a</td><td>工作范围内</td><td>−1.0～+2.0mm</td><td>设计值 a 为 446mm；左侧实测值：446.5～447.2mm，共测 6 点；右侧实测值：446.0～447.5mm，共测 6 点</td><td>12</td><td>12</td><td>优良</td></tr>
<tr><td>2</td><td colspan="2">对孔口中心线 b</td><td>工作范围内</td><td>±3.0mm</td><td>设计值 b 为 5095mm；左侧实测值：5095.5～5097.2mm，共测 6 点；右侧实测值：5095.0～5096.9mm，共测 6 点</td><td>12</td><td>12</td><td>优良</td></tr>
<tr><td>3</td><td colspan="2">工作表面平面度</td><td>工作范围内</td><td>2.0mm</td><td>检查工作表面平面高程 6 组，得到平面度为 1.3mm、0.9mm、0.8mm、0.8mm、1.1mm、1.2mm</td><td>6</td><td>6</td><td>优良</td></tr>
<tr><td>4</td><td colspan="2">工作表面组合处的错位</td><td>工作范围内</td><td>0.5mm</td><td>检查工作表面结合处两平面高程 4 组，得到错位值为 0.2mm、0.2mm、0.5mm、0.5mm</td><td>4</td><td>4</td><td>优良</td></tr>
<tr><td rowspan="3">5</td><td rowspan="4">表面扭曲值 f</td><td rowspan="3">工作范围内表面宽度 B</td><td>B<100mm</td><td>1.0mm</td><td>设计值 B 为 80mm，设计值 f 为 46.6mm，实测 f 值为 46.9mm、46.8mm、47.2mm、47.0mm</td><td>4</td><td>4</td><td>优良</td></tr>
<tr><td>B=100～200mm</td><td>1.5mm</td><td>/</td><td>/</td><td>/</td><td>/</td></tr>
<tr><td>B>200mm</td><td>3.0mm</td><td>/</td><td>/</td><td>/</td><td>/</td></tr>
<tr><td>一般项目</td><td>1</td><td colspan="2">工作范围外允许增加值</td><td>2.0mm</td><td>实测 f 值为 47.1mm、47.3mm、47.3mm、47.6mm</td><td>4</td><td>4</td><td>优良</td></tr>
<tr><td colspan="10">检查意见：
主控项目共 5 项，其中合格 5 项，优良 5 项，合格率 100 %，优良率 100 %。
一般项目共 1 项，其中合格 1 项，优良 1 项，合格率 100 %，优良率 100 %。</td></tr>
<tr><td colspan="4">检验人：×××
2014 年 9 月 10 日</td><td colspan="3">评定人：×××
2014 年 9 月 10 日</td><td colspan="3">监理工程师：×××
2014 年 9 月 10 日</td></tr>
</table>

表 2.6　平面闸门止水板安装质量检查表

填　表　说　明

填表时必须遵守“填表基本规定”，并符合以下要求。

1. 分部工程、单元工程名称填写应与第一部分水工金属结构安装工程单元工程施工质量验收评定表中表 2 相同。

2. 检验部位见图 2.6。

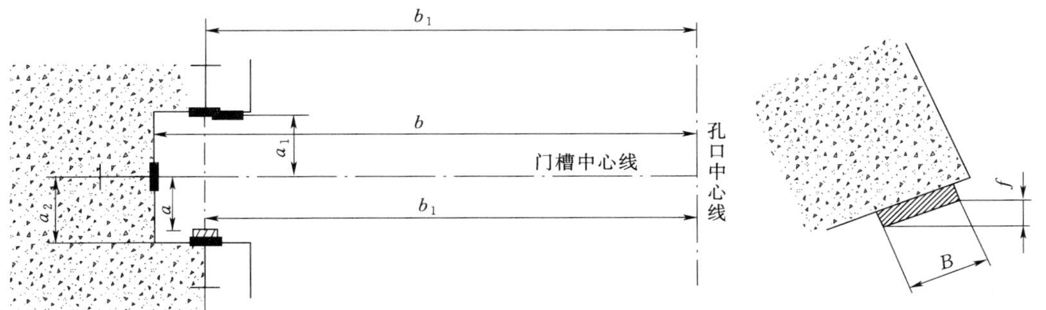

图 2.6　平面闸门止水板安装

3. 单元工程安装质量检验项目质量标准。

(1) 合格等级标准。

1) 主控项目，检测点应 100%符合合格标准。

2) 一般项目，检测点应 90%及以上符合合格标准，不合格点最大值不应超过其允许偏差值的 1.2 倍，且不合格点不应集中。

(2) 优良等级标准。在合格等级标准基础上，主控项目和一般项目的所有检测点应 90%及以上符合优良标准。

4. 表中数值为允许偏差值。

________________工程

表 2.7　平面闸门护角兼作侧轨安装质量检查表（样表）

编号：____________

<table>
<tr><td colspan="4">分部工程名称</td><td colspan="2"></td><td>单元工程名称</td><td colspan="3"></td></tr>
<tr><td colspan="4">安装部位</td><td colspan="2"></td><td>安装内容</td><td colspan="3"></td></tr>
<tr><td colspan="4">安装单位</td><td colspan="2"></td><td>开/完工日期</td><td colspan="3"></td></tr>
<tr><td colspan="2">项次</td><td colspan="3">检验项目</td><td>质量要求</td><td>实测值</td><td>合格数</td><td>优良数</td><td>质量等级</td></tr>
<tr><td rowspan="6">主控项目</td><td>1</td><td colspan="2">对门槽中心线 a</td><td>工作范围内</td><td>±5.0mm</td><td></td><td></td><td></td><td></td></tr>
<tr><td>2</td><td colspan="2">对孔口中心线 b</td><td>工作范围内</td><td>±5.0mm</td><td></td><td></td><td></td><td></td></tr>
<tr><td>3</td><td colspan="2">工作表面组合处的错位</td><td>工作范围内</td><td>1.0mm</td><td></td><td></td><td></td><td></td></tr>
<tr><td rowspan="3">4</td><td rowspan="3">表面扭曲值 f</td><td rowspan="3">工作范围内表面宽度 B</td><td>B<100mm</td><td>2.0mm</td><td></td><td></td><td></td><td></td></tr>
<tr><td>B=100～200mm</td><td>2.5mm</td><td></td><td></td><td></td><td></td></tr>
<tr><td>B>200mm</td><td>3.0mm</td><td></td><td></td><td></td><td></td></tr>
<tr><td rowspan="5">一般项目</td><td>1</td><td colspan="2">对门槽中心线 a</td><td>工作范围外</td><td>±5.0mm</td><td></td><td></td><td></td><td></td></tr>
<tr><td>2</td><td colspan="2">对孔口中心线 b</td><td>工作范围外</td><td>±5.0mm</td><td></td><td></td><td></td><td></td></tr>
<tr><td>3</td><td colspan="2">工作表面组合处的错位</td><td>工作范围外</td><td>2.0mm</td><td></td><td></td><td></td><td></td></tr>
<tr><td rowspan="2">4</td><td colspan="2" rowspan="2">表面扭曲值 f</td><td rowspan="2">工作范围内允许增加值</td><td>1.0mm</td><td></td><td></td><td></td><td></td></tr>
<tr><td>1.5mm</td><td></td><td></td><td></td><td></td></tr>
<tr><td colspan="10">检查意见：
主控项目共______项，其中合格______项，优良______项，合格率______%，优良率______%。
一般项目共______项，其中合格______项，优良______项，合格率______%，优良率______%。</td></tr>
<tr><td colspan="4">检验人：（签字）
年　月　日</td><td colspan="3">评定人：（签字）
年　月　日</td><td colspan="3">监理工程师：（签字）
年　月　日</td></tr>
</table>

××× 电站 工程

表 2.7 平面闸门护角兼作侧轨安装质量检查表（实例）

编号：

分部工程名称			金属结构及启闭机安装		单元工程名称	×××机组进口平面闸门埋件安装			
安装部位			×××机组进口		安装内容	止水板安装			
安装单位			×××工程局有限公司		开/完工日期	2014 年 9 月 1—10 日			
项次		检验项目			质量要求	实测值	合格数	优良数	质量等级
主控项目	1	对门槽中心线 a		工作范围内	±5.0mm	设计值 a 为 450mm；左侧实测值：450.5～452.2mm，共测 6 点；右侧实测值：449.6～451.3mm，共测 6 点	12	12	优良
	2	对孔口中心线 b		工作范围内	±5.0mm	设计值 b 为 5035mm；左侧实测值：5035.4～5037.2mm，共测 6 点；右侧实测值：5035.0～5037.9mm，共测 6 点	12	12	优良
	3	工作表面组合处的错位		工作范围内	1.0mm	检查工作表面结合处两平面高程 4 组，得到错位值为 0.3mm、0.3mm、0.7mm、0.5mm	6	6	优良
	4	表面扭曲值 f	工作范围内表面宽度 B	B<100mm	2.0mm	/	/	/	/
				B=100～200mm	2.5mm	设计值 B 为 166mm，设计值 f 为 95.2mm，实测 f 值为 96.3mm、95.9mm、96.2mm、96.5mm	4	4	优良
				B>200mm	3.0mm	/	/	/	/

续表

<table>
<tr><td colspan="2">项次</td><td colspan="2">检验项目</td><td>质量要求</td><td>实测值</td><td>合格数</td><td>优良数</td><td>质量等级</td></tr>
<tr><td rowspan="4">一般项目</td><td>1</td><td>对门槽中心线 a</td><td>工作范围外</td><td>±5.0mm</td><td>设计值 a 为 450mm；
左侧实测值：449.5～452.2mm，共测 6 点；
右侧实测值：448.9～452.5mm，共测 6 点</td><td>12</td><td>12</td><td>优良</td></tr>
<tr><td>2</td><td>对孔口中心线 b</td><td>工作范围外</td><td>±5.0mm</td><td>设计值 b 为 5035mm；
左侧实测值：5035.8～5037.9mm，共测 6 点；
右侧实测值：5035.0～5038.0mm，共测 6 点</td><td>12</td><td>12</td><td>优良</td></tr>
<tr><td>3</td><td>工作表面组合处的错位</td><td>工作范围外</td><td>2.0mm</td><td>检查工作表面结合处两平面高程 4 组，得到错位值为 0.7mm、1.2mm、0.8mm、1.0mm</td><td>4</td><td>4</td><td>优良</td></tr>
<tr><td>4</td><td>表面扭曲值 f</td><td>工作范围内允许增加值</td><td>2.0mm</td><td>实测 f 值为 96.8mm、95.8mm、95.9mm、96.0mm</td><td>4</td><td>4</td><td>优良</td></tr>
<tr><td colspan="9">检查意见：
主控项目共 4 项，其中合格 4 项，优良 4 项，合格率 100 %，优良率 100 %。
一般项目共 4 项，其中合格 4 项，优良 4 项，合格率 100 %，优良率 100 %。</td></tr>
<tr><td colspan="3">检验人：×××
2014 年 9 月 10 日</td><td colspan="3">评定人：×××
2014 年 9 月 10 日</td><td colspan="3">监理工程师：×××
2014 年 9 月 10 日</td></tr>
</table>

表 2.7　平面闸门护角兼作侧轨安装质量检查表

填　表　说　明

填表时必须遵守“填表基本规定”，并符合以下要求。

1. 分部工程、单元工程名称填写应与第一部分水工金属结构安装工程单元工程施工质量验收评定表中表 2 相同。

2. 检验部位见图 2.7。

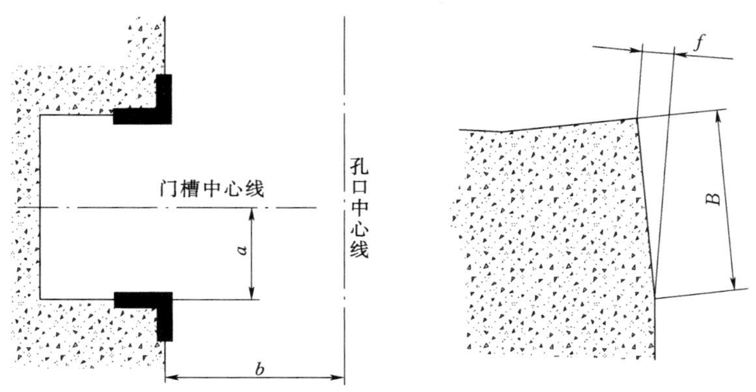

图 2.7　平面闸门护角兼作侧轨安装

3. 单元工程安装质量检验项目质量标准。

（1） 合格等级标准。

1） 主控项目，检测点应 100%符合合格标准。

2） 一般项目，检测点应 90%及以上符合合格标准，不合格点最大值不应超过其允许偏差值的 1.2 倍，且不合格点不应集中。

（2） 优良等级标准。在合格等级标准基础上，主控项目和一般项目的所有检测点应 90%及以上符合优良标准。

4. 表中数值为允许偏差值。

______________工程

表 2.8　　平面闸门胸墙安装质量检查表（样表）

编号：__________

<table>
<tr><td colspan="3">分部工程名称</td><td colspan="4"></td><td>单元工程名称</td><td colspan="4"></td></tr>
<tr><td colspan="3">安装部位</td><td colspan="4"></td><td>安装内容</td><td colspan="4"></td></tr>
<tr><td colspan="3">安装单位</td><td colspan="4"></td><td>开/完工日期</td><td colspan="4"></td></tr>
<tr><td colspan="2" rowspan="3">项次</td><td colspan="2" rowspan="3">检验项目</td><td colspan="4">质量要求</td><td rowspan="3">实测值</td><td rowspan="3">合格数</td><td rowspan="3">优良数</td><td rowspan="3">质量等级</td></tr>
<tr><td colspan="2">兼作止水</td><td colspan="2">不兼作止水</td></tr>
<tr><td>上部</td><td>下部</td><td>上部</td><td>下部</td></tr>
<tr><td rowspan="3">主控项目</td><td>1</td><td>对门槽中心线 a</td><td>工作范围内</td><td>0～+5.0mm</td><td>−1.0～+2.0mm</td><td>−1.0～+8.0mm</td><td>−1.0～+2.0mm</td><td></td><td></td><td></td><td></td></tr>
<tr><td>2</td><td>工作表面平面度</td><td>工作范围内</td><td>2.0mm</td><td>2.0mm</td><td>4.0mm</td><td>4.0mm</td><td></td><td></td><td></td><td></td></tr>
<tr><td>3</td><td>工作表面组合处的错位</td><td>工作范围内</td><td>1.0mm</td><td>1.0mm</td><td>1.0mm</td><td>1.0mm</td><td></td><td></td><td></td><td></td></tr>
<tr><td colspan="12">检查意见：
主控项目共____项，其中合格____项，优良____项，合格率____%，优良率____%。</td></tr>
<tr><td colspan="4">检验人：（签字）
年　月　日</td><td colspan="4">评定人：（签字）
年　月　日</td><td colspan="4">监理工程师：（签字）
年　月　日</td></tr>
</table>

×××电站______工程

表 2.8　平面闸门胸墙安装质量检查表（实例）

编号：__________

分部工程名称	金属结构及启闭机安装	单元工程名称	×××机组进口平面闸门埋件安装
安装部位	×××机组进口	安装内容	胸墙安装
安装单位	×××工程局有限公司	开/完工日期	2014年9月1—10日

项次		检验项目		质量要求				实测值	合格数	优良数	质量等级
				兼作止水		不兼作止水					
				上部	下部	上部	下部				
主控项目	1	对门槽中心线 a	工作范围内	0～+5.0mm	−1.0～+2.0mm	−1.0～+8.0mm	−1.0～+2.0mm	设计值 a 为 450mm；上部实测值：451mm；下部实测值：450.5mm	2	2	优良
	2	工作表面平面度	工作范围内	2.0mm	2.0mm	4.0mm	4.0mm	检查工作表面平面高程4组，得到平面度为1.0mm、0.5mm、1.5mm、1.0mm	4	4	优良
	3	工作表面组合处的错位	工作范围内	1.0mm	1.0mm	1.0mm	1.0mm	检查工作表面结合处两平面高程4组，得到错位值为1.0mm、0.5mm、0.6mm、0.8mm	4	4	优良
检查意见： 主控项目共__3__项，其中合格__3__项，优良__3__项，合格率__100__%，优良率__100__%。											
检验人：××× 2014年9月10日				评定人：××× 2014年9月10日				监理工程师：××× 2014年9月10日			

表 2.8　平面闸门胸墙安装质量检查表

填　表　说　明

填表时必须遵守“填表基本规定”，并符合以下要求。

1. 分部工程、单元工程名称填写应与第一部分水工金属结构安装工程单元工程施工质量验收评定表中表 2 相同。

2. 检验部位见图 2.8。

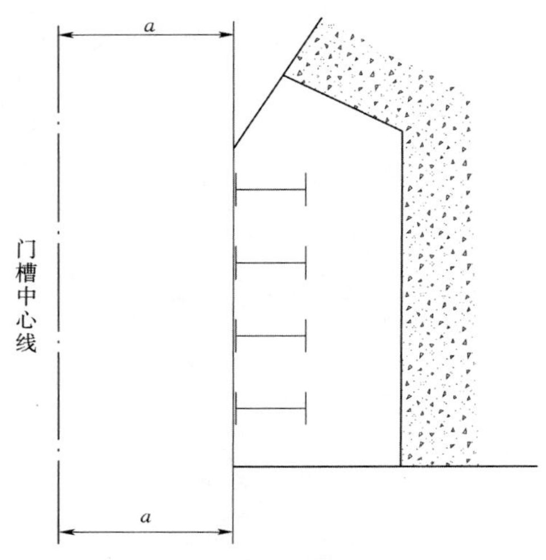

图 2.8　平面闸门胸墙安装

3. 单元工程安装质量检验项目质量标准。

（1）合格等级标准。主控项目，检测点应 100%符合合格标准。

（2）优良等级标准。在合格等级标准基础上，所有检测点应 90%及以上符合优良标准。

4. 表中数值为允许偏差值。

______工程

表 2.9　平面闸门埋件焊缝外观质量检查表（样表）

编号：______

分部工程名称			单元工程名称			
安装部位			安装内容			
安装单位			开/完工日期			

<table>
<tr><td colspan="2" rowspan="2">项次</td><td rowspan="2">检验项目</td><td colspan="2">质量要求</td><td rowspan="2">实测值</td><td rowspan="2">合格数</td><td rowspan="2">优良数</td><td rowspan="2">质量等级</td></tr>
<tr><td colspan="2">合格</td></tr>
<tr><td rowspan="8">主控项目</td><td>1</td><td>裂纹</td><td colspan="2">不允许出现</td><td></td><td></td><td></td><td></td></tr>
<tr><td>2</td><td>表面夹渣</td><td colspan="2">一类、二类焊缝：不允许；
三类焊缝：深不大于 0.1δ，长不大于 0.3δ，且不大于 10mm</td><td></td><td></td><td></td><td></td></tr>
<tr><td rowspan="2">3</td><td rowspan="2">咬边</td><td>钢管</td><td>一类、二类焊缝：深不大于 0.5mm；
三类焊缝：深不大于 1mm</td><td></td><td></td><td></td><td></td></tr>
<tr><td>钢闸门</td><td>一类、二类焊缝：深不大于 0.5mm；连续咬边长度不大于焊缝总长的 10%，且不大于 100mm；两侧咬边累计长度不大于该焊缝总长的 15%；角焊缝不大于 20%；
三类焊缝：深不大于 1mm</td><td></td><td></td><td></td><td></td></tr>
<tr><td rowspan="2">4</td><td rowspan="2">表面气孔</td><td>钢管</td><td>一类、二类焊缝：不允许；
三类焊缝：每米范围内允许直径小于 1.5mm 的气孔 5 个，间距不小于 20mm</td><td></td><td></td><td></td><td></td></tr>
<tr><td>钢闸门</td><td>一类焊缝：不允许；
二类焊缝：每米范围内允许直径不大于 1.0mm 的气孔 3 个，间距不小于 20mm；
三类焊缝：每米范围内允许直径不大于 1.5mm 的气孔 5 个，间距不小于 20mm</td><td></td><td></td><td></td><td></td></tr>
<tr><td>5</td><td>未焊满</td><td colspan="2">一类、二类焊缝：不允许；
三类焊缝：深不大于（0.2+0.02δ）mm，且不大于 1mm，每 100mm 焊缝内缺欠总长不大于 25mm</td><td></td><td></td><td></td><td></td></tr>
</table>

续表

<table>
<tr><th colspan="2" rowspan="2">项次</th><th colspan="2" rowspan="2">检验项目</th><th>质量要求</th><th rowspan="2">实测值</th><th rowspan="2">合格数</th><th rowspan="2">优良数</th><th rowspan="2">质量等级</th></tr>
<tr><th>合格</th></tr>
<tr><td rowspan="11">一般项目</td><td rowspan="2">1</td><td rowspan="2">焊缝余高 Δh /mm</td><td>手工焊</td><td>一类、二类/三类（仅钢闸门）焊缝：$\delta \leqslant 12$，$\Delta h=$（0～1.5）/（0～2）；$12<\delta \leqslant 25$，$\Delta h=$（0～2.5）/（0～3）；$25<\delta \leqslant 50$，$\Delta h=$（0～3）/（0～4）；$\delta>50$，$\Delta h=$（0～4）/（0～5）</td><td></td><td></td><td></td><td></td></tr>
<tr><td>自动焊</td><td>（0～4）/（0～5）</td><td></td><td></td><td></td><td></td></tr>
<tr><td rowspan="2">2</td><td rowspan="2">对接焊缝宽度 Δb</td><td>手工焊</td><td>盖过每边坡口宽度 1～2.5mm，且平缓过渡</td><td></td><td></td><td></td><td></td></tr>
<tr><td>自动焊</td><td>盖过每边坡口宽度 2～7mm，且平缓过渡</td><td></td><td></td><td></td><td></td></tr>
<tr><td>3</td><td colspan="2">飞溅</td><td>不允许出现（高强钢、不锈钢此项作为主控项目）</td><td></td><td></td><td></td><td></td></tr>
<tr><td>4</td><td colspan="2">电弧擦伤</td><td>不允许出现（高强钢、不锈钢此项作为主控项目）</td><td></td><td></td><td></td><td></td></tr>
<tr><td>5</td><td colspan="2">焊瘤</td><td>不允许出现</td><td></td><td></td><td></td><td></td></tr>
<tr><td rowspan="2">6</td><td rowspan="2">角焊缝焊脚高 K</td><td>手工焊</td><td>$K<12$mm，$\Delta K=0\sim2$mm；$K\geqslant12$mm，$\Delta K=0\sim3$mm</td><td></td><td></td><td></td><td></td></tr>
<tr><td>自动焊</td><td>$K<12$mm，$\Delta K=0\sim2$mm；$K\geqslant12$mm，$\Delta K=0\sim3$mm</td><td></td><td></td><td></td><td></td></tr>
<tr><td>7</td><td colspan="2">端部转角</td><td>连续绕角施焊</td><td></td><td></td><td></td><td></td></tr>
</table>

检查意见：

主控项目共____项，其中合格____项，优良____项，合格率____%，优良率____%。

一般项目共____项，其中合格____项，优良____项，合格率____%，优良率____%。

检验人：（签字） 年　月　日	评定人：（签字） 年　月　日	监理工程师：（签字） 年　月　日

注　1. 手工焊是指焊条电弧焊、CO_2 半自动气保焊、自保护药芯半自动焊以及手工 TIG 焊等。自动焊是指埋弧自动焊、MAG 自动焊、MIG 自动焊等。

2. δ 为任意板厚，mm。

×××电站 工程

表 2.9 平面闸门埋件焊缝外观质量检查表（实例）

编号：__________

分部工程名称	金属结构及启闭机安装	单元工程名称	×××机组进口平面闸门埋件安装
安装部位	×××机组进口	安装内容	焊缝外观
安装单位	×××工程局有限公司	开/完工日期	2014 年 9 月 1—10 日

项次		检验项目	质量要求		实测值	合格数	优良数	质量等级
			合格					
主控项目	1	裂纹	不允许出现		共有 50 条焊缝，检查全部焊缝，无裂纹出现	50	50	优良
	2	表面夹渣	一类、二类焊缝：不允许； 三类焊缝：深不大于 0.1δ，长不大于 0.3δ，且不大于 10mm		焊缝为二类焊缝，检查全部焊缝表面，焊缝表面无夹渣	50	50	优良
	3	咬边	钢管	一类、二类焊缝：深不大于 0.5mm； 三类焊缝：深不大于 1mm	/	/	/	/
			钢闸门	一类、二类焊缝：深不大于 0.5mm；连续咬边长度不大于焊缝总长的 10%，且不大于 100mm；两侧咬边累计长度不大于该焊缝总长的 15%；角焊缝不大于 20%； 三类焊缝：深不大于 1mm	检查全部焊缝，发现 120 个咬边，长度为 0.2～0.5mm，详见测量资料	120	120	优良
	4	表面气孔	钢管	一类、二类焊缝：不允许； 三类焊缝：每米范围内允许直径小于 1.5mm 的气孔 5 个，间距不小于 20mm	/	/	/	/
			钢闸门	一类焊缝：不允许； 二类焊缝：每米范围内允许直径不大于 1.0mm 的气孔 3 个，间距不小于 20mm； 三类焊缝：每米范围内允许直径不大于 1.5mm 的气孔 5 个，间距不小于 20mm	检查全部焊缝表面，未发现	/	/	优良
	5	未焊满	一类、二类焊缝：不允许； 三类焊缝：深不大于（0.2＋0.02δ）mm，且不大于 1mm，每 100mm 焊缝内缺欠总长不大于 25mm		检查全部焊缝，焊缝无未焊满情况	/	/	优良

续表

<table>
<tr><th colspan="2" rowspan="2">项次</th><th colspan="2" rowspan="2">检验项目</th><th>质量要求</th><th rowspan="2">实测值</th><th rowspan="2">合格数</th><th rowspan="2">优良数</th><th rowspan="2">质量等级</th></tr>
<tr><th>合格</th></tr>
<tr><td rowspan="10">一般项目</td><td rowspan="2">1</td><td rowspan="2">焊缝余高Δh/mm</td><td>手工焊</td><td>一类、二类/三类（仅钢闸门）焊缝：$\delta \leqslant 12$，$\Delta h=$（0～1.5）/（0～2）；$12<\delta \leqslant 25$，$\Delta h=$（0～2.5）/（0～3）；$25<\delta \leqslant 50$，$\Delta h=$（0～3）/（0～4）；$\delta>50$，$\Delta h=$（0～4）/（0～5）</td><td>$\delta=150$mm；检查所有焊缝，发现焊缝余高50组，余高为0.6～3.0mm，详见测量资料</td><td>50</td><td>50</td><td>优良</td></tr>
<tr><td>自动焊</td><td>（0～4）/（0～5）</td><td>/</td><td>/</td><td>/</td><td>/</td></tr>
<tr><td rowspan="2">2</td><td rowspan="2">对接焊缝宽度Δb</td><td>手工焊</td><td>盖过每边坡口宽度1～2.5mm，且平缓过渡</td><td>检查所有焊缝，检查焊缝对接宽度50组，宽度为1.2～2.2mm，且平缓过渡，详见测量资料</td><td>50</td><td>50</td><td>优良</td></tr>
<tr><td>自动焊</td><td>盖过每边坡口宽度2～7mm，且平缓过渡</td><td>/</td><td>/</td><td>/</td><td>/</td></tr>
<tr><td>3</td><td colspan="2">飞溅</td><td>不允许出现（高强钢、不锈钢此项作为主控项目）</td><td>检查所有焊缝表面，未出现飞溅现象</td><td>/</td><td>/</td><td>优良</td></tr>
<tr><td>4</td><td colspan="2">电弧擦伤</td><td>不允许出现（高强钢、不锈钢此项作为主控项目）</td><td>检查所有焊缝表面，未出现电弧擦伤情况</td><td>/</td><td>/</td><td>优良</td></tr>
<tr><td>5</td><td colspan="2">焊瘤</td><td>不允许出现</td><td>检查所有焊缝表面，无焊瘤出现</td><td>/</td><td>/</td><td>优良</td></tr>
<tr><td rowspan="2">6</td><td rowspan="2">角焊缝焊脚高K</td><td>手工焊</td><td>$K<12$mm，$\Delta K=0 \sim 2$mm；$K \geqslant 12$mm，$\Delta K=0 \sim 3$mm</td><td>$K=15$mm；本单元工程共涉及4处角焊缝，ΔK为1.2mm、1.5mm、1.6mm、1.5mm</td><td>4</td><td>4</td><td>优良</td></tr>
<tr><td>自动焊</td><td>$K<12$mm，$\Delta K=0 \sim 2$mm；$K \geqslant 12$mm，$\Delta K=0 \sim 3$mm</td><td>/</td><td>/</td><td>/</td><td>/</td></tr>
<tr><td>7</td><td colspan="2">端部转角</td><td>连续绕角施焊</td><td>本单元工程共涉及4处端部转角焊缝，均连续绕角施焊</td><td>4</td><td>4</td><td>优良</td></tr>
<tr><td colspan="9">检查意见：
主控项目共__5__项，其中合格__5__项，优良__5__项，合格率__100__%，优良率__100__%。
一般项目共__7__项，其中合格__7__项，优良__7__项，合格率__100__%，优良率__100__%。</td></tr>
<tr><td colspan="4">检验人：×××
2014年9月10日</td><td colspan="2">评定人：×××
2014年9月10日</td><td colspan="3">监理工程师：×××
2014年9月10日</td></tr>
<tr><td colspan="9">注 1. 手工焊是指焊条电弧焊、CO_2半自动气保焊、自保护药芯半自动焊以及手工TIG焊等。自动焊是指埋弧自动焊、MAG自动焊、MIG自动焊等。
2. δ为任意板厚，mm。</td></tr>
</table>

表 2.9 平面闸门埋件焊缝外观质量检查表

填 表 说 明

填表时必须遵守“填表基本规定”，并应符合下列要求。

1. 分部工程、单元工程名称填写应与第一部分水工金属结构安装工程单元工程施工质量验收评定表中表 2 相同。

2. 各检验项目的检验方法及检验数量按下表要求执行。

检验项目		检验方法	检验数量
裂纹		检查（必要时用 5 倍放大镜检查）	沿焊缝长度
表面夹渣			
咬边			
表面气孔			全部表面
未焊满			
焊缝余高 Δh	手工焊	钢板尺或焊接检验规	Δb Δh δ
	自动焊		
对接焊缝宽度 Δb	手工焊		
	自动焊		
飞溅		检查	全部表面
电弧擦伤			
焊瘤			
角焊缝焊脚高 K	手工焊	焊接检验规	ΔK K Δh
	自动焊		
端部转角		检查	

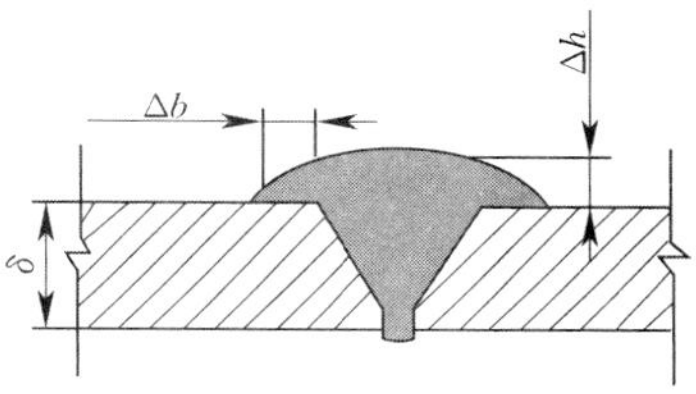

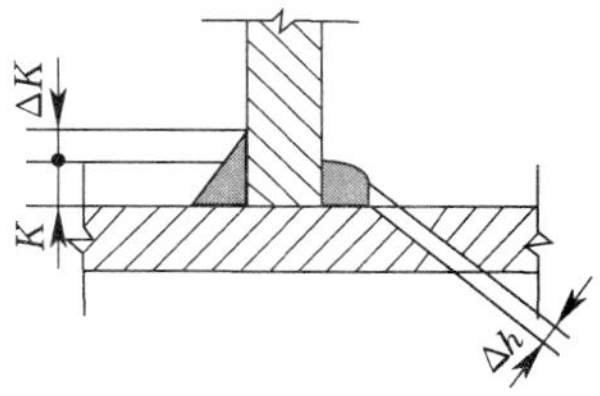

3. 压力钢管焊接与检验的技术要求应符合《水工金属结构焊接通用技术条件》（SL 36）和《水利工程压力钢管制造安装及验收规范》（SL 432）的规定。

4. 焊缝的无损检验应根据施工图样和相关标准的规定进行。一类、二类焊缝的射线、超声波、磁粉、渗透探伤应分别符合《金属熔化焊焊接头射线照相》（GB/T 3323）、《焊缝无损检测 超声检测 技术、检测等级和评定》（GB/T 11345）、《无损检测 焊缝磁粉检测》（JB/T 6061）、《无损检测焊缝渗透检测》（JB/T 6062）的规定。

5. 焊缝焊接质量由焊缝外观质量和焊缝内部质量组成。

6. 单元工程安装质量检验项目质量标准。

（1）合格等级标准。

1）主控项目，检测点应100％符合合格标准。

2）一般项目，检测点应90％及以上符合合格标准，不合格点最大值不应超过其允许偏差值的1.2倍，且不合格点不应集中。

（2）优良等级标准。在合格标准基础上，主控项目和一般项目的所有检测点应90％及以上符合优良标准。

7. 表中数值为允许偏差值。

______________工程

表 2.10　平面闸门埋件焊缝内部质量检查表（样表）

编号：__________

<table>
<tr><td colspan="3">分部工程名称</td><td colspan="2"></td><td>单元工程名称</td><td colspan="3"></td></tr>
<tr><td colspan="3">安装部位</td><td colspan="2"></td><td>安装内容</td><td colspan="3"></td></tr>
<tr><td colspan="3">安装单位</td><td colspan="2"></td><td>开/完工日期</td><td colspan="3"></td></tr>
<tr><td colspan="2" rowspan="2">项次</td><td rowspan="2">检验项目</td><td colspan="2">质量要求</td><td rowspan="2">实测值</td><td rowspan="2">合格数</td><td rowspan="2">优良数</td><td rowspan="2">质量等级</td></tr>
<tr><td>合格</td><td>优良</td></tr>
<tr><td rowspan="4">主控项目</td><td>1</td><td>射线探伤</td><td>一类焊缝不低于Ⅱ级合格，二类焊缝不低于Ⅲ级合格</td><td>一次合格率不低于90%</td><td></td><td></td><td></td><td></td></tr>
<tr><td>2</td><td>超声波探伤</td><td>一类焊缝不低于Ⅰ级合格，二类焊缝不低于Ⅱ级合格</td><td>一次合格率不低于95%</td><td></td><td></td><td></td><td></td></tr>
<tr><td>3</td><td>磁粉探伤</td><td>一类、二类焊缝不低于Ⅱ级合格</td><td>一次合格率不低于95%</td><td></td><td></td><td></td><td></td></tr>
<tr><td>4</td><td>渗透探伤</td><td>一类、二类焊缝不低于Ⅱ级合格</td><td>一次合格率不低于95%</td><td></td><td></td><td></td><td></td></tr>
<tr><td colspan="9">检查意见：
主控项目共____项，其中合格____项，优良____项，合格率____%，优良率____%。</td></tr>
<tr><td colspan="3">检验人：（签字）
年　月　日</td><td colspan="3">评定人：（签字）
年　月　日</td><td colspan="3">监理工程师：（签字）
年　月　日</td></tr>
<tr><td colspan="9">注　1. 射线探伤一次合格率 $=\frac{\text{合格底片（张）}}{\text{拍片总数（张）}}\times100\%$。
2. 其余探伤一次合格率 $=\frac{\text{合格焊缝总长度（m）}}{\text{所检焊缝总长度（m）}}\times100\%$。
3. 当焊缝长度小于200mm时，按实际焊缝长度检测。</td></tr>
</table>

×××电站 工程

表 2.10 平面闸门埋件焊缝内部质量检查表（实例）

编号：

<table>
<tr><td colspan="3">分部工程名称</td><td colspan="2">金属结构及启闭机安装</td><td>单元工程名称</td><td colspan="4">×××机组进口平面闸门埋件安装</td></tr>
<tr><td colspan="3">安装部位</td><td colspan="2">×××机组进口</td><td>安装内容</td><td colspan="4">焊缝内部</td></tr>
<tr><td colspan="3">安装单位</td><td colspan="2">×××工程局有限公司</td><td>开/完工日期</td><td colspan="4">2014 年 9 月 1—10 日</td></tr>
<tr><td colspan="2" rowspan="2">项次</td><td rowspan="2">检验项目</td><td colspan="2">质量要求</td><td rowspan="2">实测值</td><td rowspan="2">合格数</td><td rowspan="2">优良数</td><td rowspan="2">质量等级</td></tr>
<tr><td>合格</td><td>优良</td></tr>
<tr><td rowspan="4">主控项目</td><td>1</td><td>射线探伤</td><td>一类焊缝不低于Ⅱ级合格，二类焊缝不低于Ⅲ级合格</td><td>一次合格率不低于 90%</td><td>共检测焊缝 50 条，每处拍片 4 张，合格底片 4 张，合格率 100%</td><td>50</td><td>50</td><td>优良</td></tr>
<tr><td>2</td><td>超声波探伤</td><td>一类焊缝不低于Ⅰ级合格，二类焊缝不低于Ⅱ级合格</td><td>一次合格率不低于 95%</td><td>共检测焊缝 50 条，合格率均为 100%</td><td>50</td><td>50</td><td>优良</td></tr>
<tr><td>3</td><td>磁粉探伤</td><td>一类、二类焊缝不低于Ⅱ级合格</td><td>一次合格率不低于 95%</td><td>/</td><td>/</td><td>/</td><td>/</td></tr>
<tr><td>4</td><td>渗透探伤</td><td>一类、二类焊缝不低于Ⅱ级合格</td><td>一次合格率不低于 95%</td><td>/</td><td>/</td><td>/</td><td>/</td></tr>
<tr><td colspan="10">检查意见：
主控项目共 2 项，其中合格 2 项，优良 2 项，合格率 100 %，优良率 100 %。</td></tr>
<tr><td colspan="4">检验人：×××
2014 年 9 月 10 日</td><td colspan="3">评定人：×××
2014 年 9 月 10 日</td><td colspan="3">监理工程师：×××
2014 年 9 月 10 日</td></tr>
<tr><td colspan="10">注 1. 射线探伤一次合格率 $=\frac{\text{合格底片（张）}}{\text{拍片总数（张）}}\times 100\%$。
2. 其余探伤一次合格率 $=\frac{\text{合格焊缝总长度（m）}}{\text{所检焊缝总长度（m）}}\times 100\%$。
3. 当焊缝长度小于 200mm 时，按实际焊缝长度检测。</td></tr>
</table>

表 2.10 平面闸门埋件焊缝内部质量检查表

填 表 说 明

填表时必须遵守“填表基本规定”，并符合以下要求。

1. 分部工程、单元工程名称填写应与第一部分水工金属结构安装工程单元工程施工质量验收评定表中表 2 相同。

2. 各检验项目的检验方法及检验数量按下表要求执行。

检验项目	检验方法
射线探伤	压力钢管：按《水利工程压力钢管制造安装及验收规范》（SL 432）的要求； 钢闸门及拦污栅：按《水利水电工程钢闸门制造、安装及验收规范》（GB/T 14173）的要求； 启闭机：按《水利水电工程启闭机制造安装及验收规范》（SL 381）和《水工金属结焊接通用技术条件》（SL 36）的要求
超声波探伤	压力钢管：按《水利工程压力钢管制造安装及验收规范》（SL 432）的要求； 钢闸门及拦污栅：按《水利水电工程钢闸门制造、安装及验收规范》（GB/T 14173）的要求； 启闭机：按《水利水电工程启闭机制造安装及验收规范》（SL 381）和《水工金属结焊接通用技术条件》（SL 36）的要求
磁粉探伤	厚度大于 32mm 的高强度钢，不低于焊缝总长的 20%，且不小于 200mm
渗透探伤	

3. 单元工程安装质量检验项目质量标准。

（1）合格等级标准。

1）主控项目，检测点应 100%符合合格标准。

2）一般项目，检测点应 90%及以上符合合格标准，不合格点最大值不应超过其允许偏差值的 1.2 倍，且不合格点不应集中。

（2）优良等级标准。在合格标准基础上，主控项目和一般项目的所有检测点应 90%及以上符合优良标准。

________________工程

表 2.11　　平面闸门埋件表面防腐蚀质量检查表（样表）

编号：__________

<table>
<tr><td colspan="3">分部工程名称</td><td colspan="2"></td><td>单元工程名称</td><td colspan="3"></td></tr>
<tr><td colspan="3">安装部位</td><td colspan="2"></td><td>安装内容</td><td colspan="3"></td></tr>
<tr><td colspan="3">安装单位</td><td colspan="2"></td><td>开/完工日期</td><td colspan="3"></td></tr>
<tr><td colspan="2" rowspan="2">项次</td><td rowspan="2">检验项目</td><td colspan="2">质量要求</td><td rowspan="2">实测值</td><td rowspan="2">合格数</td><td rowspan="2">优良数</td><td rowspan="2">质量等级</td></tr>
<tr><td>合格</td><td>优良</td></tr>
<tr><td rowspan="3">主控项目</td><td>1</td><td>钢管表面清除</td><td>管壁临时支撑割除，焊疤清除干净</td><td>管壁临时支撑割除，焊疤清除干净并磨光</td><td></td><td></td><td></td><td></td></tr>
<tr><td>2</td><td>钢管局部凹坑焊补</td><td>凡凹坑深度大于板厚的10%或大于2.0mm应焊补</td><td>凡凹坑深度大于板厚的10%或大于2.0mm应焊补并磨光</td><td></td><td></td><td></td><td></td></tr>
<tr><td>3</td><td>灌浆孔堵焊</td><td colspan="2">堵焊后表面平整，无渗水现象</td><td></td><td></td><td></td><td></td></tr>
<tr><td rowspan="4">一般项目</td><td>1</td><td>表面预处理</td><td colspan="2">明管内外壁和埋管内壁用压缩空气喷砂或喷丸除锈，除锈清洁度等级应达到《涂装前钢材表面锈蚀等级和除锈等级》(GB 8923)中规定的 Sa $2\frac{1}{2}$ 级；表面粗糙度对非厚浆型涂料应达到 $Rz40\sim70\mu m$，对厚浆型涂料及金属热喷涂为 $Rz60\sim100\mu m$。
埋管外壁经喷射或抛射除锈后，采用改性水泥浆防腐蚀除锈等级不低于 Sa1 级</td><td></td><td></td><td></td><td></td></tr>
<tr><td>2</td><td rowspan="3">涂料涂装</td><td>外观检查</td><td>表面光滑、颜色均匀一致，无皱纹、起泡、流挂、针孔、裂纹、漏涂等缺欠</td><td></td><td></td><td></td><td></td></tr>
<tr><td>3</td><td>涂层厚度</td><td>85%以上的局部厚度应达到设计文件规定厚度，漆膜最小局部厚度应不低于设计文件规定厚度的85%</td><td></td><td></td><td></td><td></td></tr>
<tr><td>4</td><td>针孔</td><td>厚浆型涂料，按规定的电压值检测针孔，发现针孔，用砂纸或弹性砂轮片打磨后补涂</td><td></td><td></td><td></td><td></td></tr>
</table>

续表

<table>
<tr><th colspan="2" rowspan="2">项次</th><th colspan="2" rowspan="2">检验项目</th><th colspan="3">质量要求</th><th rowspan="2">实测值</th><th rowspan="2">合格数</th><th rowspan="2">优良数</th><th rowspan="2">质量等级</th></tr>
<tr><th colspan="2">合格</th><th>优良</th></tr>
<tr><td rowspan="5">一般项目</td><td>5</td><td rowspan="2">涂料涂装</td><td rowspan="2">附着力</td><td>涂膜厚度大于250μm</td><td colspan="2">在涂膜上划两条夹角为60°的切割线，应划透至基底，用透明压敏胶粘带粘牢划口部分，快速撕起胶带，涂层应无剥落</td><td></td><td></td><td></td><td></td></tr>
<tr><td>6</td><td>涂膜厚度不大于250μm</td><td>用划格法检查（0～60μm，刀口间距1mm；61～120μm，刀口间距2mm；121～250μm，刀口间距3mm），涂层沿切割边缘或切口交叉处脱落明显大于5%，但受影响明显不大于15%</td><td>切割的边缘完全平滑，无一格脱落，或在切割交叉处涂层有少许薄片分离，划格区受影响明显不大于5%</td><td></td><td></td><td></td><td></td></tr>
<tr><td>7</td><td rowspan="3">金属喷涂</td><td colspan="2">外观检查</td><td colspan="2">表面均匀，无金属熔融粗颗粒、起皮、鼓泡、裂纹、掉块及其他影响使用的缺陷</td><td></td><td></td><td></td><td></td></tr>
<tr><td>8</td><td colspan="2">涂层厚度</td><td colspan="2">最小局部厚度不小于设计文件规定厚度</td><td></td><td></td><td></td><td></td></tr>
<tr><td>9</td><td colspan="2">结合性能</td><td>胶带上有破断的涂层黏附，但基底未裸露</td><td>涂层的任何部位都未与基体金属剥离</td><td></td><td></td><td></td><td></td></tr>
<tr><td colspan="11">检查意见：
主控项目共____项，其中合格____项，优良____项，合格率____%，优良率____%。
一般项目共____项，其中合格____项，优良____项，合格率____%，优良率____%。</td></tr>
<tr><td colspan="5">检验人：（签字）
年　月　日</td><td colspan="3">评定人：（签字）
年　月　日</td><td colspan="3">监理工程师：（签字）
年　月　日</td></tr>
</table>

××× 电站 工程

表 2.11　　平面闸门埋件表面防腐蚀质量检查表（实例）

编号：

<table>
<tr><td colspan="2">分部工程名称</td><td colspan="2">金属结构及启闭机安装</td><td colspan="2">单元工程名称</td><td colspan="4">×××机组进口平面闸门埋件安装</td></tr>
<tr><td colspan="2">安装部位</td><td colspan="2">×××机组进口</td><td colspan="2">安装内容</td><td colspan="4">表面防腐蚀</td></tr>
<tr><td colspan="2">安装单位</td><td colspan="2">×××工程局有限公司</td><td colspan="2">开/完工日期</td><td colspan="4">2014 年 9 月 1—10 日</td></tr>
<tr><td colspan="2" rowspan="2">项次</td><td rowspan="2">检验项目</td><td colspan="3">质量要求</td><td rowspan="2">实测值</td><td rowspan="2">合格数</td><td rowspan="2">优良数</td><td rowspan="2">质量等级</td></tr>
<tr><td colspan="2">合格</td><td>优良</td></tr>
<tr><td rowspan="3">主控项目</td><td>1</td><td>钢管表面清除</td><td colspan="2">管壁临时支撑割除，焊疤清除干净</td><td>管壁临时支撑割除，焊疤清除干净并磨光</td><td>/</td><td>/</td><td>/</td><td>/</td></tr>
<tr><td>2</td><td>钢管局部凹坑焊补</td><td colspan="2">凡凹坑深度大于板厚的10%或大于2.0mm应焊补</td><td>凡凹坑深度大于板厚的10%或大于2.0mm应焊补并磨光</td><td>/</td><td>/</td><td>/</td><td>/</td></tr>
<tr><td>3</td><td>灌浆孔堵焊</td><td colspan="3">堵焊后表面平整，无渗水现象</td><td>/</td><td>/</td><td>/</td><td>/</td></tr>
<tr><td rowspan="4">一般项目</td><td>1</td><td>表面预处理</td><td colspan="3">明管内外壁和埋管内壁用压缩空气喷砂或喷丸除锈，除锈清洁度等级应达到《涂装前钢材表面锈蚀等级和除锈等级》（GB 8923）中规定的 Sa $2\frac{1}{2}$ 级；表面粗糙度对非厚浆型涂料应达到 $Rz40\sim70\mu m$，对厚浆型涂料及金属热喷涂为 $Rz60\sim100\mu m$。
埋管外壁经喷射或抛射除锈后，采用改性水泥浆防腐蚀除锈等级不低于 Sa1 级</td><td>/</td><td>/</td><td>/</td><td>/</td></tr>
<tr><td>2</td><td rowspan="3">涂料涂装</td><td>外观检查</td><td colspan="2">表面光滑、颜色均匀一致，无皱纹、起泡、流挂、针孔、裂纹、漏涂等缺欠</td><td>检查焊缝两侧，表面光滑、颜色均匀一致，无皱纹、气泡、流挂等缺欠</td><td>/</td><td>/</td><td>优良</td></tr>
<tr><td>3</td><td>涂层厚度</td><td colspan="2">85%以上的局部厚度应达到设计文件规定厚度，漆膜最小局部厚度应不低于设计文件规定厚度的85%</td><td>设计要求：涂层厚度为 $60\mu m$；
采用测厚仪共检测 100 个点，涂层厚度为 $60\sim65\mu m$</td><td>100</td><td>100</td><td>优良</td></tr>
<tr><td>4</td><td>针孔</td><td colspan="2">厚浆型涂料，按规定的电压值检测针孔，发现针孔，用砂纸或弹性砂轮片打磨后补涂</td><td>采用针孔检测仪检测 30 个点，发现针孔 4 个，用砂纸打磨后补涂</td><td>30</td><td>30</td><td>优良</td></tr>
</table>

续表

<table>
<tr><th colspan="2" rowspan="2">项次</th><th colspan="2" rowspan="2">检验项目</th><th colspan="3">质量要求</th><th rowspan="2">实测值</th><th rowspan="2">合格数</th><th rowspan="2">优良数</th><th rowspan="2">质量等级</th></tr>
<tr><th colspan="2">合格</th><th>优良</th></tr>
<tr><td rowspan="5">一般项目</td><td>5</td><td rowspan="2">涂料涂装</td><td rowspan="2">附着力</td><td>涂膜厚度大于250μm</td><td colspan="2">在涂膜上划两条夹角为60°的切割线，应划透至基底，用透明压敏胶粘带粘牢划口部分，快速撕起胶带，涂层应无剥落</td><td>采用划叉法对涂料附着情况进行了检测，检测30处，涂层均无无剥落现象</td><td>30</td><td>30</td><td>优良</td></tr>
<tr><td>6</td><td>涂膜厚度不大于250μm</td><td>用划格法检查（0～60μm，刀口间距1mm；61～120μm，刀口间距2mm；121～250μm，刀口间距3mm），涂层沿切割边缘或切口交叉处脱落明显大于5%，但受影响明显不大于15%</td><td>切割的边缘完全平滑，无一格脱落，或在切割交叉处涂层有少许薄片分离，划格区受影响明显地不大于5%</td><td>/</td><td>/</td><td>/</td><td>/</td></tr>
<tr><td>7</td><td rowspan="3">金属喷涂</td><td colspan="2">外观检查</td><td colspan="2">表面均匀，无金属熔融粗颗粒、起皮、鼓泡、裂纹、掉块及其他影响使用的缺陷</td><td>检查表面喷漆外观，表面均匀，无起皮、裂纹等缺陷</td><td>/</td><td>/</td><td>优良</td></tr>
<tr><td>8</td><td colspan="2">涂层厚度</td><td colspan="2">最小局部厚度不小于设计文件规定厚度</td><td>设计要求：涂层厚度为30μm；
共检测60个点，涂层厚度为30.5～32.5μm，详见检测资料</td><td>60</td><td>60</td><td>优良</td></tr>
<tr><td>9</td><td colspan="2">结合性能</td><td>胶带上有破断的涂层黏附，但基底未裸露</td><td>涂层的任何部位都未与基体金属剥离</td><td>采用切割刀、布胶带对30个涂层部位进行了检查，各涂层均未与基体剥离</td><td>30</td><td>30</td><td>优良</td></tr>
<tr><td colspan="11">检查意见：
主控项目共 / 项，其中合格 / 项，优良 / 项，合格率 / %，优良率 / %。
一般项目共 7 项，其中合格 7 项，优良 7 项，合格率 100 %，优良率 100 %。</td></tr>
<tr><td colspan="4">检验人：×××
2014年9月10日</td><td colspan="3">评定人：×××
2014年9月10日</td><td colspan="4">监理工程师：×××
2014年9月10日</td></tr>
</table>

表 2.11　平面闸门埋件表面防腐蚀质量检查表

填　表　说　明

填表时必须遵守“填表基本规定”，并符合以下要求。

1. 分部工程、单元工程名称填写应与第一部分水工金属结构安装工程单元工程施工质量验收评定表中表 2 相同。

2. 各检验项目的检验方法及检验数量按下表执行。

<table>
<tr><th colspan="3">检验项目</th><th>检验方法</th><th>检验数量</th></tr>
<tr><td colspan="3">闸门表面清除</td><td rowspan="2">目测检查</td><td rowspan="2">全部表面</td></tr>
<tr><td colspan="3">闸门局部凹坑焊补</td></tr>
<tr><td colspan="3">灌浆孔堵焊</td><td>检查（或 5 倍放大镜检查）</td><td>全部灌浆孔</td></tr>
<tr><td colspan="3">表面预处理</td><td>清洁度按《涂装前钢材表面锈蚀等级和除锈等级》（GB 8923）照片对比；粗糙度用触针式轮廓仪测量或比较样板目测评定</td><td>每 2m² 表面至少要有 1 个评定点。触针式轮廓仪在 40mm 长度范围内测 5 点，取其算数平均值；比较样块法每一评定点面积不小于 50mm²</td></tr>
<tr><td rowspan="5">涂料涂装</td><td colspan="2">外观检查</td><td>目测检查</td><td>安装焊缝两侧</td></tr>
<tr><td colspan="2">涂层厚度</td><td>测厚仪</td><td>平整表面，每 10m² 表面应不少于 3 个测点；结构复杂、面积较小的表面，每 2m² 表面应不少于 1 个测点；单节钢管在两端和中间的圆周上每隔 1.5m 测 1 个点</td></tr>
<tr><td colspan="2">针孔</td><td>针孔检测仪</td><td>侧重在安装环缝两侧检测，每个区域 5 个测点，探测距离 300mm 左右</td></tr>
<tr><td rowspan="2">附着力</td><td>涂膜厚度大于 250μm</td><td rowspan="2">专用刀具</td><td rowspan="2">符合《水工金属结构防腐蚀规范》（SL 105）附录“色漆和清漆漆膜的划格试验”的规定</td></tr>
<tr><td>涂膜厚度不大于 250μm</td></tr>
<tr><td rowspan="3">金属喷涂</td><td colspan="2">外观检查</td><td>目测检查</td><td>全部表面</td></tr>
<tr><td colspan="2">涂层厚度</td><td>测厚仪</td><td>平整表面上每 10m² 不少于 3 个局部厚度（取 1dm² 的基准面，每个基准面测 10 个测点，取算术平均值）</td></tr>
<tr><td colspan="2">结合性能</td><td>切割刀、布胶带</td><td>当涂层厚度不大于 200μm，在 15mm×15mm 面积内按 3mm 间距，用刀切划网格，切痕深度应将涂层切断至基体金属，再用一个辊子施以 5N 的载荷将一条合适的胶带压紧在网格部位，然后沿垂直涂层表面方向快速将胶带拉开；当涂层厚度大于 200μm，在 25mm×25mm 面积内按 5mm 间距切划网格，按上述方法检测</td></tr>
</table>

3. 平面闸门表面防腐蚀的技术要求应符合《水利工程压力钢管制造安装及验收规范》（SL 432）和《水工金属结构防腐蚀规范》（SL 105）的规定。

4. 平面闸门表面防腐蚀质量评定包括管道内外壁表面清除、局部凹坑焊补、灌浆孔堵焊和表面防腐蚀（焊缝两侧）等检验项目。

5. 单元工程安装质量检验项目质量标准。

（1）合格等级标准。

1）主控项目，检测点应100%符合合格标准。

2）一般项目，检测点应90%及以上符合合格标准，不合格点最大值不应超过其允许偏差值的1.2倍，且不合格点不应集中。

（2）优良等级标准。在合格标准基础上，主控项目和一般项目的所有检测点应90%及以上符合优良标准。

________________工程

表3　　平面闸门门体单元工程安装质量验收评定表（样表）

<table>
<tr><td colspan="2">单位工程名称</td><td colspan="2"></td><td>单元工程量</td><td colspan="2"></td></tr>
<tr><td colspan="2">分部工程名称</td><td colspan="2"></td><td>安装单位</td><td colspan="2"></td></tr>
<tr><td colspan="2">单元工程名称、部位</td><td colspan="2"></td><td>评定日期</td><td colspan="2"></td></tr>
<tr><td rowspan="2">项次</td><td rowspan="2">项　目</td><td colspan="2">主控项目</td><td colspan="3">一般项目</td></tr>
<tr><td>合格数</td><td>其中优良数</td><td>合格数</td><td colspan="2">其中优良数</td></tr>
<tr><td>1</td><td>平面闸门门体安装</td><td></td><td></td><td></td><td colspan="2"></td></tr>
<tr><td>2</td><td>焊缝外观质量</td><td></td><td></td><td></td><td colspan="2"></td></tr>
<tr><td>3</td><td>焊缝内部质量</td><td></td><td></td><td></td><td colspan="2"></td></tr>
<tr><td>4</td><td>表面防腐蚀质量</td><td></td><td></td><td></td><td colspan="2"></td></tr>
<tr><td colspan="2">试运行效果</td><td colspan="5"></td></tr>
<tr><td>安装单位
自评意见</td><td colspan="6">各项试验和单元工程试运行符合要求，各项报验资料符合规定。检验项目全部合格。检验项目优良率为____%，其中主控项目优良率为____%。
单元工程安装质量验收评定等级为____。
（签字，加盖公章）　　年　　月　　日</td></tr>
<tr><td>监理单位
复核意见</td><td colspan="6">各项试验和单元工程试运行符合要求，各项报验资料符合规定。检验项目全部合格。检验项目优良率为____%，其中主控项目优良率为____%。
单元工程安装质量验收核定等级为____。
（签字，加盖公章）　　年　　月　　日</td></tr>
<tr><td colspan="7">注　1. 主控项目和一般项目中的合格数指达到合格及其以上质量标准的项目个数。
2. 优良项目占全部项目百分率＝$\frac{\text{主控项目优良数}+\text{一般项目优良数}}{\text{检验项目总数}}\times 100\%$。</td></tr>
</table>

×××电站 工程

表 3 平面闸门门体单元工程安装质量验收评定表（实例）

<table>
<tr><td colspan="2">单位工程名称</td><td colspan="2">厂房工程</td><td>单元工程量</td><td colspan="2">2t</td></tr>
<tr><td colspan="2">分部工程名称</td><td colspan="2">金属结构及启闭机安装</td><td>安装单位</td><td colspan="2">×××工程局有限公司</td></tr>
<tr><td colspan="2">单元工程名称、部位</td><td colspan="2">×××机组进口平面闸门门体</td><td>评定日期</td><td colspan="2">2014 年 10 月 5 日</td></tr>
<tr><td rowspan="2">项次</td><td rowspan="2">项　目</td><td colspan="2">主控项目</td><td colspan="3">一般项目</td></tr>
<tr><td>合格数</td><td>其中优良数</td><td>合格数</td><td colspan="2">其中优良数</td></tr>
<tr><td>1</td><td>平面闸门门体安装</td><td>4</td><td>4</td><td>4</td><td colspan="2">4</td></tr>
<tr><td>2</td><td>焊缝外观质量</td><td>5</td><td>5</td><td>7</td><td colspan="2">7</td></tr>
<tr><td>3</td><td>焊缝内部质量</td><td>2</td><td>2</td><td>/</td><td colspan="2">/</td></tr>
<tr><td>4</td><td>表面防腐蚀质量</td><td>2</td><td>2</td><td>8</td><td colspan="2">8</td></tr>
<tr><td colspan="2">试运行效果</td><td colspan="5">良好</td></tr>
<tr><td>安装单位
自评意见</td><td colspan="6">各项试验和单元工程试运行符合要求，各项报验资料符合规定。检验项目全部合格。检验项目优良率为 100 %，其中主控项目优良率为 100 %。
单元工程安装质量验收评定等级为 优良 。
×××（签字，加盖公章）　2014 年 10 月 5 日</td></tr>
<tr><td>监理单位
复核意见</td><td colspan="6">各项试验和单元工程试运行符合要求，各项报验资料符合规定。检验项目全部合格。检验项目优良率为 100 %，其中主控项目优良率为 100 %。
单元工程安装质量验收评定等级为 优良 。
×××（签字，加盖公章）　2014 年 10 月 5 日</td></tr>
<tr><td colspan="7">注 1. 主控项目和一般项目中的合格数指达到合格及其以上质量标准的项目个数。
2. 优良项目占全部项目百分率＝$\frac{\text{主控项目优良数＋一般项目优良数}}{\text{检验项目总数}}$×100%。</td></tr>
</table>

表3　平面闸门门体单元工程安装质量验收评定表

填　表　说　明

填表时必须遵守"填表基本规定"，并应符合下列要求。

1. 单元工程划分：宜以每扇门体的安装划分为一个单元工程。

2. 单元工程量：填写本单元门体重量（t）。

3. 本表是在第一部分水工金属结构安装工程单元工程施工质量验收评定表中表3.1～表3.4检查表质量评定合格基础上进行。

4. 单元工程施工质量验收评定应提交下列资料。

（1）施工单位应提交门体设计与安装图样、安装记录、门体焊接与门体表面防腐蚀记录、闸门试验及试运行记录、重大缺陷处理记录等资料。

（2）监理单位应提交对单元工程施工质量的平行检测资料。

5. 平面闸门门体的安装、表面防腐蚀及检查等技术要求应符合《水利水电工程钢闸门制造、安装及验收规范》（GB/T 14173）和设计文件的规定。

6. 单元工程安装质量评定标准。

（1）合格等级标准。

1）各检验项目均达到合格等级及以上标准。

2）设备的试验和试运行符合《水利水电工程单元工程施工质量验收评定标准——水工金属结构安装工程》（SL 635—2012）及相关专业标准的规定；各项报验资料符合《水利水电工程单元工程施工质量验收评定标准——水工金属结构安装工程》（SL 635—2012）标准的要求。

（2）优良等级标准。在合格等级标准基础上，安装质量检验项目中优良项目占全部项目70%及以上，且主控项目100%优良。

____________工程

表 3.1　平面闸门门体安装质量检查表（样表）

编号：__________

<table>
<tr><td colspan="3">分部工程名称</td><td colspan="2"></td><td>单元工程名称</td><td colspan="3"></td></tr>
<tr><td colspan="3">安装部位</td><td colspan="2"></td><td>安装内容</td><td colspan="3"></td></tr>
<tr><td colspan="3">安装单位</td><td colspan="2"></td><td>开/完工日期</td><td colspan="3"></td></tr>
<tr><td colspan="2" rowspan="2">项次</td><td rowspan="2">部位</td><td rowspan="2">检验项目</td><td colspan="2">质量要求</td><td rowspan="2">实测值</td><td rowspan="2">合格数</td><td rowspan="2">优良数</td><td rowspan="2">质量等级</td></tr>
<tr><td>合格</td><td>优良</td></tr>
<tr><td rowspan="4">主控项目</td><td>1</td><td>反向滑块</td><td>反向支承装置至正向支承装置的距离（反向支承装置自由状态）</td><td>±2.0mm</td><td>−1.0～+2.0mm</td><td></td><td></td><td></td><td></td></tr>
<tr><td>2</td><td>焊缝对口错边</td><td>焊缝对口错边（任意板厚 δ）</td><td>不大于 10%δ，且不大于 2.0mm</td><td>不大于 5%δ，且不大于 2.0mm</td><td></td><td></td><td></td><td></td></tr>
<tr><td>3</td><td rowspan="2">止水橡皮</td><td>止水橡皮顶面平度</td><td colspan="2">2.0mm</td><td></td><td></td><td></td><td></td></tr>
<tr><td>4</td><td>止水橡皮与滚轮或滑道面距离</td><td>±1.5mm</td><td>±1.0mm</td><td></td><td></td><td></td><td></td></tr>
<tr><td rowspan="4">一般项目</td><td>1</td><td rowspan="2">表面清除和凹坑焊补</td><td>门体表面清除</td><td>焊疤清除干净</td><td>焊疤清除干净并磨光</td><td></td><td></td><td></td><td></td></tr>
<tr><td>2</td><td>门体局部凹坑焊补</td><td>凡凹坑深度大于板厚 10%或大于 2.0mm 应焊补</td><td>凡凹坑深度大于板厚 10%或大于 2.0mm 应焊补并磨光</td><td></td><td></td><td></td><td></td></tr>
<tr><td>3</td><td rowspan="2">止水橡皮</td><td>两侧止水中心距离和顶止水中心至底止水底缘距离</td><td colspan="2">±3.0mm</td><td></td><td></td><td></td><td></td></tr>
<tr><td>4</td><td>止水橡皮实际压缩量和设计压缩量之差</td><td colspan="2">−1.0～+2.0mm</td><td></td><td></td><td></td><td></td></tr>
<tr><td colspan="10">检查意见：
主控项目共___项，其中合格___项，优良___项，合格率___%，优良率___%。
一般项目共___项，其中合格___项，优良___项，合格率___%，优良率___%。</td></tr>
<tr><td colspan="4">检验人：（签字）
年　月　日</td><td colspan="3">评定人：（签字）
年　月　日</td><td colspan="3">监理工程师：（签字）
年　月　日</td></tr>
<tr><td colspan="10">**注**　止水橡皮应用专用空心钻头掏孔，严禁烫孔、冲孔。</td></tr>
</table>

×××电站　工程

表 3.1　平面闸门门体安装质量检查表（实例）

编号：________

分部工程名称			金属结构及启闭机安装		单元工程名称	×××机组进口平面闸门门体			
安装部位			×××机组进口		安装内容	门体安装			
安装单位			×××工程局有限公司		开/完工日期	2014 年 10 月 1—5 日			
项次		部位	检验项目	质量要求		实测值	合格数	优良数	质量等级
				合格	优良				
主控项目	1	反向滑块	反向支承装置至正向支承装置的距离（反向支承装置自由状态）	±2.0mm	−1.0～+2.0mm	设计值为 890.0mm，实测值为 890.0mm、890.5mm、890.5mm、891.0mm	4	4	优良
	2	焊缝对口错边	焊缝对口错边（任意板厚 δ）	不大于 10%δ，且不大于 2.0mm	不大于 5% δ，且不大于 2.0mm	闸门厚度 δ=150.0mm，检查 8 处焊缝对口错边量，实测值为 0.8～1.3mm，详见测量资料	8	8	优良
	3	止水橡皮	止水橡皮顶面平度	2.0mm		检查止水橡皮顶面高程 10 组，得到顶面平度为 0.5～1.0mm，详见测量资料	10	10	优良
	4		止水橡皮与滚轮或滑道面距离	±1.5mm	±1.0mm	设计值为 9.0mm，实测值为 9.5mm、9.5mm、10.0mm、9.6mm	4	4	优良

续表

项次		部位	检验项目	质量要求		实测值	合格数	优良数	质量等级
				合格	优良				
一般项目	1	表面清除和凹坑焊补	门体表面清除	焊疤清除干净	焊疤清除干净并磨光	对门体表面进行了清除并磨光，用钢板尺进行检查，焊疤清除干净	/	/	优良
	2		门体局部凹坑焊补	凡凹坑深度大于板厚10%或大于2.0mm应焊补	凡凹坑深度大于板厚10%或大于2.0mm应焊补并磨光	检查门体表面，发现局部凹坑6处，深度为0.6～1.2mm，对凹坑进行了焊补并磨光	6	6	优良
	3	止水橡皮	两侧止水中心距离和顶止水中心至底止水底缘距离	±3.0mm		两侧止水中心距离设计值为10190.0mm，实测值为10191.0～10192.2mm，共测4点；顶止水中心至底止水底缘距离设计值为6070.0mm，实测值为6070.5～6071.8mm，共测4点，详细资料见测量数据	8	8	优良
	4		止水橡皮实际压缩量和设计压缩量之差	－1.0～＋2.0mm		止水橡皮设计压缩量为25.0mm，实测实际压缩量共测10点，分别为24.3～25.8mm，详细资料见测量数据	10	10	优良

检查意见：

主控项目共 4 项，其中合格 4 项，优良 4 项，合格率 100 %，优良率 100 %。

一般项目共 4 项，其中合格 4 项，优良 4 项，合格率 100 %，优良率 100 %。

检验人：（签字） ×××	评定人：（签字） ×××	监理工程师：（签字） ×××
2014年10月5日	2014年10月5日	2014年10月5日

注 止水橡皮应用专用空心钻头掏孔，严禁烫孔、冲孔。

表 3.1　平面闸门门体安装质量检查表

填 表 说 明

填表时必须遵守"填表基本规定"，并符合以下要求。

1. 分部工程、单元工程名称填写应与第一部分水工金属结构安装工程单元工程施工质量验收评定表中表 3 相同。

2. 各检验项目的检验方法及检验数量按下表要求执行。

部分	检验项目	检验方法	检验数量
反向滑块	反向支承装置至正向支承装置的距离（反向支撑装置自由状态）	钢丝线、钢板尺、水准仪、经纬仪	通过反向支承装置踏面、正向支承装置踏面拉钢丝线测量
焊缝对口错边	焊缝对口错边（任意板厚）	钢板尺或焊接检验规	沿焊缝全长测量
表面清除和凹坑焊补	门体表面清除	钢板尺	全部表面
	门体局部凹坑焊补		
止水橡皮	止水橡皮顶面平度	钢丝线、钢板尺、水准仪、经纬仪	通过止水橡皮顶面拉线测量，每 0.5m 测 1 个点
	止水橡皮与滚轮或滑道面距离	钢丝线、钢板尺、水准仪、经纬仪	通过滚轮顶面或通过滑道面（每段滑道至少在两端各测 1 个点）拉线测量
	两端止水中心距离和顶止水中心至底止水底缘距离	钢丝线、钢板尺、水准仪、经纬仪、全站仪	每米测 1 个点
	止水橡皮实际压缩量和设计压缩量之差	钢尺	每米测 1 个点

3. 平面闸门门体安装质量评定包括正向支承装置安装、反向支承装置安装、门体焊缝焊接、门体表面防腐蚀、止水橡皮安装、闸门试验和试运行等检验项目。

4. 平面闸门门体焊缝焊接与表面防腐蚀质量应符合《水利水电工程单元工程施工质量验收评定标准——水工金属结构安装工程》（SL 635—2012）第 4 章的相关规定。

5. 平面闸门门体应按设计文件要求和相关标准规定做好无水试验、平衡试验和静水试验以及试运行，并做好记录备查。

6. 单元工程安装质量检验项目质量标准。

（1）合格等级标准。

1）主控项目，检测点应 100%符合合格标准，不合格点最大值不应超过其允许偏差值的 1.2 倍，且不合格点不应集中。

2）一般项目，检测点应 90%及以上符合合格标准，不合格点最大值不应超过其允许偏差值的 1.2 倍，且不合格点不应集中。

（2）优良等级标准。在合格等级标准基础上，主控项目和一般项目的所有检测点应 90%及以上符合优良标准。

7. 表中数值为允许偏差值。

______________工程

表 3.2　平面闸门门体焊缝外观质量检查表（样表）

编号：__________

<table>
<tr><td colspan="3">分部工程名称</td><td colspan="2"></td><td>单元工程名称</td><td colspan="3"></td></tr>
<tr><td colspan="3">安装部位</td><td colspan="2"></td><td>安装内容</td><td colspan="3"></td></tr>
<tr><td colspan="3">安装单位</td><td colspan="2"></td><td>开/完工日期</td><td colspan="3"></td></tr>
<tr><td colspan="2" rowspan="2">项次</td><td rowspan="2">检验项目</td><td colspan="2">质量要求</td><td rowspan="2">实测值</td><td rowspan="2">合格数</td><td rowspan="2">优良数</td><td rowspan="2">质量等级</td></tr>
<tr><td colspan="2">合格</td></tr>
<tr><td rowspan="7">主控项目</td><td>1</td><td>裂纹</td><td colspan="2">不允许出现</td><td></td><td></td><td></td><td></td></tr>
<tr><td>2</td><td>表面夹渣</td><td colspan="2">一类、二类焊缝：不允许；
三类焊缝：深不大于 0.1δ，长不大于 0.3δ，且不大于 10mm</td><td></td><td></td><td></td><td></td></tr>
<tr><td rowspan="2">3</td><td rowspan="2">咬边</td><td>钢管</td><td>一类、二类焊缝：深不大于 0.5mm；
三类焊缝：深不大于 1mm</td><td></td><td></td><td></td><td></td></tr>
<tr><td>钢闸门</td><td>一类、二类焊缝：深不大于 0.5mm；连续咬边长度不大于焊缝总长的 10%，且不大于 100mm；两侧咬边累计长度不大于该焊缝总长的 15%；角焊缝不大于 20%；
三类焊缝：深不大于 1mm</td><td></td><td></td><td></td><td></td></tr>
<tr><td rowspan="2">4</td><td rowspan="2">表面气孔</td><td>钢管</td><td>一类、二类焊缝：不允许；
三类焊缝：每米范围内允许直径小于 1.5mm 的气孔 5 个，间距不小于 20mm</td><td></td><td></td><td></td><td></td></tr>
<tr><td>钢闸门</td><td>一类焊缝：不允许；
二类焊缝：每米范围内允许直径不大于 1.0mm 的气孔 3 个，间距不小于 20mm；
三类焊缝：每米范围内允许直径不大于 1.5mm 的气孔 5 个，间距不小于 20mm</td><td></td><td></td><td></td><td></td></tr>
<tr><td>5</td><td>未焊满</td><td colspan="2">一类、二类焊缝：不允许；
三类焊缝：深不大于 (0.2+0.02δ) mm，且不大于 1mm，每 100mm 焊缝内缺欠总长不大于 25mm</td><td></td><td></td><td></td><td></td></tr>
</table>

续表

项次		检验项目		质量要求	实测值	合格数	优良数	质量等级
				合格				
一般项目	1	焊缝余高 Δh /mm	手工焊	一类、二类/三类（仅钢闸门）焊缝：$\delta \leqslant 12$，$\Delta h=$（0～1.5）/（0～2）；$12<\delta \leqslant 25$，$\Delta h=$（0～2.5）/（0～3）；$25<\delta \leqslant 50$，$\Delta h=$（0～3）/（0～4）；$\delta>50$，$\Delta h=$（0～4）/（0～5）				
			自动焊	（0～4）/（0～5）				
	2	对接焊缝宽度 Δb	手工焊	盖过每边坡口宽度1～2.5mm，且平缓过渡				
			自动焊	盖过每边坡口宽度2～7mm，且平缓过渡				
	3	飞溅		不允许出现（高强钢、不锈钢此项作为主控项目）				
	4	电弧擦伤		不允许出现（高强钢、不锈钢此项作为主控项目）				
	5	焊瘤		不允许出现				
	6	角焊缝焊脚高 K	手工焊	$K<12$mm，$\Delta K=0\sim2$mm；$K\geqslant12$mm，$\Delta K=0\sim3$mm				
			自动焊	$K<12$mm，$\Delta K=0\sim2$mm；$K\geqslant12$mm，$\Delta K=0\sim3$mm				
	7	端部转角		连续绕角施焊				

检查意见：

主控项目共____项，其中合格____项，优良____项，合格率____%，优良率____%。

一般项目共____项，其中合格____项，优良____项，合格率____%，优良率____%。

检验人：（签字）	评定人：（签字）	监理工程师：（签字）
年　月　日	年　月　日	年　月　日

注 1. 手工焊是指焊条电弧焊、CO_2半自动气保焊、自保护药芯半自动焊以及手工TIG焊等。自动焊是指埋弧自动焊、MAG自动焊、MIG自动焊等。

2. δ为任意板厚，mm。

×××电站　　工程

表 3.2　　平面闸门门体焊缝外观质量检查表（实例）

编号：

分部工程名称		全属结构及启闭机安装		单元工程名称	×××机组进口平面闸门门体		
安装部位		×××机组进口		安装内容	平面闸门门体焊缝外观		
安装单位		×××工程局有限公司		开/完工日期	2014年10月1—5日		
项次	检验项目	质量要求 合格		实测值	合格数	优良数	质量等级
主控项目 1	裂纹	不允许出现		共50条焊缝，检查全部焊缝，无裂纹出现	50	50	优良
主控项目 2	表面夹渣	一类、二类焊缝：不允许；三类焊缝：深不大于0.1δ，长不大于0.3δ，且不大于10mm		本单元工程焊缝为二类焊缝，检查全部焊缝，焊缝表面无夹渣	50	50	优良
主控项目 3	咬边	钢管	一类、二类焊缝：深不大于0.5mm；三类焊缝：深不大于1mm	/	/	/	/
		钢闸门	一类、二类焊缝：深不大于0.5mm；连续咬边长度不大于焊缝总长的10%，且不大于100mm；两侧咬边累计长度不大于该焊缝总长的15%；角焊缝不大于20%；三类焊缝：深不大于1mm	检查全部焊缝，发现115个咬边，长度为0.2～0.4mm，详见测量资料	115	115	优良
主控项目 4	表面气孔	钢管	一类、二类焊缝：不允许；三类焊缝：每米范围内允许直径小于1.5mm的气孔5个，间距不小于20mm	/	/	/	/
		钢闸门	一类焊缝：不允许；二类焊缝：每米范围内允许直径不大于1.0mm的气孔3个，间距不小于20mm；三类焊缝：每米范围内允许直径不大于1.5mm的气孔5个，间距不小于20mm	检查全部焊缝，未发现气孔	/	/	优良
主控项目 5	未焊满	一类、二类焊缝：不允许；三类焊缝：深不大于（0.2＋0.02δ）mm，且不大于1mm，每100mm焊缝内缺欠总长不大于25mm		检查全部焊缝，焊缝无未焊满情况	/	/	优良

续表

项次		检验项目		质量要求 合格	实测值	合格数	优良数	质量等级
一般项目	1	焊缝余高 Δh /mm	手工焊	一类、二类/三类（仅钢闸门）焊缝：$\delta \leqslant 12$，$\Delta h=(0\sim1.5)/(0\sim2)$；$12<\delta\leqslant25$，$\Delta h=(0\sim2.5)/(0\sim3)$；$25<\delta\leqslant50$，$\Delta h=(0\sim3)/(0\sim4)$；$\delta>50$，$\Delta h=(0\sim4)/(0\sim5)$	$\delta=150$mm；对所有焊缝进行了检查，检查焊缝余高50组，余高为1.5～2.8mm，详见测量资料	50	50	优良
			自动焊	(0～4)/(0～5)	/	/	/	/
	2	对接焊缝宽度 Δb	手工焊	盖过每边坡口宽度1～2.5mm，且平缓过渡	对所有焊缝进行了检查，检查焊缝对接宽度50组，宽度为1.1～2.2mm，且平缓过渡，详见测量资料	50	50	优良
			自动焊	盖过每边坡口宽度2～7mm，且平缓过渡	/	/	/	/
	3	飞溅		不允许出现（高强钢、不锈钢此项作为主控项目）	检查全部焊缝表面，未出现飞溅现象	/	/	优良
	4	电弧擦伤		不允许出现（高强钢、不锈钢此项作为主控项目）	检查全部焊缝表面，未出现电弧擦伤情况	/	/	优良
	5	焊瘤		不允许出现	检查全部焊缝表面，无焊瘤出现	/	/	优良
	6	角焊缝焊脚高 K	手工焊	$K<12$mm，$\Delta K=0\sim2$mm；$K\geqslant12$mm，$\Delta K=0\sim3$mm	$K=15$mm；本单元工程共涉及4处角焊缝，ΔK为1.5mm、1.2mm、0.8mm、1.6mm	4	4	优良
			自动焊	$K<12$mm，$\Delta K=0\sim2$mm；$K\geqslant12$mm，$\Delta K=0\sim3$mm	/	/	/	/
	7	端部转角		连续绕角施焊	本单元工程共涉及4处端部转角焊缝，均连续绕角施焊	4	4	优良

检查意见：

主控项目共_5_项，其中合格_5_项，优良_5_项，合格率_100_%，优良率_100_%。

一般项目共_7_项，其中合格_7_项，优良_7_项，合格率_100_%，优良率_100_%。

检验人：××× 2014年10月5日	评定人：××× 2014年10月5日	监理工程师：××× 2014年10月5日

注 1. 手工焊是指焊条电弧焊、CO_2半自动气保焊、自保护药芯半自动焊以及手工TIG焊等。自动焊是指埋弧自动焊、MAG自动焊、MIG自动焊等。

2. δ为任意板厚，mm。

表 3.2　平面闸门门体焊缝外观质量检查表

填　表　说　明

填表时必须遵守“填表基本规定”，并应符合下列要求。

1. 分部工程、单元工程名称填写应与第一部分水工金属结构安装工程单元工程施工质量验收评定表中表 3 相同。

2. 各检验项目的检验方法及检验数量按下表要求执行。

检验项目		检验方法	检验数量
裂纹		检查（必要时用 5 倍放大镜检查）	沿焊缝长度
表面夹渣			
咬边			
表面气孔			全部表面
未焊满			
焊缝余高 Δh	手工焊	钢板尺或焊接检验规	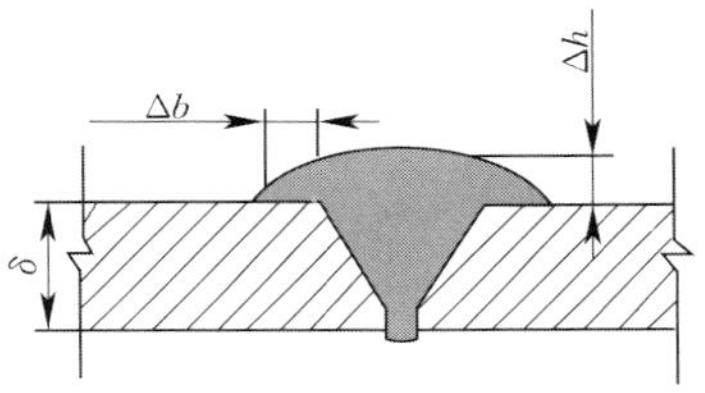
	自动焊		
对接焊缝宽度 Δb	手工焊		
	自动焊		
飞溅		检查	全部表面
电弧擦伤			
焊瘤			
角焊缝焊脚高 K	手工焊	焊接检验规	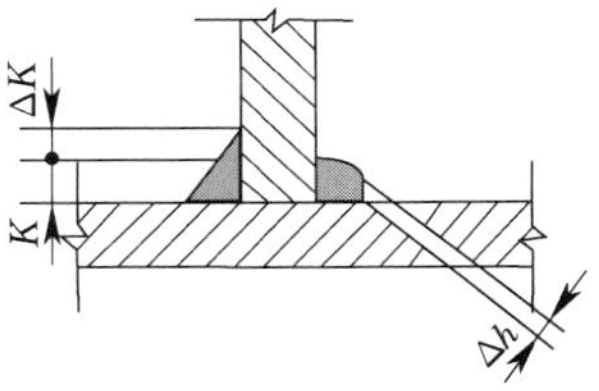
	自动焊		
端部转角		检查	

3. 平面闸门焊接与检验的技术要求应符合《水工金属结构焊接通用技术条件》（SL 36）和《水利工程压力钢管制造安装及验收规范》（SL 432）的规定。

4. 焊缝的无损检验应根据施工图样和相关标准的规定进行。一类、二类焊缝的射线、超声波、磁粉、渗透探伤应分别符合《金属熔化焊焊接头射线照相》（GB/T 3323）、《焊缝无损检测　超声检测　技术、检测等级和评定》（GB/T 11345）、《无损检测　焊缝磁粉检测》（JB/T 6061）、《无损检测　焊缝渗透检测》（JB/T 6062）的规定。

5. 焊缝焊接质量由焊缝外观质量和焊缝内部质量组成。

6. 单元工程安装质量检验项目质量标准。

（1）合格等级标准。

1）主控项目，检测点应100%符合合格标准。

2）一般项目，检测点应90%及以上符合合格标准，不合格点最大值不应超过其允许偏差值的1.2倍，且不合格点不应集中。

（2）优良等级标准。在合格标准基础上，主控项目和一般项目的所有检测点应90%及以上符合优良标准。

7. 表中数值为允许偏差值。

________工程

表 3.3 平面闸门门体焊缝内部质量检查表（样表）

编号：________

<table>
<tr><td colspan="3">分部工程名称</td><td colspan="2"></td><td>单元工程名称</td><td colspan="3"></td></tr>
<tr><td colspan="3">安装部位</td><td colspan="2"></td><td>安装内容</td><td colspan="3"></td></tr>
<tr><td colspan="3">安装单位</td><td colspan="2"></td><td>开/完工日期</td><td colspan="3"></td></tr>
<tr><td colspan="2" rowspan="2">项次</td><td rowspan="2">检验项目</td><td colspan="2">质量要求</td><td rowspan="2">实测值</td><td rowspan="2">合格数</td><td rowspan="2">优良数</td><td rowspan="2">质量等级</td></tr>
<tr><td>合格</td><td>优良</td></tr>
<tr><td rowspan="4">主控项目</td><td>1</td><td>射线探伤</td><td>一类焊缝不低于Ⅱ级合格，二类焊缝不低于Ⅲ级合格</td><td>一次合格率不低于90%</td><td></td><td></td><td></td><td></td></tr>
<tr><td>2</td><td>超声波探伤</td><td>一类焊缝不低于Ⅰ级合格，二类焊缝不低于Ⅱ级合格</td><td>一次合格率不低于95%</td><td></td><td></td><td></td><td></td></tr>
<tr><td>3</td><td>磁粉探伤</td><td>一类、二类焊缝不低于Ⅱ级合格</td><td>一次合格率不低于95%</td><td></td><td></td><td></td><td></td></tr>
<tr><td>4</td><td>渗透探伤</td><td>一类、二类焊缝不低于Ⅱ级合格</td><td>一次合格率不低于95%</td><td></td><td></td><td></td><td></td></tr>
<tr><td colspan="9">检查意见：
主控项目共____项，其中合格____项，优良____项，合格率____%，优良率____%。</td></tr>
<tr><td colspan="4">检验人：（签字）
年 月 日</td><td colspan="2">评定人：（签字）
年 月 日</td><td colspan="3">监理工程师：（签字）
年 月 日</td></tr>
<tr><td colspan="9">注 1. 射线探伤一次合格率 $=\frac{\text{合格底片（张）}}{\text{拍片总数（张）}}\times 100\%$。
2. 其余探伤一次合格率 $=\frac{\text{合格焊缝总长度（m）}}{\text{所检焊缝总长度（m）}}\times 100\%$。
3. 当焊缝长度小于200mm时，按实际焊缝长度检测。</td></tr>
</table>

×××电站______工程

表 3.3　　平面闸门门体焊缝内部质量检查表（实例）

编号：______

分部工程名称		金属结构及启闭机安装		单元工程名称	×××机组进口平面闸门门体			
安装部位		×××机组进口		安装内容	平面闸门门体焊缝内部			
安装单位		×××工程局有限公司		开/完工日期	2014 年 10 月 1—5 日			
项次		检验项目	质量要求		实测值	合格数	优良数	质量等级
			合格	优良				
主控项目	1	射线探伤	一类焊缝不低于Ⅱ级合格，二类焊缝不低于Ⅲ级合格	一次合格率不低于 90%	共检测焊缝 50 条，每处拍片 4 张，合格底片 4 张，合格率 100%	50	50	优良
	2	超声波探伤	一类焊缝不低于Ⅰ级合格，二类焊缝不低于Ⅱ级合格	一次合格率不低于 95%	共检测焊缝 50 条，合格率均为 100%	50	50	优良
	3	磁粉探伤	一类、二类焊缝不低于Ⅱ级合格	一次合格率不低于 95%	/	/	/	/
	4	渗透探伤	一类、二类焊缝不低于Ⅱ级合格	一次合格率不低于 95%	/	/	/	/
检查意见： 主控项目共 2 项，其中合格 2 项，优良 2 项，合格率 100 %，优良率 100 %。								
检验人：××× 2014 年 10 月 5 日			评定人：××× 2014 年 10 月 5 日		监理工程师：××× 2014 年 10 月 5 日			

注　1. 射线探伤一次合格率 $=\dfrac{\text{合格底片（张）}}{\text{拍片总数（张）}}\times 100\%$。

2. 其余探伤一次合格率 $=\dfrac{\text{合格焊缝总长度（m）}}{\text{所检焊缝总长度（m）}}\times 100\%$。

3. 当焊缝长度小于 200mm 时，按实际焊缝长度检测。

表 3.3 平面闸门门体焊缝内部质量检查表

填 表 说 明

填表时必须遵守“填表基本规定”，并符合以下要求。

1. 分部工程、单元工程名称填写应与第一部分水工金属结构安装工程单元工程施工质量验收评定表中表 3 相同。

2. 各检验项目的检验方法及检验数量按下表要求执行。

检验项目	检验方法
射线探伤	压力钢管：按《水利工程压力钢管制造安装及验收规范》（SL 432）的要求； 钢闸门及拦污栅：按《水利水电工程钢闸门制造、安装及验收规范》（GB/T 14173）的要求； 启闭机：按《水利水电工程启闭机制造安装及验收规范》（SL 381）和《水工金属结焊接通用技术条件》（SL 36）的要求
超声波探伤	压力钢管：按《水利工程压力钢管制造安装及验收规范》（SL 432）的要求； 钢闸门及拦污栅：按《水利水电工程钢闸门制造、安装及验收规范》（GB/T 14173）的要求； 启闭机：按《水利水电工程启闭机制造安装及验收规范》（SL 381）和《水工金属结焊接通用技术条件》（SL 36）的要求
磁粉探伤	厚度大于 32mm 的高强度钢，不低于焊缝总长的 20%，且不小于 200mm
渗透探伤	

3. 单元工程安装质量检验项目质量标准。

（1）合格等级标准。

1）主控项目，检测点应 100%符合合格标准。

2）一般项目，检测点应 90%及以上符合合格标准，不合格点最大值不应超过其允许偏差值的 1.2 倍，且不合格点不应集中。

（2）优良等级标准。在合格标准基础上，主控项目和一般项目的所有检测点应 90%及以上符合优良标准。

____________工程

表 3.4　　　　平面闸门门体表面防腐蚀质量检查表（样表）

编号：__________

<table>
<tr><td colspan="3">分部工程名称</td><td colspan="2"></td><td>单元工程名称</td><td colspan="4"></td></tr>
<tr><td colspan="3">安装部位</td><td colspan="2"></td><td>安装内容</td><td colspan="4"></td></tr>
<tr><td colspan="3">安装单位</td><td colspan="2"></td><td>开/完工日期</td><td colspan="4"></td></tr>
<tr><td colspan="2" rowspan="2">项次</td><td rowspan="2">检验项目</td><td colspan="2">质量要求</td><td rowspan="2">实测值</td><td rowspan="2">合格数</td><td rowspan="2">优良数</td><td rowspan="2">质量等级</td></tr>
<tr><td>合格</td><td>优良</td></tr>
<tr><td rowspan="3">主控项目</td><td>1</td><td>闸门表面清除</td><td>管壁临时支撑割除，焊疤清除干净</td><td>管壁临时支撑割除，焊疤清除干净并磨光</td><td></td><td></td><td></td><td></td></tr>
<tr><td>2</td><td>闸门局部凹坑焊补</td><td>凡凹坑深度大于板厚的10%或大于2.0mm应焊补</td><td>凡凹坑深度大于板厚的10%或大于2.0mm应焊补并磨光</td><td></td><td></td><td></td><td></td></tr>
<tr><td>3</td><td>灌浆孔堵焊</td><td colspan="2">堵焊后表面平整，无渗水现象</td><td></td><td></td><td></td><td></td></tr>
<tr><td rowspan="4">一般项目</td><td>1</td><td>表面预处理</td><td colspan="2">明管内外壁和埋管内壁用压缩空气喷砂或喷丸除锈，除锈清洁度等级应达到《涂装前钢材表面锈蚀等级和除锈等级》(GB 8923)中规定的 Sa $2\frac{1}{2}$ 级；表面粗糙度对非厚浆型涂料应达到 $Rz40\sim70\mu m$，对厚浆型涂料及金属热喷涂为 $Rz60\sim100\mu m$。
埋管外壁经喷射或抛射除锈后，采用改性水泥浆防腐蚀除锈等级不低于 Sa1 级</td><td></td><td></td><td></td><td></td></tr>
<tr><td>2</td><td rowspan="3">涂料涂装</td><td>外观检查</td><td>表面光滑、颜色均匀一致，无皱纹、起泡、流挂、针孔、裂纹、漏涂等缺欠</td><td></td><td></td><td></td><td></td></tr>
<tr><td>3</td><td>涂层厚度</td><td>85%以上的局部厚度应达到设计文件规定厚度，漆膜最小局部厚度应不低于设计文件规定厚度的85%</td><td></td><td></td><td></td><td></td></tr>
<tr><td>4</td><td>针孔</td><td>厚浆型涂料，按规定的电压值检测针孔，发现针孔，用砂纸或弹性砂轮片打磨后补涂</td><td></td><td></td><td></td><td></td></tr>
</table>

续表

项次		检验项目		质量要求			实测值	合格数	优良数	质量等级
				合格		优良				
一般项目	5	涂料涂装	附着力	涂膜厚度大于250μm	在涂膜上划两条夹角为60°的切割线，应划透至基底，用透明压敏胶粘带粘牢划口部分，快速撕起胶带，涂层应无剥落					
	6			涂膜厚度不大于250μm	用划格法检查（0～60μm，刀口间距1mm；61～120μm，刀口间距2mm；121～250μm，刀口间距3mm），涂层沿切割边缘或切口交叉处脱落明显大于5%，但受影响明显不大于15%	切割的边缘完全平滑，无一格脱落，或在切割交叉处涂层有少许薄片分离，划格区受影响明显不大于5%				
	7	金属喷涂	外观检查		表面均匀，无金属熔融粗颗粒、起皮、鼓泡、裂纹、掉块及其他影响使用的缺陷					
	8		涂层厚度		最小局部厚度不小于设计文件规定厚度					
	9		结合性能		胶带上有破断的涂层黏附，但基底未裸露	涂层的任何部位都未与基体金属剥离				

检查意见：

主控项目共____项，其中合格____项，优良____项，合格率____%，优良率____%。

一般项目共____项，其中合格____项，优良____项，合格率____%，优良率____%。

检验人：（签字）	评定人：（签字）	监理工程师：（签字）
年　月　日	年　月　日	年　月　日

×××电站　　工程

表 3.4　　平面闸门门体表面防腐蚀质量检查表（实例）

编号：__________

<table>
<tr><td colspan="3">分部工程名称</td><td colspan="2">金属结构及启闭机安装</td><td>单元工程名称</td><td colspan="3">×××机组进口平面闸门门体</td></tr>
<tr><td colspan="3">安装部位</td><td colspan="2">×××机组进口</td><td>安装内容</td><td colspan="3">平面闸门门体表面防腐蚀</td></tr>
<tr><td colspan="3">安装单位</td><td colspan="2">×××工程局有限公司</td><td>开/完工日期</td><td colspan="3">2014 年 10 月 1—5 日</td></tr>
<tr><td colspan="2" rowspan="2">项次</td><td rowspan="2">检验项目</td><td colspan="2">质量要求</td><td rowspan="2">实测值</td><td rowspan="2">合格数</td><td rowspan="2">优良数</td><td rowspan="2">质量等级</td></tr>
<tr><td>合格</td><td>优良</td></tr>
<tr><td rowspan="3">主控项目</td><td>1</td><td>闸门表面清除</td><td>管壁临时支撑割除，焊疤清除干净</td><td>管壁临时支撑割除，焊疤清除干净并磨光</td><td>检查闸门表面，焊疤清除干净并磨光</td><td>/</td><td>/</td><td>优良</td></tr>
<tr><td>2</td><td>闸门局部凹坑焊补</td><td>凡凹坑深度大于板厚的10%或大于2.0mm应焊补</td><td>凡凹坑深度大于板厚的10%或大于2.0mm应焊补并磨光</td><td>检查闸门表面，发现深度大于2.0mm的凹坑5处，进行了焊补并磨光</td><td>5</td><td>5</td><td>优良</td></tr>
<tr><td>3</td><td>灌浆孔堵焊</td><td colspan="2">堵焊后表面平整，无渗水现象</td><td>/</td><td>/</td><td>/</td><td>/</td></tr>
<tr><td rowspan="4">一般项目</td><td>1</td><td>表面预处理</td><td colspan="2">明管内外壁和埋管内壁用压缩空气喷砂或喷丸除锈，除锈清洁度等级应达到《涂装前钢材表面锈蚀等级和除锈等级》（GB 8923）中规定的 Sa $2\frac{1}{2}$ 级；表面粗糙度对非厚浆型涂料应达到 Rz40～70μm，对厚浆型涂料及金属热喷涂为 Rz60～100μm。
埋管外壁经喷射或抛射除锈后，采用改性水泥浆防腐蚀除锈等级不低于 Sa1 级</td><td>对闸门表面进行了喷丸除锈清洁，清洁后闸门表面无可见的油脂和污垢，且氧化皮、铁锈、油漆涂层等附着物基本清除，清洁度等级达到 Sa $2\frac{1}{2}$ 级；
本单元工程涂料采用非厚浆型涂料，采用比较样板目视对除锈处理后的闸门表面进行了检查，表面粗糙度为 Rz50μm</td><td>/</td><td>/</td><td>优良</td></tr>
<tr><td>2</td><td rowspan="3">涂料涂装</td><td>外观检查</td><td>表面光滑、颜色均匀一致，无皱纹、起泡、流挂、针孔、裂纹、漏涂等缺欠</td><td>检查焊缝两侧，表面光滑、颜色均匀一致，无皱纹、气泡、流挂等缺欠</td><td>/</td><td>/</td><td>优良</td></tr>
<tr><td>3</td><td>涂层厚度</td><td>85%以上的局部厚度应达到设计文件规定厚度，漆膜最小局部厚度应不低于设计文件规定厚度的85%</td><td>设计要求：涂层厚度为60μm；
采用测厚仪共检测150个点，涂层厚度为60～63μm，详见测量数据</td><td>150</td><td>150</td><td>优良</td></tr>
<tr><td>4</td><td>针孔</td><td>厚浆型涂料，按规定的电压值检测针孔，发现针孔，用砂纸或弹性砂轮片打磨后补涂</td><td>采用针孔检测仪检测50个点，发现针孔5个，用砂纸打磨后补涂</td><td>50</td><td>50</td><td>优良</td></tr>
</table>

续表

<table>
<tr><th colspan="2" rowspan="2">项次</th><th colspan="2" rowspan="2">检验项目</th><th colspan="3">质量要求</th><th rowspan="2">实测值</th><th rowspan="2">合格数</th><th rowspan="2">优良数</th><th rowspan="2">质量等级</th></tr>
<tr><th colspan="2">合格</th><th>优良</th></tr>
<tr><td rowspan="5">一般项目</td><td>5</td><td rowspan="2">涂料涂装</td><td rowspan="2">附着力</td><td>涂膜厚度大于250μm</td><td colspan="2">在涂膜上划两条夹角为60°的切割线，应划透至基底，用透明压敏胶粘带粘牢划口部分，快速撕起胶带，涂层应无剥落</td><td>采用划叉法对涂料附着情况进行了检测，检测40处，涂层均无剥落现象</td><td>40</td><td>40</td><td>优良</td></tr>
<tr><td>6</td><td>涂膜厚度不大于250μm</td><td>用划格法检查（0～60μm，刀口间距1mm；61～120μm，刀口间距2mm；121～250μm，刀口间距3mm），涂层沿切割边缘或切口交叉处脱落明显大于5%，但受影响明显不大于15%</td><td>切割的边缘完全平滑，无一格脱落，或在切割交叉处涂层有少许薄片分离，划格区受影响明显不大于5%</td><td>/</td><td>/</td><td>/</td><td>/</td></tr>
<tr><td>7</td><td rowspan="3">金属喷涂</td><td colspan="2">外观检查</td><td colspan="2">表面均匀，无金属熔融粗颗粒、起皮、鼓泡、裂纹、掉块及其他影响使用的缺陷</td><td>检查闸门表面喷漆外观，表面均匀，无起皮、裂纹等缺陷</td><td>/</td><td>/</td><td>优良</td></tr>
<tr><td>8</td><td colspan="2">涂层厚度</td><td colspan="2">最小局部厚度不小于设计文件规定厚度</td><td>设计要求：涂层厚度为60μm；
共检测80个点，涂层厚度为60.8～63.5μm，详见检测资料</td><td>80</td><td>80</td><td>优良</td></tr>
<tr><td>9</td><td colspan="2">结合性能</td><td>胶带上有破断的涂层黏附，但基底未裸露</td><td>涂层的任何部位都未与基体金属剥离</td><td>采用切割刀、布胶带对50个涂层部位进行了检查，各涂层均未与基体剥离</td><td>50</td><td>50</td><td>优良</td></tr>
</table>

检查意见：

主控项目共__2__项，其中合格__2__项，优良__2__项，合格率__100__%，优良率__100__%。

一般项目共__8__项，其中合格__8__项，优良__8__项，合格率__100__%，优良率__100__%。

检验人：×××	评定人：×××	监理工程师：×××
2014年10月5日	2014年10月5日	2014年10月5日

表 3.4 平面闸门门体表面防腐蚀质量检查表

填 表 说 明

填表时必须遵守"填表基本规定"，并符合以下要求。

1．分部工程、单元工程名称填写应与第一部分水工金属结构安装工程单元工程施工质量验收评定表中表 3 相同。

2．各检验项目的检验方法及检验数量按下表执行。

<table>
<tr><th colspan="3">检验项目</th><th>检验方法</th><th>检验数量</th></tr>
<tr><td colspan="3">闸门表面清除</td><td rowspan="2">目测检查</td><td rowspan="2">全部表面</td></tr>
<tr><td colspan="3">闸门局部凹坑焊补</td></tr>
<tr><td colspan="3">灌浆堵焊</td><td>检查（或 5 倍放大镜检查）</td><td>全部灌浆孔</td></tr>
<tr><td colspan="3">表面预处理</td><td>清洁度按《涂装前钢材表面锈蚀等级和除锈等级》（GB 8923）照片对比；粗糙度用触针式轮廓仪测量或比较样板目测评定</td><td>每 $2m^2$ 表面至少要有 1 个评定点。触针式轮廓仪在 40mm 长度范围内测 5 点，取其算数平均值；比较样块法每一评定点面积不小于 $50mm^2$</td></tr>
<tr><td rowspan="5">涂料涂装</td><td colspan="2">外观检查</td><td>目测检查</td><td>安装焊缝两侧</td></tr>
<tr><td colspan="2">涂层厚度</td><td>测厚仪</td><td>平整表面，每 $10m^2$ 表面应不少于 3 个测点；结构复杂、面积较小的表面，每 $2m^2$ 表面应不少于 1 个测点；单节钢管在两端和中间的圆周上每隔 1.5m 测 1 个点</td></tr>
<tr><td colspan="2">针孔</td><td>针孔检测仪</td><td>侧重在安装环缝两侧检测，每个区域 5 个测点，探测距离 300mm 左右</td></tr>
<tr><td rowspan="2">附着力</td><td>涂膜厚度大于 250μm</td><td rowspan="2">专用刀具</td><td rowspan="2">符合《水工金属结构防腐蚀规范》（SL 105）附录"色漆和清漆漆膜的划格试验"的规定</td></tr>
<tr><td>涂膜厚度不大于 250μm</td></tr>
<tr><td rowspan="3">金属喷涂</td><td colspan="2">外观检查</td><td>目测检查</td><td>全部表面</td></tr>
<tr><td colspan="2">涂层厚度</td><td>测厚仪</td><td>平整表面上每 $10m^2$ 不少于 3 个局部厚度（取 $1dm^2$ 的基准面，每个基准面测 10 个测点，取算术平均值）</td></tr>
<tr><td colspan="2">结合性能</td><td>切割刀、布胶带</td><td>当涂层厚度不大于 200μm，在 15mm×15mm 面积内按 3mm 间距，用刀切划网格，切痕深度应将涂层切断至基体金属，再用一个辊子施以 5N 的载荷将一条合适的胶带压紧在网格部位，然后沿垂直涂层表面方向快速将胶带拉开；当涂层厚度大于 200μm，在 25mm×25mm 面积内按 5mm 间距切划网格，按上述方法检测</td></tr>
</table>

3. 平面闸门表面防腐蚀的技术要求应符合《水利工程压力钢管制造安装及验收规范》（SL 432）和《水工金属结构防腐蚀规范》（SL 105）的规定。

4. 平面闸门表面防腐蚀质量评定包括管道内外壁表面清除、局部凹坑焊补、灌浆孔堵焊和表面防腐蚀（焊缝两侧）等检验项目。

5. 单元工程安装质量检验项目质量标准。

（1）合格等级标准。

1）主控项目，检测点应100%符合合格标准。

2）一般项目，检测点应90%及以上符合合格标准，不合格点最大值不应超过其允许偏差值的1.2倍，且不合格点不应集中。

（2）优良等级标准。在合格标准基础上，主控项目和一般项目的所有检测点应90%及以上符合优良标准。

________工程

表 4　弧形闸门埋件单元工程安装质量验收评定表（样表）

<table>
<tr><td>单位工程名称</td><td colspan="3"></td><td>单元工程量</td><td colspan="2"></td></tr>
<tr><td>分部工程名称</td><td colspan="3"></td><td>安装单位</td><td colspan="2"></td></tr>
<tr><td>单元工程名称、部位</td><td colspan="3"></td><td>评定日期</td><td colspan="2"></td></tr>
<tr><td rowspan="2">项次</td><td rowspan="2">项　目</td><td colspan="2">主控项目</td><td colspan="2">一般项目</td></tr>
<tr><td>合格数</td><td>其中优良数</td><td>合格数</td><td>其中优良数</td></tr>
<tr><td>1</td><td>弧形闸门底槛安装</td><td></td><td></td><td></td><td></td></tr>
<tr><td>2</td><td>弧形闸门门楣安装</td><td></td><td></td><td></td><td></td></tr>
<tr><td>3</td><td>弧形闸门侧止水板安装</td><td></td><td></td><td></td><td></td></tr>
<tr><td>4</td><td>弧形闸门侧轮导板安装</td><td></td><td></td><td></td><td></td></tr>
<tr><td>5</td><td>弧形闸门铰座钢梁及相关埋件安装</td><td></td><td></td><td></td><td></td></tr>
<tr><td>6</td><td>焊缝外观质量</td><td></td><td></td><td></td><td></td></tr>
<tr><td>7</td><td>焊接内部质量</td><td></td><td></td><td></td><td></td></tr>
<tr><td>8</td><td>表面防腐蚀质量</td><td></td><td></td><td></td><td></td></tr>
<tr><td>安装单位自评意见</td><td colspan="5">各项报验资料符合规定。检验项目全部合格。检验项目优良率为____%，其中主控项目优良率为____%。
单元工程安装质量验收评定等级为____。
（签字，加盖公章）　　年　月　日</td></tr>
<tr><td>监理单位复核意见</td><td colspan="5">各项报验资料符合规定。检验项目全部合格。检验项目优良率为____%，其中主控项目优良率为____%。
单元工程安装质量验收核定等级为____。
（签字，加盖公章）　　年　月　日</td></tr>
<tr><td colspan="6">注　1. 主控项目和一般项目中的合格数指达到合格及其以上质量标准的项目个数。
2. 优良项目占全部项目百分率=$\frac{主控项目优良数+一般项目优良数}{检验项目总数}\times 100\%$。
3. 安装时门楣一般为最后固定，故门楣位置可按门叶实际位置进行调整。
4. 工作范围指孔口高度。</td></tr>
</table>

××× 电站____工程

表 4　弧形闸门埋件单元工程安装质量验收评定表（实例）

<table>
<tr><td colspan="2">单位工程名称</td><td>溢流坝工程</td><td colspan="2">单元工程量</td><td colspan="2">3.5t</td></tr>
<tr><td colspan="2">分部工程名称</td><td>金属结构及启闭机安装</td><td colspan="2">安装单位</td><td colspan="2">中国水利水电第×××工程局有限公司</td></tr>
<tr><td colspan="2">单元工程名称、部位</td><td>×××溢流坝闸门埋件安装</td><td colspan="2">评定日期</td><td colspan="2">2015 年 5 月 16 日</td></tr>
<tr><td rowspan="2">项次</td><td colspan="2" rowspan="2">项　目</td><td colspan="2">主控项目</td><td colspan="2">一般项目</td></tr>
<tr><td>合格数</td><td>其中优良数</td><td>合格数</td><td>其中优良数</td></tr>
<tr><td>1</td><td colspan="2">弧形闸门底槛安装</td><td>5</td><td>5</td><td>2</td><td>2</td></tr>
<tr><td>2</td><td colspan="2">弧形闸门门楣安装</td><td>4</td><td>4</td><td>1</td><td>1</td></tr>
<tr><td>3</td><td colspan="2">弧形闸门侧止水板安装</td><td>5</td><td>5</td><td>1</td><td>1</td></tr>
<tr><td>4</td><td colspan="2">弧形闸门侧轮导板安装</td><td>5</td><td>5</td><td>1</td><td>1</td></tr>
<tr><td>5</td><td colspan="2">弧形闸门铰座钢梁及相关埋件安装</td><td>6</td><td>6</td><td>4</td><td>4</td></tr>
<tr><td>6</td><td colspan="2">焊缝外观质量</td><td>5</td><td>5</td><td>7</td><td>7</td></tr>
<tr><td>7</td><td colspan="2">焊接内部质量</td><td>2</td><td>2</td><td>/</td><td>/</td></tr>
<tr><td>8</td><td colspan="2">表面防腐蚀质量</td><td>2</td><td>2</td><td>8</td><td>8</td></tr>
<tr><td>安装单位自评意见</td><td colspan="6">各项报验资料符合规定。检验项目全部合格。检验项目优良率为 100 %，其中主控项目优良率为 100 %。
单元工程安装质量验收评定等级为 优良 。
×××（签字，加盖公章）　2015 年 5 月 16 日</td></tr>
<tr><td>监理单位复核意见</td><td colspan="6">各项报验资料符合规定。检验项目全部合格。检验项目优良率为 100 %，其中主控项目优良率为 100 %。
单元工程安装质量验收评定等级为 优良 。
×××（签字，加盖公章）　2015 年 5 月 16 日</td></tr>
<tr><td colspan="7">注　1. 主控项目和一般项目中的合格数指达到合格及其以上质量标准的项目个数。
2. 优良项目占全部项目百分率 $=\frac{\text{主控项目优良数}+\text{一般项目优良数}}{\text{检验项目总数}}\times 100\%$
3. 安装时门楣一般为最后固定，故门楣位置可按门叶实际位置进行调整。
4. 工作范围指孔口高度。</td></tr>
</table>

表4　弧形闸门埋件单元工程安装质量验收评定表

填　表　说　明

填表时必须遵守“填表基本规定”，并符合以下要求。

1. 单元工程划分：宜以每孔闸门埋件的安装划分为一个单元工程。

2. 单元工程量：填写本单元埋件重量（t）。

3. 本表是在第一部分水工金属结构安装工程单元工程施工质量验收评定表中表4.1～4.8检查表质量评定合格基础上进行的。

4. 单元工程施工质量验收评定应提交下列资料。

（1）施工单位应提供埋件的安装图样、安装记录、埋件焊接与表面防腐蚀记录、重大缺陷处理记录等资料。

（2）监理单位应提交对单元工程施工质量的平行检测资料。

5. 弧形闸门埋件的安装、表面防腐蚀及检查等技术要求应符合《水利水电工程钢闸门制造、安装及验收规范》（GB/T 14173）和设计文件的规定。

6. 弧形闸门埋件安装质量评定包括底槛、门楣、侧止水板、侧轮导板安装、铰座钢梁安装和表面方附属等检验项目。

7. 弧形闸门埋件焊接与表面防腐蚀质量应符合《水利水电工程单元工程施工质量验收评定标准——水工金属结构安装工程》（SL 635—2012）第4章的相关规定。

8. 单元工程安装质量评定标准。

（1）合格等级标准。

1）各检验项目均达到合格等级及以上标准。

2）设备的试验和试运行符合《水利水电工程单元工程施工质量验收评定标准——水工金属结构安装工程》（SL 635—2012）及相关专业标准的规定；各项报验资料符合《水利水电工程单元工程施工质量验收评定标准——水工金属结构安装工程》（SL 635—2012）的要求。

（2）优良等级标准。在合格等级标准基础上，安装质量检验项目中优良项目占全部项目70%及以上，且主控项目100%优良。

______________工程

表 4.1　　弧形闸门底槛安装质量检查表（样表）

编号：__________

<table>
<tr><td colspan="3">分部工程名称</td><td colspan="3"></td><td>单元工程名称</td><td colspan="3"></td></tr>
<tr><td colspan="3">安装部位</td><td colspan="3"></td><td>安装内容</td><td colspan="3"></td></tr>
<tr><td colspan="3">安装单位</td><td colspan="3"></td><td>开/完工日期</td><td colspan="3"></td></tr>
<tr><td colspan="2">项次</td><td colspan="3">检验项目</td><td>质量要求</td><td>实测值</td><td>合格数</td><td>优良数</td><td>质量等级</td></tr>
<tr><td rowspan="8">主控项目</td><td>1</td><td colspan="3">对孔口中心线 b（工作范围内）</td><td>±5.0mm</td><td></td><td></td><td></td><td></td></tr>
<tr><td rowspan="2">2</td><td colspan="2" rowspan="2">工作表面一端对另一端的高差（L 为闸门宽度）</td><td>L<10000mm</td><td>2.0mm</td><td></td><td></td><td></td><td></td></tr>
<tr><td>L≥10000mm</td><td>3.0mm</td><td></td><td></td><td></td><td></td></tr>
<tr><td>3</td><td colspan="3">工作表面平面度</td><td>2.0mm</td><td></td><td></td><td></td><td></td></tr>
<tr><td>4</td><td colspan="3">工作表面组合处的错位</td><td>1.0mm</td><td></td><td></td><td></td><td></td></tr>
<tr><td rowspan="3">5</td><td rowspan="3">表面扭曲值 f</td><td rowspan="3">工作范围内表面宽度 B</td><td>B<100mm</td><td>1.0mm</td><td></td><td></td><td></td><td></td></tr>
<tr><td>B=100～200mm</td><td>1.5mm</td><td></td><td></td><td></td><td></td></tr>
<tr><td>B>200mm</td><td>2.0mm</td><td></td><td></td><td></td><td></td></tr>
<tr><td rowspan="2">一般项目</td><td>1</td><td colspan="3">里程</td><td>±5.0mm</td><td></td><td></td><td></td><td></td></tr>
<tr><td>2</td><td colspan="3">高程</td><td>±5.0mm</td><td></td><td></td><td></td><td></td></tr>
<tr><td colspan="10">检查意见：
主控项目共____项，其中合格____项，优良____项，合格率____%，优良率____%。
一般项目共____项，其中合格____项，优良____项，合格率____%，优良率____%。</td></tr>
<tr><td colspan="4">检验人：（签字）
年　月　日</td><td colspan="3">评定人：（签字）
年　月　日</td><td colspan="3">监理工程师：（签字）
年　月　日</td></tr>
</table>

×××电站　　工程

表 4.1　　弧形闸门底槛安装质量检查表（实例）

编号：＿＿＿＿＿＿

<table>
<tr><td>分部工程名称</td><td>金属结构及启闭机安装</td><td>单元工程名称</td><td>×××溢流坝闸门埋件安装</td></tr>
<tr><td>安装部位</td><td>底槛</td><td>安装内容</td><td>底槛安装</td></tr>
<tr><td>安装单位</td><td>中国水利水电第×××工程局有限公司</td><td>开/完工日期</td><td>2015 年 5 月 1—16 日</td></tr>
</table>

<table>
<tr><td colspan="2">项次</td><td colspan="3">检验项目</td><td>质量要求</td><td>实测值</td><td>合格数</td><td>优良数</td><td>质量等级</td></tr>
<tr><td rowspan="8">主控项目</td><td>1</td><td colspan="3">对孔口中心线 b（工作范围内）</td><td>±5.0mm</td><td>设计值 b 为 6000mm，实测值为 6002mm、6001mm、6002mm、6002mm、6001mm、6000mm</td><td>6</td><td>6</td><td>优良</td></tr>
<tr><td rowspan="2">2</td><td colspan="2" rowspan="2">工作表面一端对另一端的高差（L 为闸门宽度）</td><td>$L<10000$mm</td><td>2.0mm</td><td>/</td><td>/</td><td>/</td><td>/</td></tr>
<tr><td>$L\geqslant10000$mm</td><td>3.0mm</td><td>设计值 L 为 12000mm，实测值为 12001mm、12001mm、12002mm、12002mm</td><td>4</td><td>4</td><td>优良</td></tr>
<tr><td>3</td><td colspan="3">工作表面平面度</td><td>2.0mm</td><td>检查工作表面平面高程 10 组，得到平面度为0.5～0.8mm，详见测量数据</td><td>10</td><td>10</td><td>优良</td></tr>
<tr><td>4</td><td colspan="3">工作表面组合处的错位</td><td>1.0mm</td><td>检查工作表面结合处两平面高程 4 组，得到错位值为 0.5mm、0.5mm、0.7mm、0.6mm</td><td>4</td><td>4</td><td>优良</td></tr>
<tr><td rowspan="3">5</td><td rowspan="3">表面扭曲值 f</td><td rowspan="3">工作范围内表面宽度 B</td><td>$B<100$mm</td><td>1.0mm</td><td>/</td><td>/</td><td>/</td><td>/</td></tr>
<tr><td>$B=100\sim200$mm</td><td>1.5mm</td><td>设计值 B 为 200mm，f 设计值为 220.0mm，实测值为 220.5mm、221.0mm、220.8mm、220.8mm</td><td>4</td><td>4</td><td>优良</td></tr>
<tr><td>$B>200$mm</td><td>2.0mm</td><td>/</td><td>/</td><td>/</td><td>/</td></tr>
<tr><td rowspan="2">一般项目</td><td>1</td><td colspan="3">里程</td><td>±5.0mm</td><td>设计值为 3+034.000m，实测值为 3+036.002m、3+036.004m</td><td>2</td><td>2</td><td>优良</td></tr>
<tr><td>2</td><td colspan="3">高程</td><td>±5.0mm</td><td>设计值为 456720mm，实测值 456722mm、456723mm</td><td>2</td><td>2</td><td>优良</td></tr>
<tr><td colspan="10">检查意见：
主控项目共＿5＿项，其中合格＿5＿项，优良＿5＿项，合格率＿100＿%，优良率＿100＿%。
一般项目共＿2＿项，其中合格＿2＿项，优良＿2＿项，合格率＿100＿%，优良率＿100＿%。</td></tr>
</table>

<table>
<tr><td>检验人：×××

2015 年 5 月 16 日</td><td>评定人：×××

2015 年 5 月 16 日</td><td>监理工程师：×××

2015 年 5 月 16 日</td></tr>
</table>

表 4.1　弧形闸门底槛安装质量检查表

填　表　说　明

填表时必须遵守“填表基本规定”，并符合以下要求。

1. 分部工程、单元工程名称填写应与第一部分水工金属结构安装工程单元工程施工质量验收评定表中表 4 相同。

2. 单元工程安装质量检验项目质量标准。

（1） 合格等级标准。

1） 主控项目，检测点应 100%符合合格标准。

2） 一般项目，检测点应 90%及以上符合合格标准，不合格点最大值不应超过其允许偏差值的 1.2 倍，且不合格点不应集中。

（2） 优良等级标准。在合格等级标准基础上，主控项目和一般项目的所有检测点应 90%及以上符合优良标准。

3. 表中数值为允许偏差值。

________________工程

表 4.2 弧形闸门门楣安装质量检查表（样表）

编号：__________

<table>
<tr><td colspan="4">分部工程名称</td><td></td><td>单元工程名称</td><td colspan="4"></td></tr>
<tr><td colspan="4">安装部位</td><td></td><td>安装内容</td><td colspan="4"></td></tr>
<tr><td colspan="4">安装单位</td><td></td><td>开/完工日期</td><td colspan="4"></td></tr>
<tr><td colspan="2">项次</td><td colspan="3">检验项目</td><td>质量要求</td><td>实测值</td><td>合格数</td><td>优良数</td><td>质量等级</td></tr>
<tr><td rowspan="5">主控项目</td><td>1</td><td colspan="3">门楣中心对底槛面的距离 h</td><td>±3.0mm</td><td></td><td></td><td></td><td></td></tr>
<tr><td>2</td><td colspan="3">工作表面平面度</td><td>2.0mm</td><td></td><td></td><td></td><td></td></tr>
<tr><td>3</td><td colspan="3">工作表面组合处的错位</td><td>0.5mm</td><td></td><td></td><td></td><td></td></tr>
<tr><td rowspan="2">4</td><td rowspan="2">表面扭曲值 f</td><td rowspan="2">工作范围内表面宽度 B</td><td>B<100mm</td><td>1.0mm</td><td></td><td></td><td></td><td></td></tr>
<tr><td>B=100～200mm</td><td>1.5mm</td><td></td><td></td><td></td><td></td></tr>
<tr><td>一般项目</td><td>1</td><td colspan="3">里程</td><td>−1.0～+2.0mm</td><td></td><td></td><td></td><td></td></tr>
<tr><td colspan="10">检查意见：
主控项目共____项，其中合格____项，优良____项，合格率____%，优良率____%。
一般项目共____项，其中合格____项，优良____项，合格率____%，优良率____%。</td></tr>
<tr><td colspan="4">检验人：（签字）
年　月　日</td><td colspan="2">评定人：（签字）
年　月　日</td><td colspan="4">监理工程师：（签字）
年　月　日</td></tr>
</table>

<u>×××电站</u> 工程

表 4.2 弧形闸门门楣安装质量检查表（实例）

编号：__________

<table>
<tr><td colspan="3">分部工程名称</td><td colspan="3">金属结构及启闭机安装</td><td>单元工程名称</td><td colspan="3">×××溢流坝闸门埋件安装</td></tr>
<tr><td colspan="3">安装部位</td><td colspan="3">门楣</td><td>安装内容</td><td colspan="3">门楣安装</td></tr>
<tr><td colspan="3">安装单位</td><td colspan="3">中国水利水电第×××工程局有限公司</td><td>开/完工日期</td><td colspan="3">2015 年 5 月 1—16 日</td></tr>
<tr><td colspan="2">项次</td><td colspan="3">检验项目</td><td>质量要求</td><td>实测值</td><td>合格数</td><td>优良数</td><td>质量等级</td></tr>
<tr><td rowspan="5">主控项目</td><td>1</td><td colspan="3">门楣中心对底槛面的距离 h</td><td>±3.0mm</td><td>设计值 h=7000mm，实测值为 6999mm、7001mm、7001mm、7002mm</td><td>4</td><td>4</td><td>优良</td></tr>
<tr><td>2</td><td colspan="3">工作表面平面度</td><td>2.0mm</td><td>检查工作表面平面高程 4 组，得到平面度为 1.1mm、0.8mm、0.8mm、1.0mm</td><td>4</td><td>4</td><td>优良</td></tr>
<tr><td>3</td><td colspan="3">工作表面组合处的错位</td><td>0.5mm</td><td>检查工作表面结合处两平面高程 4 组，得到错位值为 0.3mm、0.2mm、0.3mm、0.2mm</td><td>4</td><td>4</td><td>优良</td></tr>
<tr><td rowspan="2">4</td><td rowspan="2">表面扭曲值 f</td><td rowspan="2">工作范围内表面宽度 B</td><td>B<100mm</td><td>1.0mm</td><td>/</td><td>/</td><td>/</td><td>/</td></tr>
<tr><td>B=100～200mm</td><td>1.5mm</td><td>设计值 B=150mm，f 为 120.0mm，实测值为 120.5mm、120.6mm、120.8mm、120.8mm</td><td>4</td><td>4</td><td>优良</td></tr>
<tr><td>一般项目</td><td>1</td><td colspan="3">里程</td><td>−1.0～+2.0mm</td><td>设计值为 3+325.000m，实测值为 3+325.001m、3+325.002m</td><td>2</td><td>2</td><td>优良</td></tr>
<tr><td colspan="10">检查意见：
主控项目共 <u>4</u> 项，其中合格 <u>4</u> 项，优良 <u>4</u> 项，合格率 <u>100</u> %，优良率 <u>100</u> %。
一般项目共 <u>1</u> 项，其中合格 <u>1</u> 项，优良 <u>1</u> 项，合格率 <u>100</u> %，优良率 <u>100</u> %。</td></tr>
<tr><td colspan="4">检验人：×××
2015 年 5 月 16 日</td><td colspan="3">评定人：×××
2015 年 5 月 16 日</td><td colspan="3">监理工程师：×××
2015 年 5 月 16 日</td></tr>
</table>

表 4.2　弧形闸门门楣安装质量检查表

填　表　说　明

填表时必须遵守“填表基本规定”，并符合以下要求。

1. 分部工程、单元工程名称填写应与第一部分水工金属结构安装工程单元工程施工质量验收评定表中表 4 相同。

2. 单元工程安装质量检验项目质量标准。

（1）合格等级标准。

1）主控项目，检测点应 100％符合合格标准。

2）一般项目，检测点应 90％及以上符合合格标准，不合格点最大值不应超过其允许偏差值的 1.2 倍，且不合格点不应集中。

（2）优良等级标准。在合格等级标准基础上，主控项目和一般项目的所有检测点应 90％及以上符合优良标准。

3. 表中数值为允许偏差值。

________工程

表 4.3　弧形闸门侧止水板安装质量检查表（样表）

编号：________

<table>
<tr><td colspan="3">分部工程名称</td><td colspan="2"></td><td colspan="2">单元工程名称</td><td colspan="3"></td></tr>
<tr><td colspan="3">安装部位</td><td colspan="2"></td><td colspan="2">安装内容</td><td colspan="3"></td></tr>
<tr><td colspan="3">安装单位</td><td colspan="2"></td><td colspan="2">开/完工日期</td><td colspan="3"></td></tr>
<tr><td colspan="2" rowspan="2">项次</td><td colspan="3" rowspan="2">检验项目</td><td colspan="2">质量要求</td><td rowspan="2">实测值</td><td rowspan="2">合格数</td><td rowspan="2">优良数</td><td rowspan="2">质量等级</td></tr>
<tr><td>潜孔式</td><td>露顶式</td></tr>
<tr><td rowspan="7">主控项目</td><td>1</td><td colspan="3">对孔口中心线 b（工作范围内）</td><td>±2.0mm</td><td>−2.0～+3.0mm</td><td></td><td></td><td></td><td></td></tr>
<tr><td>2</td><td colspan="3">工作表面平面度</td><td>2.0mm</td><td>2.0mm</td><td></td><td></td><td></td><td></td></tr>
<tr><td>3</td><td colspan="3">工作表面组合处的错位</td><td>1.0mm</td><td>1.0mm</td><td></td><td></td><td></td><td></td></tr>
<tr><td>4</td><td colspan="3">侧止水板和侧轮导板中心线的曲率半径</td><td>±5.0mm</td><td>±5.0mm</td><td></td><td></td><td></td><td></td></tr>
<tr><td rowspan="3">5</td><td rowspan="3">表面扭曲值 f</td><td rowspan="3">工作范围内表面宽度 B</td><td>B<100mm</td><td>1.0mm</td><td>1.0mm</td><td></td><td></td><td></td><td></td></tr>
<tr><td>B=100～200mm</td><td>1.5mm</td><td>1.5mm</td><td></td><td></td><td></td><td></td></tr>
<tr><td>B>200mm</td><td>2.0mm</td><td>2.0mm</td><td></td><td></td><td></td><td></td></tr>
<tr><td rowspan="2">一般项目</td><td>1</td><td colspan="3">对孔口中心线 b（工作范围外）</td><td>−2.0～+4.0mm</td><td>−2.0～+6.0mm</td><td></td><td></td><td></td><td></td></tr>
<tr><td>2</td><td>表面扭曲值 f</td><td colspan="2">工作范围外表面宽度 B</td><td>2.0mm</td><td>2.0mm</td><td></td><td></td><td></td><td></td></tr>
<tr><td colspan="11">检查意见：
主控项目共____项，其中合格____项，优良____项，合格率____%，优良率____%。
一般项目共____项，其中合格____项，优良____项，合格率____%，优良率____%。</td></tr>
<tr><td colspan="4">检验人：（签字）
年　月　日</td><td colspan="3">评定人：（签字）
年　月　日</td><td colspan="4">监理工程师：（签字）
年　月　日</td></tr>
</table>

×××电站　　工程

表 4.3　　弧形闸门侧止水板安装质量检查表（实例）

编号：____________

<table>
<tr><td colspan="3">分部工程名称</td><td colspan="3">金属结构及启闭机安装</td><td colspan="2">单元工程名称</td><td colspan="3">×××溢流坝闸门埋件安装</td></tr>
<tr><td colspan="3">安装部位</td><td colspan="3">侧止水板</td><td colspan="2">安装内容</td><td colspan="3">侧止水板（露顶式）安装</td></tr>
<tr><td colspan="3">安装单位</td><td colspan="3">中国水利水电第×××工程局有限公司</td><td colspan="2">开/完工日期</td><td colspan="3">2015 年 5 月 1—16 日</td></tr>
<tr><td colspan="2" rowspan="2">项次</td><td colspan="3" rowspan="2">检验项目</td><td colspan="2">质量要求</td><td rowspan="2">实测值</td><td rowspan="2">合格数</td><td rowspan="2">优良数</td><td rowspan="2">质量等级</td></tr>
<tr><td>潜孔式</td><td>露顶式</td></tr>
<tr><td rowspan="7">主控项目</td><td>1</td><td colspan="3">对孔口中心线 b（工作范围内）</td><td>±2.0mm</td><td>−2.0～+3.0mm</td><td>设计值 b 为 5996mm；
左侧实测值为 5996.5～5998mm，共测 4 点；
右侧实测值为 5996～5998mm，共测 4 点，详见测量数据</td><td>8</td><td>8</td><td>优良</td></tr>
<tr><td>2</td><td colspan="3">工作表面平面度</td><td>2.0mm</td><td>2.0mm</td><td>检查工作表面平面高程 4 组，得到平面度 4 组，左侧为 0.6mm、0.9mm，右侧为 0.7mm、0.5mm</td><td>4</td><td>4</td><td>优良</td></tr>
<tr><td>3</td><td colspan="3">工作表面组合处的错位</td><td>1.0mm</td><td>1.0mm</td><td>检查工作表面结合处两平面高程 4 组，得到错位值左侧为 0.3mm、0.3mm，右侧为 0.5mm、0.6mm</td><td>4</td><td>4</td><td>优良</td></tr>
<tr><td>4</td><td colspan="3">侧止水板和侧轮导板中心线的曲率半径</td><td>±5.0mm</td><td>±5.0mm</td><td>设计值为 12030.0mm；
左侧实测值为 12031.0mm、12031.5mm；
右侧实测值为 12031.0mm、12032.0mm</td><td>4</td><td>4</td><td>优良</td></tr>
<tr><td rowspan="3">5</td><td rowspan="3">表面扭曲值 f</td><td rowspan="3">工作范围内表面宽度 B</td><td>B＜100mm</td><td>1.0mm</td><td>1.0mm</td><td>/</td><td>/</td><td>/</td><td>/</td></tr>
<tr><td>B＝100～200mm</td><td>1.5mm</td><td>1.5mm</td><td>设计值 B、f 分别为 100.0mm、200.0mm，实测值分别为 200.5mm、201.0mm</td><td>2</td><td>2</td><td>优良</td></tr>
<tr><td>B＞200mm</td><td>2.0mm</td><td>2.0mm</td><td>/</td><td>/</td><td>/</td><td>/</td></tr>
<tr><td rowspan="2">一般项目</td><td>1</td><td colspan="3">对孔口中心线 b（工作范围外）</td><td>−2.0～+4.0mm</td><td>−2.0～+6.0mm</td><td>设计值 b 为 5996mm；
左侧实测值为 5996～5999mm，共测 4 点；
右侧实测值为 5997～5999mm，共测 4 点</td><td>8</td><td>8</td><td>优良</td></tr>
<tr><td>2</td><td>表面扭曲值 f</td><td colspan="2">工作范围外表面宽度 B</td><td>2.0mm</td><td>2.0mm</td><td>/</td><td>/</td><td>/</td><td>/</td></tr>
<tr><td colspan="11">检查意见：
主控项目共 <u>5</u> 项，其中合格 <u>5</u> 项，优良 <u>5</u> 项，合格率 <u>100</u> %，优良率 <u>100</u> %。
一般项目共 <u>1</u> 项，其中合格 <u>1</u> 项，优良 <u>1</u> 项，合格率 <u>100</u> %，优良率 <u>100</u> %。</td></tr>
<tr><td colspan="4">检验人：×××
2015 年 5 月 16 日</td><td colspan="4">评定人：×××
2015 年 5 月 16 日</td><td colspan="3">监理工程师：×××
2015 年 5 月 16 日</td></tr>
</table>

表 4.3 弧形闸门侧止水板安装质量检查表

填 表 说 明

填表时必须遵守“填表基本规定”，并符合以下要求。

1. 分部工程、单元工程名称填写应与第一部分水工金属结构安装工程单元工程施工质量验收评定表中表 4 相同。

2. 单元工程安装质量检验项目质量标准。

(1) 合格等级标准。

1) 主控项目，检测点应 100%符合合格标准。

2) 一般项目，检测点应 90%及以上符合合格标准，不合格点最大值不应超过其允许偏差值的 1.2 倍，且不合格点不应集中。

(2) 优良等级标准。在合格等级标准基础上，主控项目和一般项目的所有检测点应 90%及以上符合优良标准。

3. 表中数值为允许偏差值。

______________工程

表 4.4　　弧形闸门侧轮导板安装质量检查表（样表）

编号：__________

<table>
<tr><td colspan="3">分部工程名称</td><td colspan="3"></td><td>单元工程名称</td><td colspan="4"></td></tr>
<tr><td colspan="3">安装部位</td><td colspan="3"></td><td>安装内容</td><td colspan="4"></td></tr>
<tr><td colspan="3">安装单位</td><td colspan="3"></td><td>开/完工日期</td><td colspan="4"></td></tr>
<tr><td colspan="2">项次</td><td colspan="3">检验项目</td><td>质量要求</td><td colspan="2">实测值</td><td>合格数</td><td>优良数</td><td>质量等级</td></tr>
<tr><td rowspan="7">主控项目</td><td>1</td><td colspan="3">对孔口中心线 b（工作范围内）</td><td>−2.0～+3.0mm</td><td colspan="2"></td><td></td><td></td><td></td></tr>
<tr><td>2</td><td colspan="3">工作表面平面度</td><td>2.0mm</td><td colspan="2"></td><td></td><td></td><td></td></tr>
<tr><td>3</td><td colspan="3">工作表面组合处的错位</td><td>1.0mm</td><td colspan="2"></td><td></td><td></td><td></td></tr>
<tr><td>4</td><td colspan="3">侧止水板和侧轮导板中心线的曲率半径</td><td>±5.0mm</td><td colspan="2"></td><td></td><td></td><td></td></tr>
<tr><td rowspan="3">5</td><td rowspan="3">表面扭曲值 f</td><td rowspan="3">工作范围内表面宽度 B</td><td>B＜100mm</td><td>2.0mm</td><td colspan="2"></td><td></td><td></td><td></td></tr>
<tr><td>B＝100～200mm</td><td>2.5mm</td><td colspan="2"></td><td></td><td></td><td></td></tr>
<tr><td>B＞200mm</td><td>3.0mm</td><td colspan="2"></td><td></td><td></td><td></td></tr>
<tr><td rowspan="2">一般项目</td><td>1</td><td colspan="3">对孔口中心线 b（工作范围外）</td><td>−2.0～+6.0mm</td><td colspan="2"></td><td></td><td></td><td></td></tr>
<tr><td>2</td><td>表面扭曲值 f</td><td colspan="2">工作范围外允许增加值</td><td>2.0mm</td><td colspan="2"></td><td></td><td></td><td></td></tr>
<tr><td colspan="11">检查意见：
主控项目共____项，其中合格____项，优良____项，合格率____%，优良率____%。
一般项目共____项，其中合格____项，优良____项，合格率____%，优良率____%。</td></tr>
<tr><td colspan="4">检验人：（签字）
年　月　日</td><td colspan="4">评定人：（签字）
年　月　日</td><td colspan="3">监理工程师：（签字）
年　月　日</td></tr>
</table>

×××电站______工程

表 4.4　　弧形闸门侧轮导板安装质量检查表（实例）

编号：____________

<table>
<tr><td colspan="2">分部工程名称</td><td colspan="3">金属结构及启闭机安装</td><td>单元工程名称</td><td colspan="4">×××溢流坝闸门埋件安装</td></tr>
<tr><td colspan="2">安装部位</td><td colspan="3">侧止水板</td><td>安装内容</td><td colspan="4">侧轮导轨安装</td></tr>
<tr><td colspan="2">安装单位</td><td colspan="3">中国水利水电第×××工程局有限公司</td><td>开/完工日期</td><td colspan="4">2015 年 5 月 1—16 日</td></tr>
<tr><td colspan="2">项次</td><td colspan="3">检验项目</td><td>质量要求</td><td>实测值</td><td>合格数</td><td>优良数</td><td>质量等级</td></tr>
<tr><td rowspan="7">主控项目</td><td>1</td><td colspan="3">对孔口中心线 b（工作范围内）</td><td>－2.0～＋3.0mm</td><td>设计值 b 为 6000.0mm；
左侧实测值为 6000.0～6002.0mm，共 4 点；
右侧实测值为 6000.5～6002.0mm，共 4 点，详见测量数据</td><td>8</td><td>8</td><td>优良</td></tr>
<tr><td>2</td><td colspan="3">工作表面平面度</td><td>2.0mm</td><td>检查工作表面平面高程 4 组，得到平面度 4 组，左侧为 0.5mm、0.8mm，右侧为 0.9mm、0.8mm</td><td>4</td><td>4</td><td>优良</td></tr>
<tr><td>3</td><td colspan="3">工作表面组合处的错位</td><td>1.0mm</td><td>检查工作表面结合处两平面高程 4 组，得到错位值左侧为 0.6mm、0.6mm，右侧为 0.7mm、0.8mm</td><td>4</td><td>4</td><td>优良</td></tr>
<tr><td>4</td><td colspan="3">侧止水板和侧轮导板中心线的曲率半径</td><td>±5.0mm</td><td>设计值为 11770mm；
左侧实测值为 11770～11772mm，共 4 点；
右侧实测值为 11771～11773mm，共 4 点</td><td>8</td><td>8</td><td>优良</td></tr>
<tr><td rowspan="3">5</td><td rowspan="3">表面扭曲值 f</td><td rowspan="3">工作范围内表面宽度 B</td><td>B＜100mm</td><td>2.0mm</td><td>/</td><td>/</td><td>/</td><td>/</td></tr>
<tr><td>B＝100～200mm</td><td>2.5mm</td><td>/</td><td>/</td><td>/</td><td>/</td></tr>
<tr><td>B＞200mm</td><td>3.0mm</td><td>设计值 B＝320mm，f 设计值为 200mm，实测值为 201mm、201mm、202mm、201mm</td><td>4</td><td>4</td><td>优良</td></tr>
<tr><td rowspan="2">一般项目</td><td>1</td><td colspan="3">对孔口中心线 b（工作范围外）</td><td>－2.0～＋6.0mm</td><td>设计值 b＝6000mm；
左侧实测值为 6000～6004mm，共 4 点；
右侧实测值为 6000.5～6003.0mm，共 4 点。详见测量数据</td><td>8</td><td>8</td><td>优良</td></tr>
<tr><td>2</td><td>表面扭曲值 f</td><td colspan="2">工作范围外允许增加值</td><td>2.0mm</td><td>/</td><td>/</td><td>/</td><td>/</td></tr>
<tr><td colspan="10">检查意见：
主控项目共 5 项，其中合格 5 项，优良 5 项，合格率 100 %，优良率 100 %。
一般项目共 1 项，其中合格 1 项，优良 1 项，合格率 100 %，优良率 100 %。</td></tr>
<tr><td colspan="3">检验人：×××

2015 年 5 月 16 日</td><td colspan="3">评定人：×××

2015 年 5 月 16 日</td><td colspan="4">监理工程师：×××

2015 年 5 月 16 日</td></tr>
</table>

表 4.4　弧形闸门侧轮导板安装质量检查表

填　表　说　明

填表时必须遵守“填表基本规定”，并符合以下要求。

1. 分部工程、单元工程名称填写应与第一部分水工金属结构安装工程单元工程施工质量验收评定表中表 4 相同。

2. 单元工程安装质量检验项目质量标准。

（1） 合格等级标准。

1） 主控项目，检测点应 100%符合合格标准。

2） 一般项目，检测点应 90%及以上符合合格标准，不合格点最大值不应超过其允许偏差值的 1.2 倍，且不合格点不应集中。

（2） 优良等级标准。在合格等级标准基础上，主控项目和一般项目的所有检测点应 90%及以上符合优良标准。

3. 表中数值为允许偏差值。

________工程

表 4.5　弧形闸门铰座钢梁及其相关埋件安装质量检查表（样表）

编号：________

<table>
<tr><td colspan="3">分部工程名称</td><td colspan="2"></td><td>单元工程名称</td><td colspan="3"></td></tr>
<tr><td colspan="3">安装部位</td><td colspan="2"></td><td>安装内容</td><td colspan="3"></td></tr>
<tr><td colspan="3">安装单位</td><td colspan="2"></td><td>开/完工日期</td><td colspan="3"></td></tr>
<tr><td colspan="2" rowspan="2">项次</td><td colspan="2" rowspan="2">检验项目</td><td colspan="2">质量要求</td><td rowspan="2">实测值</td><td rowspan="2">合格数</td><td rowspan="2">优良数</td><td rowspan="2">质量等级</td></tr>
<tr><td>潜孔式</td><td>露顶式</td></tr>
<tr><td rowspan="6">主控项目</td><td>1</td><td rowspan="4">铰座钢梁</td><td>铰座钢梁里程</td><td colspan="2">±1.5mm</td><td></td><td></td><td></td><td></td></tr>
<tr><td>2</td><td>铰座钢梁高程</td><td colspan="2">±1.5mm</td><td></td><td></td><td></td><td></td></tr>
<tr><td>3</td><td>铰座钢梁中心对孔口中心距离</td><td colspan="2">±1.5mm</td><td></td><td></td><td></td><td></td></tr>
<tr><td>4</td><td>铰座钢梁倾斜度（L 为铰座钢梁倾斜的水平投影尺寸，mm）</td><td colspan="2">L/1000</td><td></td><td></td><td></td><td></td></tr>
<tr><td>5</td><td rowspan="2">埋件</td><td>两侧止水板间距</td><td>−3.0～+4.0mm</td><td>−3.0～+5.0mm</td><td></td><td></td><td></td><td></td></tr>
<tr><td>6</td><td>两侧轮导板距离</td><td>−3.0～+5.0mm</td><td>−3.0～+5.0mm</td><td></td><td></td><td></td><td></td></tr>
<tr><td rowspan="4">一般项目</td><td>1</td><td>铰座钢梁</td><td>铰座基础螺栓中心</td><td colspan="2">1.0mm</td><td></td><td></td><td></td><td></td></tr>
<tr><td>2</td><td rowspan="3">埋件</td><td>底槛中心与铰座中心水平距离</td><td>±4.0mm</td><td>±5.0mm</td><td></td><td></td><td></td><td></td></tr>
<tr><td>3</td><td>铰座中心和底槛垂直距离</td><td>±4.0mm</td><td>±5.0mm</td><td></td><td></td><td></td><td></td></tr>
<tr><td>4</td><td>侧止水板中心曲率半径</td><td>±4.0mm</td><td>±6.0mm</td><td></td><td></td><td></td><td></td></tr>
<tr><td colspan="10">检查意见：
主控项目共____项，其中合格____项，优良____项，合格率____%，优良率____%。
一般项目共____项，其中合格____项，优良____项，合格率____%，优良率____%。</td></tr>
<tr><td colspan="4">检验人：（签字）
年　月　日</td><td colspan="3">评定人：（签字）
年　月　日</td><td colspan="3">监理工程师：（签字）
年　月　日</td></tr>
</table>

______×××电站______工程

表 4.5　弧形闸门铰座钢梁及其相关埋件安装质量检查表（实例）

编号：____________

<table>
<tr><td colspan="3">分部工程名称</td><td colspan="3">金属结构及启闭机安装</td><td colspan="2">单元工程名称</td><td colspan="3">×××溢流坝闸门埋件安装</td></tr>
<tr><td colspan="3">安装部位</td><td colspan="3">铰座钢梁及其相关埋件</td><td colspan="2">安装内容</td><td colspan="3">铰座钢梁（露顶式）
及其相关埋件安装</td></tr>
<tr><td colspan="3">安装单位</td><td colspan="3">中国水利水电第×××工程局有限公司</td><td colspan="2">开/完工日期</td><td colspan="3">2015 年 5 月 1—16 日</td></tr>
<tr><td colspan="2" rowspan="2">项次</td><td colspan="2" rowspan="2">检验项目</td><td colspan="2">质量要求</td><td rowspan="2" colspan="2">实测值</td><td rowspan="2">合格数</td><td rowspan="2">优良数</td><td rowspan="2">质量等级</td></tr>
<tr><td>潜孔式</td><td>露顶式</td></tr>
<tr><td rowspan="6">主控项目</td><td>1</td><td rowspan="4">铰座钢梁</td><td>铰座钢梁里程</td><td colspan="2">±1.5mm</td><td colspan="2">设计值为 0＋14383mm，左侧实测值为 0＋14384mm，右侧为 0＋14384mm</td><td>2</td><td>2</td><td>优良</td></tr>
<tr><td>2</td><td>铰座钢梁高程</td><td colspan="2">±1.5mm</td><td colspan="2">设计值为 462075mm，左侧实测值为 462076mm，右侧实测值为 462075mm</td><td>2</td><td>2</td><td>优良</td></tr>
<tr><td>3</td><td>铰座钢梁中心对孔口中心距离</td><td colspan="2">±1.5mm</td><td colspan="2">设计值为 5250mm，左侧实测值为 5251mm，右侧实测值为 5251mm</td><td>2</td><td>2</td><td>优良</td></tr>
<tr><td>4</td><td>铰座钢梁倾斜度（L 为铰座钢梁倾斜的水平投影尺寸，mm）</td><td colspan="2">L/1000</td><td colspan="2">设计值 L 为 844mm，左侧实测值为 844.5mm、844.3mm，右侧实测值为 844.5mm、844.5mm</td><td>4</td><td>4</td><td>优良</td></tr>
<tr><td>5</td><td rowspan="2">埋件</td><td>两侧止水板间距</td><td>－3.0～＋4.0mm</td><td>－3.0～＋5.0mm</td><td colspan="2">设计值为 11992mm，实测值为 11992～11994mm，共测 8 点，详见测量数据</td><td>8</td><td>8</td><td>优良</td></tr>
<tr><td>6</td><td>两侧轮导板距离</td><td>－3.0～＋5.0mm</td><td>－3.0～＋5.0mm</td><td colspan="2">设计值为 12000mm，实测值为 12000～12003mm，共测 8 点，详见测量数据</td><td>8</td><td>8</td><td>优良</td></tr>
</table>

续表

<table>
<tr><td colspan="2" rowspan="2">项次</td><td colspan="2" rowspan="2">检验项目</td><td colspan="2">质量要求</td><td rowspan="2">实测值</td><td rowspan="2">合格数</td><td rowspan="2">优良数</td><td rowspan="2">质量等级</td></tr>
<tr><td>潜孔式</td><td>露顶式</td></tr>
<tr><td rowspan="4">一般项目</td><td>1</td><td>铰座钢梁</td><td>铰座基础螺栓中心</td><td colspan="2">1.0mm</td><td>左侧实测值为水平方向偏差0.5mm、竖直方向偏差0.5mm，右侧实测值为水平方向偏差0.6mm、竖直方向偏差0.5mm</td><td>4</td><td>4</td><td>优良</td></tr>
<tr><td>2</td><td rowspan="3">埋件</td><td>底槛中心与铰座中心水平距离</td><td>±4.0mm</td><td>±5.0mm</td><td>设计值为10757mm，左侧实测值为10758mm，右侧实测值为10759mm</td><td>2</td><td>2</td><td>优良</td></tr>
<tr><td>3</td><td>铰座中心和底槛垂直距离</td><td>±4.0mm</td><td>±5.0mm</td><td>设计值为5260mm，左侧实测值为5262mm，右侧实测值为5262mm</td><td>2</td><td>2</td><td>优良</td></tr>
<tr><td>4</td><td>侧止水板中心曲率半径</td><td>±4.0mm</td><td>±6.0mm</td><td>设计值为12030.0mm；左侧实测值为12030.0～12031.5mm，共测4点；右侧实测值为12030.0～12032.0mm，共测4点。详见测量数据</td><td>8</td><td>8</td><td>优良</td></tr>
<tr><td colspan="10">检查意见：
主控项目共 6 项，其中合格 6 项，优良 6 项，合格率 100 %，优良率 100 %。
一般项目共 4 项，其中合格 4 项，优良 4 项，合格率 100 %，优良率 100 %。</td></tr>
<tr><td colspan="4">检验人：×××
2015年5月16日</td><td colspan="3">评定人：×××
2015年5月16日</td><td colspan="3">监理工程师：×××
2015年5月16日</td></tr>
</table>

表 4.5　弧形闸门铰座钢梁及其相关埋件安装质量检查表

填　表　说　明

填表时必须遵守“填表基本规定”，并符合以下要求。

1. 分部工程、单元工程名称填写应与第一部分水工金属结构安装工程单元工程施工质量验收评定表中表 4 相同。

2. 各检验项目的检验方法及检验数量按下表要求执行。

<table>
<tr><th colspan="2">检验项目</th><th>检验方法</th><th>检验数量</th></tr>
<tr><td rowspan="5">铰座钢梁</td><td>铰座钢梁里程</td><td rowspan="4">钢丝线、钢尺、钢板尺或水准仪、经纬仪、全站仪</td><td rowspan="4"> 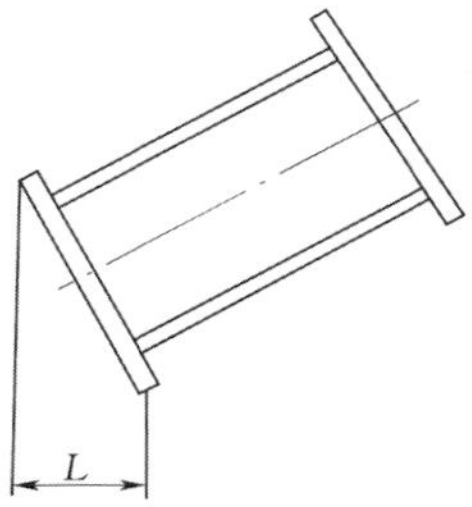L</td></tr>
<tr><td>铰座钢梁高程</td></tr>
<tr><td>铰座钢梁中心对孔口中心距离</td></tr>
<tr><td>铰座钢梁倾斜度</td></tr>
<tr><td>铰座基础钢梁螺栓中心</td><td>钢尺、垂球或水准仪、经纬仪、全站仪</td><td>如各螺旋的相对位置已用样板或框架准确固定在一起，则可测样板或框架的中心</td></tr>
<tr><td rowspan="5">埋件</td><td>两侧止水板间距离</td><td rowspan="5">用钢尺、垂球、水准仪、经纬仪、全站仪直接测量或通过计算求得</td><td>每米测 1 个点</td></tr>
<tr><td>两侧轮导板距离</td><td>每隔 2m 测 1 个点</td></tr>
<tr><td>底槛中心与铰座中心水平距离</td><td>每端各测 1 个点</td></tr>
<tr><td>铰座中心和底槛垂直距离</td><td>每端各测 1 个点</td></tr>
<tr><td>侧止水板中心曲率半径</td><td>每端各测 1 个点，中间每米测 1 个点</td></tr>
</table>

3. 单元工程安装质量检验项目质量标准。

（1）合格等级标准。

1）主控项目，检测点应 100%符合合格标准。

2）一般项目，检测点应 90%及以上符合合格标准，不合格点最大值不应超过其允许偏差值的 1.2 倍，且不合格点不应集中。

（2）优良等级标准。在合格等级标准基础上，主控项目和一般项目的所有检测点应 90%及以上符合优良标准。

4. 表中数值为允许偏差值。

______________工程

表 4.6　弧形闸门埋件焊缝外观质量检查表（样表）

编号：__________

分部工程名称		单元工程名称	
安装部位		安装内容	
安装单位		开/完工日期	

项次		检验项目	质量要求		实测值	合格数	优良数	质量等级
			合格					
主控项目	1	裂纹	不允许出现					
	2	表面夹渣	一类、二类焊缝：不允许；三类焊缝：深不大于 0.1δ，长不大于 0.3δ，且不大于 10mm					
	3	咬边	钢管	一类、二类焊缝：深不大于 0.5mm；三类焊缝：深不大于 1mm				
			钢闸门	一类、二类焊缝：深不大于 0.5mm；连续咬边长度不大于焊缝总长的 10%，且不大于 100mm；两侧咬边累计长度不大于该焊缝总长的 15%；角焊缝不大于 20%；三类焊缝：深不大于 1mm				
	4	表面气孔	钢管	一类、二类焊缝：不允许；三类焊缝：每米范围内允许直径小于 1.5mm 的气孔 5 个，间距不小于 20mm				
			钢闸门	一类焊缝：不允许；二类焊缝：每米范围内允许直径不大于 1.0mm 的气孔 3 个，间距不小于 20mm；三类焊缝：每米范围内允许直径不大于 1.5mm 的气孔 5 个，间距不小于 20mm				
	5	未焊满	一类、二类焊缝：不允许；三类焊缝：深不大于（0.2＋0.02δ）mm，且不大于 1mm，每 100mm 焊缝内缺欠总长不大于 25mm					

续表

<table>
<tr><td rowspan="2">项次</td><td rowspan="2" colspan="3">检验项目</td><td>质量要求</td><td rowspan="2">实测值</td><td rowspan="2">合格数</td><td rowspan="2">优良数</td><td rowspan="2">质量等级</td></tr>
<tr><td>合格</td></tr>
<tr><td rowspan="11">一般项目</td><td rowspan="2">1</td><td rowspan="2">焊缝余高Δh/mm</td><td>手工焊</td><td>一类、二类/三类（仅钢闸门）焊缝：$\delta \leqslant 12$，$\Delta h=(0\sim1.5)/(0\sim2)$；$12<\delta\leqslant25$，$\Delta h=(0\sim2.5)/(0\sim3)$；$25<\delta\leqslant50$，$\Delta h=(0\sim3)/(0\sim4)$；$\delta>50$，$\Delta h=(0\sim4)/(0\sim5)$</td><td></td><td></td><td></td><td></td></tr>
<tr><td>自动焊</td><td>（0～4）/（0～5）</td><td></td><td></td><td></td><td></td></tr>
<tr><td rowspan="2">2</td><td rowspan="2">对接焊缝宽度Δb</td><td>手工焊</td><td>盖过每边坡口宽度1.0～2.5mm，且平缓过渡</td><td></td><td></td><td></td><td></td></tr>
<tr><td>自动焊</td><td>盖过每边坡口宽度2～7mm，且平缓过渡</td><td></td><td></td><td></td><td></td></tr>
<tr><td>3</td><td colspan="2">飞溅</td><td>不允许出现（高强钢、不锈钢此项作为主控项目）</td><td></td><td></td><td></td><td></td></tr>
<tr><td>4</td><td colspan="2">电弧擦伤</td><td>不允许出现（高强钢、不锈钢此项作为主控项目）</td><td></td><td></td><td></td><td></td></tr>
<tr><td>5</td><td colspan="2">焊瘤</td><td>不允许出现</td><td></td><td></td><td></td><td></td></tr>
<tr><td rowspan="2">6</td><td rowspan="2">角焊缝焊脚高K</td><td>手工焊</td><td>$K<12$mm，$\Delta K=0\sim2$mm；$K\geqslant12$mm，$\Delta K=0\sim3$mm</td><td></td><td></td><td></td><td></td></tr>
<tr><td>自动焊</td><td>$K<12$mm，$\Delta K=0\sim2$mm；$K\geqslant12$mm，$\Delta K=0\sim3$mm</td><td></td><td></td><td></td><td></td></tr>
<tr><td>7</td><td colspan="2">端部转角</td><td>连续绕角施焊</td><td></td><td></td><td></td><td></td></tr>
<tr><td colspan="9">检查意见：
主控项目共____项，其中合格____项，优良____项，合格率____%，优良率____%。
一般项目共____项，其中合格____项，优良____项，合格率____%，优良率____%。</td></tr>
<tr><td colspan="5">检验人：（签字）
年　月　日</td><td colspan="2">评定人：（签字）
年　月　日</td><td colspan="2">监理工程师：（签字）
年　月　日</td></tr>
<tr><td colspan="9">注　1. 手工焊是指焊条电弧焊、CO_2半自动气保焊、自保护药芯半自动焊以及手工TIG焊等。自动焊是指埋弧自动焊、MAG自动焊、MIG自动焊等。
2. δ为任意板厚，mm。</td></tr>
</table>

×××电站＿＿＿＿工程

表 4.6　弧形闸门埋件焊缝外观质量检查表（实例）

编号：＿＿＿＿＿＿

<table>
<tr><td colspan="3">分部工程名称</td><td colspan="2">金属结构及启闭机安装</td><td>单元工程名称</td><td colspan="3">×××溢流坝闸门埋件安装</td></tr>
<tr><td colspan="3">安装部位</td><td colspan="2">焊缝外观</td><td>安装内容</td><td colspan="3">焊缝外观</td></tr>
<tr><td colspan="3">安装单位</td><td colspan="2">中国水利水电第×××工程局有限公司</td><td>开/完工日期</td><td colspan="3">2015 年 5 月 1—16 日</td></tr>
<tr><td colspan="2" rowspan="2">项次</td><td rowspan="2">检验项目</td><td colspan="2">质量要求</td><td rowspan="2">实测值</td><td rowspan="2">合格数</td><td rowspan="2">优良数</td><td rowspan="2">质量等级</td></tr>
<tr><td colspan="2">合格</td></tr>
<tr><td rowspan="8">主控项目</td><td>1</td><td>裂纹</td><td colspan="2">不允许出现</td><td>共 60 条焊缝，检查全部焊缝，无裂纹出现</td><td>60</td><td>60</td><td>优良</td></tr>
<tr><td>2</td><td>表面夹渣</td><td colspan="2">一类、二类焊缝：不允许；
三类焊缝：深不大于 0.1δ，长不大于 0.3δ，且不大于 10mm</td><td>本单元工程焊缝为二类焊缝，检查全部焊缝，焊缝表面无夹渣</td><td>60</td><td>60</td><td>优良</td></tr>
<tr><td rowspan="2">3</td><td rowspan="2">咬边</td><td>钢管</td><td>一类、二类焊缝：深不大于 0.5mm；
三类焊缝：深不大于 1mm</td><td>/</td><td>/</td><td>/</td><td>/</td></tr>
<tr><td>钢闸门</td><td>一类、二类焊缝：深不大于 0.5mm；连续咬边长度不大于焊缝总长的 10%，且不大于 100mm；两侧咬边累计长度不大于该焊缝总长的 15%；角焊缝不大于 20%；
三类焊缝：深不大于 1mm</td><td>检查全部焊缝，发现 110 个咬边，长度为 0.2～0.4mm，详见测量资料</td><td>110</td><td>110</td><td>优良</td></tr>
<tr><td rowspan="2">4</td><td rowspan="2">表面气孔</td><td>钢管</td><td>一类、二类焊缝：不允许；
三类焊缝：每米范围内允许直径小于 1.5mm 的气孔 5 个，间距不小于 20mm</td><td>/</td><td>/</td><td>/</td><td>/</td></tr>
<tr><td>钢闸门</td><td>一类焊缝：不允许；
二类焊缝：每米范围内允许直径不大于 1.0mm 的气孔 3 个，间距不小于 20mm；
三类焊缝：每米范围内允许直径不大于 1.5mm 的气孔 5 个，间距不小于 20mm</td><td>检查全部焊缝表面，未发现气孔</td><td>/</td><td>/</td><td>优良</td></tr>
<tr><td>5</td><td>未焊满</td><td colspan="2">一类、二类焊缝：不允许；
三类焊缝：深不大于（0.2＋0.02δ）mm，且不大于 1mm，每 100mm 焊缝内缺欠总长不大于 25mm</td><td>检查全部焊缝，焊缝无未焊满情况</td><td>/</td><td>/</td><td>优良</td></tr>
</table>

续表

<table>
<tr><th rowspan="2">项次</th><th rowspan="2" colspan="3">检验
项目</th><th>质量要求</th><th rowspan="2">实测值</th><th rowspan="2">合格
数</th><th rowspan="2">优良
数</th><th rowspan="2">质量
等级</th></tr>
<tr><th>合格</th></tr>
<tr><td rowspan="11">一般项目</td><td rowspan="2">1</td><td rowspan="2">焊缝
余高
Δh
/mm</td><td>手工焊</td><td>一类、二类/三类（仅钢闸门）焊缝：$\delta \leqslant 12$，$\Delta h=$（0～1.5）/（0～2）；$12<\delta \leqslant 25$，$\Delta h=$（0～2.5）/（0～3）；$25<\delta \leqslant 50$，$\Delta h=$（0～3）/（0～4）；$\delta>50$，$\Delta h=$（0～4）/（0～5）</td><td>$\delta=160$mm；
检查全部焊缝，检查焊缝余高60组，余高为1.3～2.5mm，详见测量资料</td><td>60</td><td>60</td><td>优良</td></tr>
<tr><td>自动焊</td><td>（0～4）/（0～5）</td><td>/</td><td>/</td><td>/</td><td>/</td></tr>
<tr><td rowspan="2">2</td><td rowspan="2">对接焊
缝宽度
Δb</td><td>手工焊</td><td>盖过每边坡口宽度1.0～2.5mm，且平缓过渡</td><td>检查全部焊缝，检查焊缝对接宽度60组，宽度为1.2～2.3mm，且平缓过渡，详见测量资料</td><td>60</td><td>60</td><td>优良</td></tr>
<tr><td>自动焊</td><td>盖过每边坡口宽度2～7mm，且平缓过渡</td><td>/</td><td>/</td><td>/</td><td>/</td></tr>
<tr><td>3</td><td colspan="2">飞溅</td><td>不允许出现（高强钢、不锈钢此项作为主控项目）</td><td>检查全部焊缝表面，未出现飞溅现象</td><td>/</td><td>/</td><td>优良</td></tr>
<tr><td>4</td><td colspan="2">电弧擦伤</td><td>不允许出现（高强钢、不锈钢此项作为主控项目）</td><td>检查全部焊缝表面，未出现电弧擦伤情况</td><td>/</td><td>/</td><td>优良</td></tr>
<tr><td>5</td><td colspan="2">焊瘤</td><td>不允许出现</td><td>检查全部焊缝表面，无焊瘤出现</td><td>/</td><td>/</td><td>优良</td></tr>
<tr><td rowspan="2">6</td><td rowspan="2">角焊缝
焊脚高
K</td><td>手工焊</td><td>$K<12$mm，$\Delta K=0\sim2$mm；$K\geqslant12$mm，$\Delta K=0\sim3$mm</td><td>$K=16$mm；
本单元工程共涉及4处角焊缝，ΔK 为1.4mm、1.5mm、0.9mm、1.2mm</td><td>4</td><td>4</td><td>优良</td></tr>
<tr><td>自动焊</td><td>$K<12$mm，$\Delta K=0\sim2$mm；$K\geqslant12$mm，$\Delta K=0\sim3$mm</td><td>/</td><td>/</td><td>/</td><td>/</td></tr>
<tr><td>7</td><td colspan="2">端部转角</td><td>连续绕角施焊</td><td>本单元工程共涉及4处端部转角焊缝，均连续绕角施焊</td><td>4</td><td>4</td><td>优良</td></tr>
<tr><td colspan="9">检查意见：
主控项目共__5__项，其中合格__5__项，优良__5__项，合格率__100__%，优良率__100__%。
一般项目共__7__项，其中合格__7__项，优良__7__项，合格率__100__%，优良率__100__%。</td></tr>
<tr><td colspan="3">检验人：×××

2015年5月16日</td><td colspan="3">评定人：×××

2015年5月16日</td><td colspan="3">监理工程师：×××

2015年5月16日</td></tr>
<tr><td colspan="9">注 1. 手工焊是指焊条电弧焊、CO_2半自动气保焊、自保护药芯半自动焊以及手工TIG焊等。自动焊是指埋弧自动焊、MAG自动焊、MIG自动焊等。
2. δ为任意板厚，mm。</td></tr>
</table>

表 4.6 弧形闸门埋件焊缝外观质量检查表

填 表 说 明

填表时必须遵守“填表基本规定”，并应符合下列要求。

1. 分部工程、单元工程名称填写应与第一部分水工金属结构安装工程单元工程施工质量验收评定表中表 4 相同。

2. 各检验项目的检验方法及检验数量按下表要求执行。

<table>
<tr><th colspan="2">检验项目</th><th>检验方法</th><th>检验数量</th></tr>
<tr><td colspan="2">裂纹</td><td rowspan="5">检查（必要时用 5 倍放大镜检查）</td><td rowspan="3">沿焊缝长度</td></tr>
<tr><td colspan="2">表面夹渣</td></tr>
<tr><td colspan="2">咬边</td></tr>
<tr><td colspan="2">表面气孔</td><td rowspan="2">全部表面</td></tr>
<tr><td colspan="2">未焊满</td></tr>
<tr><td rowspan="2">焊缝余高 Δh</td><td>手工焊</td><td rowspan="4">钢板尺或焊接检验规</td><td rowspan="4">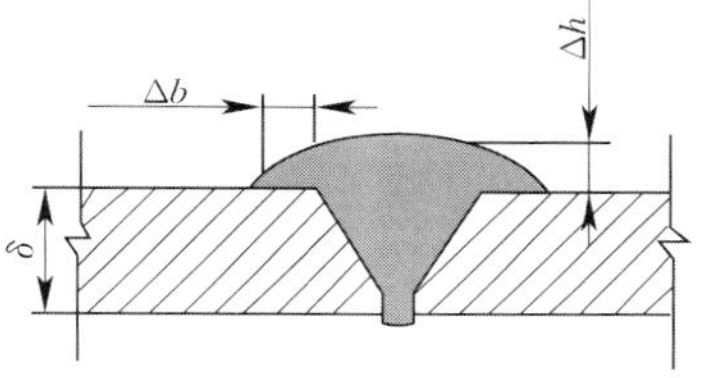</td></tr>
<tr><td>自动焊</td></tr>
<tr><td rowspan="2">对接焊缝宽度 Δb</td><td>手工焊</td></tr>
<tr><td>自动焊</td></tr>
<tr><td colspan="2">飞溅</td><td rowspan="3">检查</td><td rowspan="3">全部表面</td></tr>
<tr><td colspan="2">电弧擦伤</td></tr>
<tr><td colspan="2">焊瘤</td></tr>
<tr><td rowspan="2">角焊缝焊脚高 K</td><td>手工焊</td><td rowspan="2">焊接检验规</td><td rowspan="2">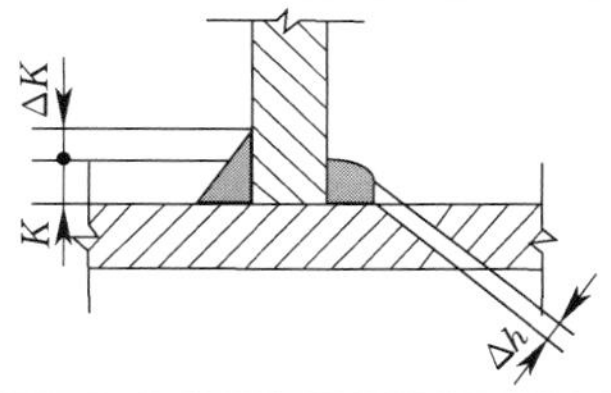</td></tr>
<tr><td>自动焊</td></tr>
<tr><td colspan="2">端部转角</td><td>检查</td><td></td></tr>
</table>

3. 弧形闸门埋件焊接与检验的技术要求应符合《水工金属结构焊接通用技术条件》（SL 36）和《水利工程压力钢管制造安装及验收规范》（SL 432）的规定。

4. 焊缝的无损检验应根据施工图样和相关标准的规定进行。一类、二类焊缝的射线、超声波、磁粉、渗透探伤应分别符合《金属熔化焊焊接头射线照相》（GB/T 3323）、《焊缝无损检测　超声检测技术、检测等级和评定》（GB/T 11345）、《无损检测　焊缝磁粉检测》（JB/T 6061）、《无损检测　焊缝渗透检测》（JB/T 6062）的规定。

5. 焊缝焊接质量由焊缝外观质量和焊缝内部质量组成。

6. 单元工程安装质量检验项目质量标准。

（1）合格等级标准。

1）主控项目，检测点应100%符合合格标准。

2）一般项目，检测点应90%及以上符合合格标准，不合格点最大值不应超过其允许偏差值的1.2倍，且不合格点不应集中。

（2）优良等级标准。在合格标准基础上，主控项目和一般项目的所有检测点应90%及以上符合优良标准。

7. 表中数值为允许偏差值。

____________工程

表 4.7　弧形闸门埋件焊缝内部质量检查表（样表）

编号：________

<table>
<tr><td colspan="3">分部工程名称</td><td colspan="2"></td><td>单元工程名称</td><td colspan="4"></td></tr>
<tr><td colspan="3">安装部位</td><td colspan="2"></td><td>安装内容</td><td colspan="4"></td></tr>
<tr><td colspan="3">安装单位</td><td colspan="2"></td><td>开/完工日期</td><td colspan="4"></td></tr>
<tr><td colspan="2" rowspan="2">项次</td><td rowspan="2">检验项目</td><td colspan="2">质量要求</td><td rowspan="2" colspan="2">实测值</td><td rowspan="2">合格数</td><td rowspan="2">优良数</td><td rowspan="2">质量等级</td></tr>
<tr><td>合格</td><td>优良</td></tr>
<tr><td rowspan="4">主控项目</td><td>1</td><td>射线探伤</td><td>一类焊缝不低于Ⅱ级合格，二类焊缝不低于Ⅲ级合格</td><td>一次合格率不低于90%</td><td colspan="2"></td><td></td><td></td><td></td></tr>
<tr><td>2</td><td>超声波探伤</td><td>一类焊缝不低于Ⅰ级合格，二类焊缝不低于Ⅱ级合格</td><td>一次合格率不低于95%</td><td colspan="2"></td><td></td><td></td><td></td></tr>
<tr><td>3</td><td>磁粉探伤</td><td>一类、二类焊缝不低于Ⅱ级合格</td><td>一次合格率不低于95%</td><td colspan="2"></td><td></td><td></td><td></td></tr>
<tr><td>4</td><td>渗透探伤</td><td>一类、二类焊缝不低于Ⅱ级合格</td><td>一次合格率不低于95%</td><td colspan="2"></td><td></td><td></td><td></td></tr>
<tr><td colspan="10">检查意见：
主控项目共____项，其中合格____项，优良____项，合格率____%，优良率____%。</td></tr>
<tr><td colspan="4">检验人：（签字）
年　月　日</td><td colspan="3">评定人：（签字）
年　月　日</td><td colspan="3">监理工程师：（签字）
年　月　日</td></tr>
<tr><td colspan="10">注　1. 射线探伤一次合格率$=\frac{合格底片（张）}{拍片总数（张）}\times 100\%$。
2. 其余探伤一次合格率$=\frac{合格焊缝总长度（m）}{所检焊缝总长度（m）}\times 100\%$。
3. 当焊缝长度小于200mm时，按实际焊缝长度检测。</td></tr>
</table>

______×××电站______工程

表 4.7　弧形闸门埋件焊缝内部质量检查表（实例）

编号：____________

<table>
<tr><td colspan="2">分部工程名称</td><td colspan="2">金属结构及启闭机安装</td><td>单元工程名称</td><td colspan="4">×××溢流坝闸门埋件安装</td></tr>
<tr><td colspan="2">安装部位</td><td colspan="2">焊缝内部</td><td>安装内容</td><td colspan="4">焊缝内部</td></tr>
<tr><td colspan="2">安装单位</td><td colspan="2">中国水利水电第×××工程局有限公司</td><td>开/完工日期</td><td colspan="4">2015 年 5 月 1—16 日</td></tr>
<tr><td rowspan="2">项次</td><td rowspan="2">检验项目</td><td colspan="2">质量要求</td><td rowspan="2">实测值</td><td rowspan="2">合格数</td><td rowspan="2">优良数</td><td rowspan="2">质量等级</td></tr>
<tr><td>合格</td><td>优良</td></tr>
<tr><td>主控项目 1</td><td>射线探伤</td><td>一类焊缝不低于Ⅱ级合格，二类焊缝不低于Ⅲ级合格</td><td>一次合格率不低于 90%</td><td>共检测焊缝 60 条，每处拍片 4 张，合格底片 4 张，合格率 100%</td><td>60</td><td>60</td><td>优良</td></tr>
<tr><td>主控项目 2</td><td>超声波探伤</td><td>一类焊缝不低于Ⅰ级合格，二类焊缝不低于Ⅱ级合格</td><td>一次合格率不低于 95%</td><td>共检测焊缝 60 条，合格率均为 100%</td><td>60</td><td>60</td><td>优良</td></tr>
<tr><td>主控项目 3</td><td>磁粉探伤</td><td>一类、二类焊缝不低于Ⅱ级合格</td><td>一次合格率不低于 95%</td><td>/</td><td>/</td><td>/</td><td>/</td></tr>
<tr><td>主控项目 4</td><td>渗透探伤</td><td>一类、二类焊缝不低于Ⅱ级合格</td><td>一次合格率不低于 95%</td><td>/</td><td>/</td><td>/</td><td>/</td></tr>
<tr><td colspan="8">检查意见：
主控项目共__2__项，其中合格__2__项，优良__2__项，合格率__100__%，优良率__100__%。</td></tr>
<tr><td colspan="3">检验人：×××
2015 年 5 月 16 日</td><td colspan="2">评定人：×××
2015 年 5 月 16 日</td><td colspan="3">监理工程师：×××
2015 年 5 月 16 日</td></tr>
<tr><td colspan="8">注　1. 射线探伤一次合格率 $=\frac{\text{合格底片（张）}}{\text{拍片总数（张）}}\times 100\%$。
2. 其余探伤一次合格率 $=\frac{\text{合格焊缝总长度（m）}}{\text{所检焊缝总长度（m）}}\times 100\%$。
3. 当焊缝长度小于 200mm 时，按实际焊缝长度检测。</td></tr>
</table>

表 4.7　弧形闸门埋件焊缝内部质量检查表

填 表 说 明

填表时必须遵守“填表基本规定”，并符合以下要求。

1. 分部工程、单元工程名称填写应与第一部分水工金属结构安装工程单元工程施工质量验收评定表中表 4 相同。

2. 各检验项目的检验方法及检验数量按下表要求执行。

检验项目	检验方法
射线探伤	压力钢管：按《水利工程压力钢管制造安装及验收规范》（SL 432）的要求； 钢闸门及拦污栅：按《水利水电工程钢闸门制造、安装及验收规范》（GB/T 14173）的要求； 启闭机：按《水利水电工程启闭机制造安装及验收规范》（SL 381）和《水工金属结焊接通用技术条件》（SL 36）的要求
超声波探伤	压力钢管：按《水利工程压力钢管制造安装及验收规范》（SL 432）的要求； 钢闸门及拦污栅：按《水利水电工程钢闸门制造、安装及验收规范》（GB/T 14173）的要求； 启闭机：按《水利水电工程启闭机制造安装及验收规范》（SL 381）和《水工金属结焊接通用技术条件》（SL 36）的要求
磁粉探伤	厚度大于 32mm 的高强度钢，不低于焊缝总长的 20%，且不小于 200mm
渗透探伤	

3. 单元工程安装质量检验项目质量标准。

（1） 合格等级标准。

1） 主控项目，检测点应 100%符合合格标准。

2） 一般项目，检测点应 90%及以上符合合格标准，不合格点最大值不应超过其允许偏差值的 1.2 倍，且不合格点不应集中。

（2） 优良等级标准。在合格标准基础上，主控项目和一般项目的所有检测点应 90%及以上符合优良标准。

______________工程

表 4.8　　弧形闸门埋件表面防腐蚀质量检查表（样表）

编号：__________

分部工程名称					单元工程名称			
安装部位					安装内容			
安装单位					开/完工日期			
项次		检验项目	质量要求		实测值	合格数	优良数	质量等级
			合格	优良				
主控项目	1	闸门表面清除	管壁临时支撑割除，焊疤清除干净	管壁临时支撑割除，焊疤清除干净并磨光				
	2	闸门局部凹坑焊补	凡凹坑深度大于板厚的10%或大于2.0mm应焊补	凡凹坑深度大于板厚的10%或大于2.0mm应焊补并磨光				
	3	灌浆孔堵焊	堵焊后表面平整，无渗水现象					
一般项目	1	表面预处理	明管内外壁和埋管内壁用压缩空气喷砂或喷丸除锈，除锈清洁度等级应达到《涂装前钢材表面锈蚀等级和除锈等级》（GB 8923）中规定的Sa $2\frac{1}{2}$级；表面粗糙度对非厚浆型涂料应达到$Rz40\sim70\mu m$，对厚浆型涂料及金属热喷涂为$Rz60\sim100\mu m$。 埋管外壁经喷射或抛射除锈后，采用改性水泥浆防腐蚀除锈等级不低于Sa1级					
	2	涂料涂装	外观检查	表面光滑、颜色均匀一致，无皱纹、起泡、流挂、针孔、裂纹、漏涂等缺欠				
	3		涂层厚度	85%以上的局部厚度应达到设计文件规定厚度，漆膜最小局部厚度应不低于设计文件规定厚度的85%				
	4		针孔	厚浆型涂料，按规定的电压值检测针孔，发现针孔，用砂纸或弹性砂轮片打磨后补涂				

续表

项次		检验项目			质量要求		实测值	合格数	优良数	质量等级
					合格	优良				
一般项目	5	涂料涂装	附着力	涂膜厚度大于250μm	在涂膜上划两条夹角为60°的切割线，应划透至基底，用透明压敏胶粘带粘牢划口部分，快速撕起胶带，涂层应无剥落					
	6			涂膜厚度不大于250μm	用划格法检查（0～60μm，刀口间距1mm；61～120μm，刀口间距2mm；121～250μm，刀口间距3mm），涂层沿切割边缘或切口交叉处脱落明显大于5%，但受影响明显不大于15%	切割的边缘完全平滑，无一格脱落，或在切割交叉处涂层有少许薄片分离，划格区受影响明显不大于5%				
	7	金属喷涂	外观检查		表面均匀，无金属熔融粗颗粒、起皮、鼓泡、裂纹、掉块及其他影响使用的缺陷					
	8		涂层厚度		最小局部厚度不小于设计文件规定厚度					
	9		结合性能		胶带上有破断的涂层黏附，但基底未裸露	涂层的任何部位都未与基体金属剥离				

检查意见：

主控项目共____项，其中合格____项，优良____项，合格率____%，优良率____%。

一般项目共____项，其中合格____项，优良____项，合格率____%，优良率____%。

检验人：（签字） 年　月　日	评定人：（签字） 年　月　日	监理工程师：（签字） 年　月　日

×××电站　工程

表 4.8　弧形闸门埋件表面防腐蚀质量检查表（实例）

编号：

分部工程名称		金属结构及启闭机安装		单元工程名称	×××溢流坝闸门埋件安装		
安装部位		焊缝内部		安装内容	焊缝内部		
安装单位		中国水利水电第×××工程局有限公司		开/完工日期	2015 年 5 月 1—16 日		

项次		检验项目		质量要求 合格	质量要求 优良	实测值	合格数	优良数	质量等级
主控项目	1	闸门表面清除		管壁临时支撑割除，焊疤清除干净	管壁临时支撑割除，焊疤清除干净并磨光	检查闸门表面，焊疤清除干净并磨光	/	/	优良
	2	闸门局部凹坑焊补		凡凹坑深度大于板厚的10%或大于2.0mm应焊补	凡凹坑深度大于板厚的10%或大于2.0mm应焊补并磨光	检查闸门表面，发现深度大于2.0mm的凹坑5处，进行了焊补并磨光	5	5	优良
	3	灌浆孔堵焊		堵焊后表面平整，无渗水现象		/	/	/	/
一般项目	1	表面预处理		明管内外壁和埋管内壁用压缩空气喷砂或喷丸除锈，除锈清洁度等级应达到《涂装前钢材表面锈蚀等级和除锈等级》(GB 8923)中规定的 Sa $2\frac{1}{2}$级；表面粗糙度对非厚浆型涂料应达到 $Rz40\sim70\mu m$，对厚浆型涂料及金属热喷涂为 $Rz60\sim100\mu m$。 埋管外壁经喷射或抛射除锈后，采用改性水泥浆防腐蚀除锈等级不低于 Sa1 级		对埋件表面进行了喷丸除锈清洁，清洁后埋件表面无可见的油脂和污垢，且氧化皮、铁锈、油漆涂层等附着物基本清除，清洁度等级达到 Sa $2\frac{1}{2}$级； 本单元工程涂料采用非厚浆型涂料，采用比较样板目视对除锈处理后的埋件表面进行了检查，表面粗糙度为 $Rz50\mu m$	/	/	优良
	2	涂料涂装	外观检查	表面光滑、颜色均匀一致，无皱纹、起泡、流挂、针孔、裂纹、漏涂等缺欠		检查焊缝两侧，表面光滑、颜色均匀一致，无皱纹、气泡、流挂等缺欠	/	/	优良
	3		涂层厚度	85%以上的局部厚度应达到设计文件规定厚度，漆膜最小局部厚度应不低于设计文件规定厚度的85%		设计要求：涂层厚度为 $60\mu m$； 采用测厚仪共检测150个点，涂层厚度为 $61\sim63\mu m$，详见测量数据	150	150	优良
	4		针孔	厚浆型涂料，按规定的电压值检测针孔，发现针孔，用砂纸或弹性砂轮片打磨后补涂		采用针孔检测仪检测60个点，发现针孔5个，用砂纸打磨后补涂	60	60	优良

续表

<table>
<tr><th colspan="2" rowspan="2">项次</th><th colspan="2" rowspan="2">检验项目</th><th colspan="3">质量要求</th><th rowspan="2">实测值</th><th rowspan="2">合格数</th><th rowspan="2">优良数</th><th rowspan="2">质量等级</th></tr>
<tr><th colspan="2">合格</th><th>优良</th></tr>
<tr><td rowspan="5">一般项目</td><td>5</td><td rowspan="2">涂料涂装</td><td rowspan="2">附着力</td><td>涂膜厚度大于250μm</td><td colspan="2">在涂膜上划两条夹角为60°的切割线，应划透至基底，用透明压敏胶粘带粘牢划口部分，快速撕起胶带，涂层应无剥落</td><td>采用划叉法对涂料附着情况进行了检测，检测50处，涂层均无无剥落现象</td><td>50</td><td>50</td><td>优良</td></tr>
<tr><td>6</td><td>涂膜厚度不大于250μm</td><td>用划格法检查（0～60μm，刀口间距1mm；61～120μm，刀口间距2mm；121～250μm，刀口间距3mm），涂层沿切割边缘或切口交叉处脱落明显大于5%，但受影响明显不大于15%</td><td>切割的边缘完全平滑，无一格脱落，或在切割交叉处涂层有少许薄片分离，划格区受影响明显不大于5%</td><td>/</td><td>/</td><td>/</td><td>/</td></tr>
<tr><td>7</td><td rowspan="3">金属喷涂</td><td colspan="2">外观检查</td><td colspan="2">表面均匀，无金属熔融粗颗粒、起皮、鼓泡、裂纹、掉块及其他影响使用的缺陷</td><td>检查闸门表面喷漆外观，表面均匀，无起皮、裂纹等缺陷</td><td>/</td><td>/</td><td>优良</td></tr>
<tr><td>8</td><td colspan="2">涂层厚度</td><td colspan="2">最小局部厚度不小于设计文件规定厚度</td><td>设计要求：涂层厚度为60.0μm；
共检测80个点，涂层厚度为60.5～63.8μm，详见检测资料</td><td>80</td><td>80</td><td>优良</td></tr>
<tr><td>9</td><td colspan="2">结合性能</td><td>胶带上有破断的涂层黏附，但基底未裸露</td><td>涂层的任何部位都未与基体金属剥离</td><td>采用切割刀、布胶带检查了50个涂层部位，各涂层均未与基体剥离</td><td>50</td><td>50</td><td>优良</td></tr>
</table>

检查意见：

主控项目共 2 项，其中合格 2 项，优良 2 项，合格率 100 %，优良率 100 %。

一般项目共 8 项，其中合格 8 项，优良 8 项，合格率 100 %，优良率 100 %。

检验人：××× 2015年5月16日	评定人：××× 2015年5月16日	监理工程师：××× 2015年5月16日

表 4.8 弧形闸门埋件表面防腐蚀质量检查表

填 表 说 明

填表时必须遵守“填表基本规定”，并符合以下要求。

1. 分部工程、单元工程名称填写应与第一部分水工金属结构安装工程单元工程施工质量验收评定表中表 4 相同。

2. 各检验项目的检验方法及检验数量按下表要求执行。

<table>
<tr><th colspan="3">检验项目</th><th>检验方法</th><th>检验数量</th></tr>
<tr><td colspan="3">弧形闸门表面清除</td><td rowspan="2">目测检查</td><td rowspan="2">全部表面</td></tr>
<tr><td colspan="3">弧形闸门局部凹坑焊补</td></tr>
<tr><td colspan="3">灌浆孔堵焊</td><td>检查（或 5 倍放大镜检查）</td><td>全部灌浆孔</td></tr>
<tr><td colspan="3">表面预处理</td><td>清洁度按《涂装前钢材表面锈蚀等级和除锈等级》（GB 8923）照片对比；粗糙度用触针式轮廓仪测量或比较样板目测评定</td><td>每 2m² 表面至少要有 1 个评定点。触针式轮廓仪在 40mm 长度范围内测 5 点，取其算数平均值；比较样块法每一评定点面积不小于 50mm²</td></tr>
<tr><td rowspan="5">涂料涂装</td><td colspan="2">外观检查</td><td>目测检查</td><td>安装焊缝两侧</td></tr>
<tr><td colspan="2">涂层厚度</td><td>测厚仪</td><td>平整表面上每 10m² 表面应不少于 3 个测点；结构复杂、面积较小的表面，每 2m² 表面应不少于 1 个测点；单节钢管在两端和中间的圆周上每隔 1.5m 测 1 个点</td></tr>
<tr><td colspan="2">针孔</td><td>针孔检测仪</td><td>侧重在安装环缝两侧检测，每个区域 5 个测点，探测距离 300mm 左右</td></tr>
<tr><td rowspan="2">附着力</td><td>涂膜厚度大于 250μm</td><td rowspan="2">专用刀具</td><td rowspan="2">符合《水工金属结构防腐蚀规范》（SL 105）附录“色漆和清漆漆膜的划格试验”的规定</td></tr>
<tr><td>涂膜厚度不大于 250μm</td></tr>
<tr><td rowspan="3">金属喷涂</td><td colspan="2">外观检查</td><td>目测检查</td><td>全部表面</td></tr>
<tr><td colspan="2">涂层厚度</td><td>测厚仪</td><td>平整表面上每 10m² 不少于 3 个局部厚度（取 1dm² 的基准面，每个基准面测 10 个测点，取算术平均值）</td></tr>
<tr><td colspan="2">结合性能</td><td>切割刀、布胶带</td><td>当涂层厚度不大于 200μm，在 15mm×15mm 面积内按 3mm 间距，用刀切划网格，切痕深度应将涂层切断至基体金属，再用一个辊子施以 5N 的载荷将一条合适的胶带压紧在网格部位，然后沿垂直涂层表面方向快速将胶带拉开；当涂层厚度大于 200μm，在 25mm×25mm 面积内按 5mm 间距切划网格，按上述方法检测</td></tr>
</table>

3. 弧形闸门埋件表面防腐蚀的技术要求应符合《水利工程压力钢管制造安装及验收规范》（SL 432）和《水工金属结构防腐蚀规范》（SL 105）的规定。

4. 弧形闸门埋件表面防腐蚀质量评定包括管道内外壁表面清除、局部凹坑焊补、灌浆孔堵焊和表面防腐蚀（焊缝两侧）等检验项目。

5. 单元工程安装质量检验项目质量标准。

（1）合格等级标准。

1）主控项目，检测点应100%符合合格标准。

2）一般项目，检测点应90%及以上符合合格标准，不合格点最大值不应超过其允许偏差值的1.2倍，且不合格点不应集中。

（2）优良等级标准。在合格标准基础上，主控项目和一般项目的所有检测点应90%及以上符合优良标准。

______工程

表5　　弧形闸门门体单元工程安装质量验收评定表（样表）

<table>
<tr><td colspan="2">单位工程名称</td><td colspan="2"></td><td>单元工程量</td><td colspan="2"></td></tr>
<tr><td colspan="2">分部工程名称</td><td colspan="2"></td><td>安装单位</td><td colspan="2"></td></tr>
<tr><td colspan="2">单元工程名称、部位</td><td colspan="2"></td><td>评定日期</td><td colspan="2"></td></tr>
<tr><td rowspan="2">项次</td><td rowspan="2">项　目</td><td colspan="2">主控项目</td><td colspan="3">一般项目</td></tr>
<tr><td>合格数</td><td>其中优良数</td><td colspan="2">合格数</td><td>其中优良数</td></tr>
<tr><td>1</td><td>弧形闸门门体安装</td><td></td><td></td><td colspan="2"></td><td></td></tr>
<tr><td>2</td><td>焊缝外观质量</td><td></td><td></td><td colspan="2"></td><td></td></tr>
<tr><td>3</td><td>焊缝内部质量</td><td></td><td></td><td colspan="2"></td><td></td></tr>
<tr><td>4</td><td>表面防腐蚀质量</td><td></td><td></td><td colspan="2"></td><td></td></tr>
<tr><td colspan="2">试运行结果</td><td></td><td></td><td colspan="2"></td><td></td></tr>
<tr><td>安装单位
自评意见</td><td colspan="6">各项试验和单元工程试运行符合要求，各项报验资料符合规定。检验项目全部合格。检验项目优良率为____%，其中主控项目优良率为____%。
单元工程安装质量验收评定等级为____。
（签字，加盖公章）　　年　　月　　日</td></tr>
<tr><td>监理单位
复核意见</td><td colspan="6">各项试验和单元工程试运行符合要求，各项报验资料符合规定。检验项目全部合格。检验项目优良率为____%，其中主控项目优良率为____%。
单元工程安装质量验收核定等级为____。
（签字，加盖公章）　　年　　月　　日</td></tr>
<tr><td colspan="7">注　1. 主控项目和一般项目中的合格数指达到合格及其以上质量标准的项目个数。
2. 优良项目占全部项目百分率＝$\frac{\text{主控项目优良数}+\text{一般项目优良数}}{\text{检验项目总数}}\times 100\%$。</td></tr>
</table>

×××电站______工程

表 5　　弧形闸门门体单元工程安装质量验收评定表（实例）

<table>
<tr><td colspan="2">单位工程名称</td><td>溢流坝工程</td><td colspan="2">单元工程量</td><td colspan="2">2t</td></tr>
<tr><td colspan="2">分部工程名称</td><td>金属结构及启闭机安装</td><td colspan="2">安装单位</td><td colspan="2">中国水利水电第×××工程局有限公司</td></tr>
<tr><td colspan="2">单元工程名称、部位</td><td>溢流坝弧形闸门门体安装</td><td colspan="2">评定日期</td><td colspan="2">2015 年 6 月 19 日</td></tr>
<tr><td rowspan="2">项次</td><td colspan="2" rowspan="2">项　目</td><td colspan="2">主控项目</td><td colspan="2">一般项目</td></tr>
<tr><td>合格数</td><td>其中优良数</td><td>合格数</td><td>其中优良数</td></tr>
<tr><td>1</td><td colspan="2">弧形闸门门体安装</td><td>6</td><td>6</td><td>9</td><td>9</td></tr>
<tr><td>2</td><td colspan="2">焊缝外观质量</td><td>5</td><td>5</td><td>7</td><td>7</td></tr>
<tr><td>3</td><td colspan="2">焊缝内部质量</td><td>2</td><td>2</td><td>/</td><td>/</td></tr>
<tr><td>4</td><td colspan="2">表面防腐蚀质量</td><td>2</td><td>2</td><td>8</td><td>8</td></tr>
<tr><td colspan="3">试运行结果</td><td colspan="4">符合质量标准</td></tr>
<tr><td>安装单位自评意见</td><td colspan="6">各项试验和单元工程试运行符合要求，各项报验资料符合规定。检验项目全部合格。检验项目优良率为__100__%，其中主控项目优良率为__100__%。
单元工程安装质量验收评定等级为__优良__。
×××（签字，加盖公章）　2015 年 6 月 19 日</td></tr>
<tr><td>监理单位复核意见</td><td colspan="6">各项试验和单元工程试运行符合要求，各项报验资料符合规定。检验项目全部合格。检验项目优良率为__100__%，其中主控项目优良率为__100__%。
单元工程安装质量验收核定等级为__优良__。
×××（签字，加盖公章）2015 年 6 月 19 日</td></tr>
<tr><td colspan="7">注　1. 主控项目和一般项目中的合格数指达到合格及其以上质量标准的项目个数。
2. 优良项目占全部项目百分率=$\frac{主控项目优良数+一般项目优良数}{检验项目总数}\times 100\%$。</td></tr>
</table>

表5　弧形闸门门体单元工程安装质量验收评定表

填　表　说　明

填表时必须遵守“填表基本规定”，并符合以下要求。

1. 单元工程划分：宜以每扇门体的安装划分为一个单元工程。

2. 单元工程量：填写本单元门体重量（t）。

3. 本表是在第一部分水工金属结构安装工程单元工程施工质量验收评定表中表5.1～表5.4检查表质量评定合格基础上进行的。

4. 单元工程施工质量验收评定应提交下列资料。

（1）施工单位应提供闸门的安装图样、安装记录，门体焊接与门体表面防腐蚀记录，闸门试验及试运行记录、重大缺陷记录等资料。

（2）监理单位应提交对单元工程施工质量的平行检测资料。

5. 弧形闸门的安装、表面防腐蚀及检查等技术要求应符合《水利水电工程钢闸门制造、安装及验收规范》（GB/T 14173）和设计文件的规定。

6. 单元工程安装质量评定标准。

（1）合格等级标准。

1）各检验项目均达到合格等级及以上标准。

2）设备的试验和试运行符合《水利水电工程单元工程施工质量验收评定标准——水工金属结构安装工程》（SL 635—2012）及相关专业标准的规定；各项报验资料符合《水利水电工程单元工程施工质量验收评定标准——水工金属结构安装工程》（SL 635—2012）的要求。

（2）优良等级标准。在合格等级标准的基础上，安装质量检验项目中优良项目占全部项目70%及以上，且主控项目100%优良。

________工程

表 5.1　　　　弧形闸门门体安装质量检查表（样表）

编号：________

<table>
<tr><td colspan="3">分部工程名称</td><td colspan="5"></td><td>单元工程名称</td><td colspan="3"></td></tr>
<tr><td colspan="3">安装部位</td><td colspan="5"></td><td>安装内容</td><td colspan="3"></td></tr>
<tr><td colspan="3">安装单位</td><td colspan="5"></td><td>开/完工日期</td><td colspan="3"></td></tr>
<tr><td colspan="2" rowspan="3">项次</td><td rowspan="3">部位</td><td rowspan="3">检验项目</td><td colspan="4">质量要求</td><td rowspan="3">实测值</td><td rowspan="3">合格数</td><td rowspan="3">优良数</td><td rowspan="3">质量等级</td></tr>
<tr><td>潜孔式</td><td>露顶式</td><td>潜孔式</td><td>露顶式</td></tr>
<tr><td colspan="2">合格</td><td colspan="2">优良</td></tr>
<tr><td rowspan="6">主控项目</td><td>1</td><td rowspan="2">铰座</td><td>铰座轴孔倾斜度（l 为轴孔宽度，m）</td><td colspan="2">$l/1000$</td><td colspan="2">$l/1000$</td><td></td><td></td><td></td><td></td></tr>
<tr><td>2</td><td>两铰座轴线同轴度</td><td colspan="2">1.0mm</td><td colspan="2">1.0mm</td><td></td><td></td><td></td><td></td></tr>
<tr><td>3</td><td>焊缝对口错边</td><td>焊缝对口错边(任意板厚 δ)</td><td colspan="2">不大于 10% δ，且不大于 2.0mm</td><td colspan="2">不大于 5%δ，且不大于 2.0mm</td><td></td><td></td><td></td><td></td></tr>
<tr><td>4</td><td rowspan="3">门体铰轴与支臂</td><td>铰轴中心至面板外缘曲率半径 R</td><td>±4.0 mm</td><td>±8.0 mm</td><td>±4.0 mm</td><td>±6.0 mm</td><td></td><td></td><td></td><td></td></tr>
<tr><td>5</td><td>两侧曲率半径相对差</td><td>3.0 mm</td><td>5.0 mm</td><td>3.0 mm</td><td>4.0 mm</td><td></td><td></td><td></td><td></td></tr>
<tr><td>6</td><td>支臂中心线与铰链中心线吻合值</td><td>2.0 mm</td><td>1.5 mm</td><td>2.0 mm</td><td>1.5 mm</td><td></td><td></td><td></td><td></td></tr>
<tr><td rowspan="5">一般项目</td><td>1</td><td rowspan="3">铰座</td><td>铰座中心对孔口中心线的距离</td><td colspan="2">±1.5mm</td><td colspan="2">±1mm</td><td></td><td></td><td></td><td></td></tr>
<tr><td>2</td><td>铰座里程</td><td colspan="2">±2.0mm</td><td colspan="2">±1.5mm</td><td></td><td></td><td></td><td></td></tr>
<tr><td>3</td><td>铰座高程</td><td colspan="2">±2.0mm</td><td colspan="2">±1.5mm</td><td></td><td></td><td></td><td></td></tr>
<tr><td>4</td><td rowspan="2">表面清除和凹坑焊补</td><td>门体表面清除</td><td colspan="2">焊疤清除干净</td><td colspan="2">焊疤清除干净并磨光</td><td></td><td></td><td></td><td></td></tr>
<tr><td>5</td><td>门体局部凹坑焊补</td><td colspan="2">凡凹坑深度大于板厚 10% 或大于 2.0mm 应焊补</td><td colspan="2">凡凹坑深度大于板厚 10% 或大于 2.0mm 应焊补并磨光</td><td></td><td></td><td></td><td></td></tr>
</table>

续表

<table>
<tr><th colspan="2" rowspan="3">项次</th><th rowspan="3">部位</th><th rowspan="3">检验项目</th><th colspan="4">质量要求</th><th rowspan="3">实测值</th><th rowspan="3">合格数</th><th rowspan="3">优良数</th><th rowspan="3">质量等级</th></tr>
<tr><th>潜孔式</th><th>露顶式</th><th>潜孔式</th><th>露顶式</th></tr>
<tr><th colspan="2">合格</th><th colspan="2">优良</th></tr>
<tr><td rowspan="4">一般项目</td><td>6</td><td>止水橡皮</td><td>止水橡皮实际压缩量和设计压缩量之差</td><td colspan="4">−1.0～+2.0mm</td><td></td><td></td><td></td><td></td></tr>
<tr><td>7</td><td rowspan="3">门体铰轴与支臂</td><td>支臂中心至门叶中心的偏差 L（L 为铰座钢梁倾斜的水平投影尺寸）</td><td colspan="4">±1.5mm</td><td></td><td></td><td></td><td></td></tr>
<tr><td>8</td><td>支臂两端的连接板和铰链、主梁接触</td><td colspan="4">良好，互相密贴，接触面不小于 75%</td><td></td><td></td><td></td><td></td></tr>
<tr><td>9</td><td>抗剪板和连接板接触</td><td colspan="4">顶紧</td><td></td><td></td><td></td><td></td></tr>
<tr><td colspan="13">检查意见：
主控项目共____项，其中合格____项，优良____项，合格率____%，优良率____%。
一般项目共____项，其中合格____项，优良____项，合格率____%，优良率____%。</td></tr>
<tr><td colspan="5">检验人：（签字）
年　月　日</td><td colspan="4">评定人：（签字）
年　月　日</td><td colspan="4">监理工程师：（签字）
年　月　日</td></tr>
</table>

______工程

表 5.1　　弧形闸门门体安装质量检查表（实例）

编号：______

<table>
<tr><td colspan="3">分部工程名称</td><td colspan="4">金属结构及启闭机安装</td><td>单元工程名称</td><td colspan="3">溢流坝弧形闸门门体安装</td></tr>
<tr><td colspan="3">安装部位</td><td colspan="4">弧形闸门门体</td><td>安装内容</td><td colspan="3">门体（露顶式）安装</td></tr>
<tr><td colspan="3">安装单位</td><td colspan="4">中国水利水电第×××工程局有限公司</td><td>开/完工日期</td><td colspan="3">2015 年 6 月 1—19 日</td></tr>
<tr><td colspan="2" rowspan="3">项次</td><td rowspan="3">部位</td><td rowspan="3">检验项目</td><td colspan="4">质量要求</td><td rowspan="3">实测值</td><td rowspan="3">合格数</td><td rowspan="3">优良数</td><td rowspan="3">质量等级</td></tr>
<tr><td>潜孔式</td><td>露顶式</td><td>潜孔式</td><td>露顶式</td></tr>
<tr><td colspan="2">合格</td><td colspan="2">优良</td></tr>
<tr><td rowspan="6">主控项目</td><td>1</td><td rowspan="2">铰座</td><td>铰座轴孔倾斜度（l 为轴孔宽度，m）</td><td colspan="2">l/1000</td><td colspan="2">l/1000</td><td>设计值 l 为 12000m，左侧实测值为 0.5mm，右侧实测值为 0.5mm</td><td>2</td><td>2</td><td>优良</td></tr>
<tr><td>2</td><td>两铰座轴线同轴度</td><td colspan="2">1.0mm</td><td colspan="2">1.0mm</td><td>对两铰座轴线进行了测量，得到偏差为 0.5mm</td><td>1</td><td>1</td><td>优良</td></tr>
<tr><td>3</td><td>焊缝对口错边</td><td>焊缝对口错边(任意板厚 δ)</td><td colspan="2">不大于 10% δ，且不大于 2.0mm</td><td colspan="2">不大于 5%δ，且不大于 2.0mm</td><td>板厚 δ 设计值为 160.0mm，实测对口错边为 0.8～1.5mm，共测 20 点，详见测量数据</td><td>20</td><td>20</td><td>优良</td></tr>
<tr><td>4</td><td rowspan="3">门体铰轴与支臂</td><td>铰轴中心至面板外缘曲率半径 R</td><td>±4.0 mm</td><td>±8.0 mm</td><td>±4.0 mm</td><td>±6.0 mm</td><td>设计值 R 为 12000 mm，实测左上为 12003mm，左中为 12003mm，左下为 12002mm；实测右下为 12003mm，右中为 12002mm，右下为 12003mm</td><td>6</td><td>6</td><td>优良</td></tr>
<tr><td>5</td><td>两侧曲率半径相对差</td><td>3.0 mm</td><td>5.0 mm</td><td>3.0 mm</td><td>4.0 mm</td><td>检查两侧曲率半径，相对差为 0.5mm</td><td>1</td><td>1</td><td>优良</td></tr>
<tr><td>6</td><td>支臂中心线与铰链中心线吻合值</td><td>2.0 mm</td><td>1.5 mm</td><td>2.0 mm</td><td>1.5 mm</td><td>设计值为 3700mm，实测值左侧为 3701mm，右侧为 3701mm</td><td>2</td><td>2</td><td>优良</td></tr>
<tr><td rowspan="3">一般项目</td><td>1</td><td rowspan="3">铰座</td><td>铰座中心对孔口中心线的距离</td><td colspan="2">±1.5mm</td><td colspan="2">±1mm</td><td>设计值为 5250.0mm，左侧实测值为 5250.5mm，右侧实测值为 5250.0mm</td><td>2</td><td>2</td><td>优良</td></tr>
<tr><td>2</td><td>铰座里程</td><td colspan="2">±2.0mm</td><td colspan="2">±1.5mm</td><td>设计值为 0＋137.910m，左侧实测值为 0＋137.911m，右侧实测值为 0＋137.911m</td><td>2</td><td>2</td><td>优良</td></tr>
<tr><td>3</td><td>铰座高程</td><td colspan="2">±2.0mm</td><td colspan="2">±1.5mm</td><td>设计值为 461980mm，左侧实测值为 461981mm，右侧实测值为 461981mm</td><td>2</td><td>2</td><td>优良</td></tr>
</table>

续表

项次		部位	检验项目	质量要求				实测值	合格数	优良数	质量等级
				潜孔式	露顶式	潜孔式	露顶式				
				合格		优良					
一般项目	4	表面清除和凹坑焊补	门体表面清除	焊疤清除干净		焊疤清除干净并磨光		检查门体60条焊缝，所有焊疤清除干净并已磨光	60	60	优良
	5		门体局部凹坑焊补	凡凹坑深度大于板厚10%或大于2.0mm应焊补		凡凹坑深度大于板厚10%或大于2.0mm应焊补并磨光		检查门体表面，所有局部凹坑深度均小于1mm	/	/	优良
	6	止水橡皮	止水橡皮实际压缩量和设计压缩量之差	−1.0～+2.0mm				止水橡皮设计压缩量为20.0mm，实测压缩量左侧为20.5～21.5mm，共测15点；底部为20.5～21.5mm，共测15点；右侧为20.5～22.0mm，共测15点	45	45	优良
	7	门体铰轴与支臂	支臂中心至门叶中心的偏差L（L为铰座钢梁倾斜的水平投影尺寸）	±1.5mm				设计值L为3700mm，左侧实测值为3701mm，右侧实测值为3701mm	2	2	优良
	8		支臂两端的连接板和铰链、主梁接触	良好，互相密贴，接触面不小于75%				用塞尺检查连接板和铰链、主梁的接触，接触良好，互相密贴，接触面不小于75%	/	/	优良
	9		抗剪板和连接板接触	顶紧				用塞尺检查抗剪板和连接板的接触，抗剪板与连接板顶紧	/	/	优良

检查意见：

主控项目共 6 项，其中合格 6 项，优良 6 项，合格率 100 %，优良率 100 %。

一般项目共 9 项，其中合格 9 项，优良 9 项，合格率 100 %，优良率 100 %。

检验人：××× 2015年6月19日	评定人：××× 2015年6月19日	监理工程师：××× 2015年6月19日

表 5.1 弧形闸门门体安装质量检查表

填 表 说 明

填表时必须遵守“填表基本规定”，并符合以下要求。

1. 分部工程、单元工程名称填写应与第一部分水工金属结构安装工程单元工程施工质量验收评定表中表 5 相同。

2. 各检验项目的检验方法及检验数量按下表要求执行。

<table>
<tr><th colspan="2">检验项目</th><th>检验方法</th><th>检验数量</th></tr>
<tr><td rowspan="5">铰座</td><td>铰座轴孔倾斜度</td><td rowspan="5">钢丝线、钢板尺、垂球、水准仪、经纬仪、全站仪</td><td rowspan="5">/</td></tr>
<tr><td>两铰座轴线同轴度</td></tr>
<tr><td>铰座中心对孔口中心线的距离</td></tr>
<tr><td>铰座里程</td></tr>
<tr><td>铰座高程</td></tr>
<tr><td>焊缝对口错边</td><td>焊缝对口错边（任意板厚 δ）</td><td>钢板尺或焊接检验规</td><td>沿焊缝全长测量</td></tr>
<tr><td rowspan="2">表面清除和凹坑焊补</td><td>门体表面清除</td><td rowspan="2">钢板尺</td><td rowspan="2">全部表面</td></tr>
<tr><td>门体局部凹坑焊补</td></tr>
<tr><td>止水橡皮</td><td>止水橡皮实际压缩量和设计压缩量之差</td><td>钢板尺</td><td>沿止水橡皮长度检查</td></tr>
<tr><td rowspan="6">门体铰轴与支臂</td><td>铰轴中心至面板外缘曲率半径 R</td><td rowspan="4">钢丝线、钢板尺、垂球、水准仪、经纬仪、全站仪</td><td rowspan="4">R
L
L
Δ</td></tr>
<tr><td>两侧曲率半径相对差</td></tr>
<tr><td>支臂中心线与铰链中心线吻合值</td></tr>
<tr><td>支臂中心至门叶中心的偏差 L</td></tr>
<tr><td>支臂两端的连接板和铰链、主梁接触</td><td rowspan="2">塞尺</td><td>/</td></tr>
<tr><td>抗剪板和连接板接触</td><td>/</td></tr>
</table>

3. 弧形闸门门体安装质量评定包括铰座安装、铰轴安装、支臂安装、焊缝焊接、门体表面清除和凹坑焊补、门体表面防腐蚀和止水橡皮安装等检验项目。

4. 弧形闸门门体焊缝焊接与表面防腐质量应符合《水利水电工程单元工程施工质量验收评定标准——水工金属结构安装工程》（SL 635—2012）第 4 章的相关规定。

5. 弧形闸门的试验及试运行，应符合《水利水电工程钢闸门制造、安装及验收规范》（GB/T 14173）的规定和设计文件的要求，并应做好记录备查。

6. 单元工程安装质量检验项目质量标准。

（1）合格等级标准。

1）主控项目，检测点应 100%符合合格标准。

2）一般项目，检测点应 90%及以上符合合格标准，不合格点最大值不应超过其允许偏差值的 1.2 倍，且不合格点不应集中。

（2）优良等级标准。在合格等级标准基础上，主控项目和一般项目的所有检测点应 90%及以上符合优良标准。

7. 表中数值为允许偏差值。

________工程

表 5.2　　弧形闸门门体焊缝外观质量检查表（样表）

编号：__________

<table>
<tr><td colspan="3">分部工程名称</td><td colspan="2"></td><td>单元工程名称</td><td colspan="3"></td></tr>
<tr><td colspan="3">安装部位</td><td colspan="2"></td><td>安装内容</td><td colspan="3"></td></tr>
<tr><td colspan="3">安装单位</td><td colspan="2"></td><td>开/完工日期</td><td colspan="3"></td></tr>
<tr><td colspan="2" rowspan="2">项次</td><td colspan="2" rowspan="2">检验项目</td><td>质量要求</td><td rowspan="2" colspan="2">实测值</td><td rowspan="2">合格数</td><td rowspan="2">优良数</td><td rowspan="2">质量等级</td></tr>
<tr><td>合格</td></tr>
<tr><td rowspan="7">主控项目</td><td>1</td><td colspan="2">裂纹</td><td>不允许出现</td><td colspan="2"></td><td></td><td></td><td></td></tr>
<tr><td>2</td><td colspan="2">表面夹渣</td><td>一类、二类焊缝：不允许；
三类焊缝：深不大于 0.1δ，长不大于 0.3δ，且不大于 10mm</td><td colspan="2"></td><td></td><td></td><td></td></tr>
<tr><td rowspan="2">3</td><td rowspan="2">咬边</td><td>钢管</td><td>一类、二类焊缝：深不大于 0.5mm；
三类焊缝：深不大于 1mm</td><td colspan="2"></td><td></td><td></td><td></td></tr>
<tr><td>钢闸门</td><td>一类、二类焊缝：深不大于 0.5mm；连续咬边长度不大于焊缝总长的 10%，且不大于 100mm；两侧咬边累计长度不大于该焊缝总长的 15%；角焊缝不大于 20%；
三类焊缝：深不大于 1mm</td><td colspan="2"></td><td></td><td></td><td></td></tr>
<tr><td rowspan="2">4</td><td rowspan="2">表面气孔</td><td>钢管</td><td>一类、二类焊缝：不允许；
三类焊缝：每米范围内允许直径小于 1.5mm 的气孔 5 个，间距不小于 20mm</td><td colspan="2"></td><td></td><td></td><td></td></tr>
<tr><td>钢闸门</td><td>一类焊缝：不允许；
二类焊缝：每米范围内允许直径不大于 1.0mm 的气孔 3 个，间距不小于 20mm；
三类焊缝：每米范围内允许直径不大于 1.5mm 的气孔 5 个，间距不小于 20mm</td><td colspan="2"></td><td></td><td></td><td></td></tr>
<tr><td>5</td><td colspan="2">未焊满</td><td>一类、二类焊缝：不允许；
三类焊缝：深不大于（0.2+0.02δ）mm，且不大于 1mm，每 100mm 焊缝内缺欠总长不大于 25mm</td><td colspan="2"></td><td></td><td></td><td></td></tr>
</table>

续表

<table>
<tr><th rowspan="2" colspan="2">项次</th><th rowspan="2" colspan="2">检验项目</th><th>质量要求</th><th rowspan="2">实测值</th><th rowspan="2">合格数</th><th rowspan="2">优良数</th><th rowspan="2">质量等级</th></tr>
<tr><th>合格</th></tr>
<tr><td rowspan="10">一般项目</td><td rowspan="2">1</td><td rowspan="2">焊缝余高 Δh /mm</td><td>手工焊</td><td>一类、二类/三类(仅钢闸门)焊缝：$\delta \leqslant 12$，$\Delta h=(0\sim1.5)/(0\sim2)$；$12<\delta\leqslant25$，$\Delta h=(0\sim2.5)/(0\sim3)$；$25<\delta\leqslant50$，$\Delta h=(0\sim3)/(0\sim4)$；$\delta>50$，$\Delta h=(0\sim4)/(0\sim5)$</td><td></td><td></td><td></td><td></td></tr>
<tr><td>自动焊</td><td>(0～4) / (0～5)</td><td></td><td></td><td></td><td></td></tr>
<tr><td rowspan="2">2</td><td rowspan="2">对接焊缝宽度 Δb</td><td>手工焊</td><td>盖过每边坡口宽度 1.0～2.5mm，且平缓过渡</td><td></td><td></td><td></td><td></td></tr>
<tr><td>自动焊</td><td>盖过每边坡口宽度 2～7mm，且平缓过渡</td><td></td><td></td><td></td><td></td></tr>
<tr><td>3</td><td colspan="2">飞溅</td><td>不允许出现（高强钢、不锈钢此项作为主控项目）</td><td></td><td></td><td></td><td></td></tr>
<tr><td>4</td><td colspan="2">电弧擦伤</td><td>不允许出现（高强钢、不锈钢此项作为主控项目）</td><td></td><td></td><td></td><td></td></tr>
<tr><td>5</td><td colspan="2">焊瘤</td><td>不允许出现</td><td></td><td></td><td></td><td></td></tr>
<tr><td rowspan="2">6</td><td rowspan="2">角焊缝焊脚高 K</td><td>手工焊</td><td>$K<12$mm，$\Delta K=0\sim2$mm；$K\geqslant12$mm，$\Delta K=0\sim3$mm</td><td></td><td></td><td></td><td></td></tr>
<tr><td>自动焊</td><td>$K<12$mm，$\Delta K=0\sim2$mm；$K\geqslant12$mm，$\Delta K=0\sim3$mm</td><td></td><td></td><td></td><td></td></tr>
<tr><td>7</td><td colspan="2">端部转角</td><td>连续绕角施焊</td><td></td><td></td><td></td><td></td></tr>
<tr><td colspan="9">检查意见：
主控项目共____项，其中合格____项，优良____项，合格率____%，优良率____%。
一般项目共____项，其中合格____项，优良____项，合格率____%，优良率____%。</td></tr>
<tr><td colspan="4">检验人：(签字)
年　月　日</td><td colspan="2">评定人：(签字)
年　月　日</td><td colspan="3">监理工程师：(签字)
年　月　日</td></tr>
<tr><td colspan="9">注　1. 手工焊是指焊条电弧焊、CO_2 半自动气保焊、自保护药芯半自动焊以及手工 TIG 焊等。自动焊是指埋弧自动焊、MAG 自动焊、MIG 自动焊等。
2. δ 为任意板厚，mm。</td></tr>
</table>

×××电站______工程

表 5.2　　弧形闸门门体焊缝外观质量检查表（实例）

编号：__________

分部工程名称	金属结构及启闭机安装	单元工程名称	溢流坝弧形闸门门体安装
安装部位	焊缝外观	安装内容	焊缝外观
安装单位	中国水利水电第×××工程局有限公司	开/完工日期	2015 年 6 月 1—19 日

项次		检验项目		质量要求 合格	实测值	合格数	优良数	质量等级
主控项目	1	裂纹		不允许出现	共 60 条焊缝，检查全部焊缝，无裂纹出现	60	60	优良
	2	表面夹渣		一类、二类焊缝：不允许； 三类焊缝：深不大于 0.1δ，长不大于 0.3δ，且不大于 10mm	本单元工程焊缝为二类焊缝，检查全部焊缝，焊缝表面无夹渣	60	60	优良
	3	咬边	钢管	一类、二类焊缝：深不大于 0.5mm； 三类焊缝：深不大于 1mm	/	/	/	/
			钢闸门	一类、二类焊缝：深不大于 0.5mm；连续咬边长度不大于焊缝总长的 10%，且不大于 100mm；两侧咬边累计长度不大于该焊缝总长的 15%；角焊缝不大于 20%； 三类焊缝：深不大于 1mm	检查全部焊缝，发现 115 个咬边，长度为 0.1～0.4mm，详见测量资料	115	115	优良
	4	表面气孔	钢管	一类、二类焊缝：不允许； 三类焊缝：每米范围内允许直径小于 1.5mm 的气孔 5 个，间距不小于 20mm	/	/	/	/
			钢闸门	一类焊缝：不允许； 二类焊缝：每米范围内允许直径不大于 1.0mm 的气孔 3 个，间距不小于 20mm； 三类焊缝：每米范围内允许直径不大于 1.5mm 的气孔 5 个，间距不小于 20mm	检查全部焊缝表面，未发现气孔	/	/	优良
	5	未焊满		一类、二类焊缝：不允许； 三类焊缝：深不大于（0.2＋0.02δ）mm，且不大于 1mm，每 100mm 焊缝内缺欠总长不大于 25mm	检查全部焊缝，焊缝无未焊满情况	/	/	优良

续表

<table>
<tr><td colspan="2" rowspan="2">项次</td><td colspan="2" rowspan="2">检验项目</td><td>质量要求</td><td rowspan="2">实测值</td><td rowspan="2">合格数</td><td rowspan="2">优良数</td><td rowspan="2">质量等级</td></tr>
<tr><td>合格</td></tr>
<tr><td rowspan="11">一般项目</td><td rowspan="2">1</td><td rowspan="2">焊缝余高 Δh /mm</td><td>手工焊</td><td>一类、二类/三类（仅钢闸门）焊缝：$\delta \leqslant 12$，$\Delta h=$（0～1.5）/（0～2）；$12<\delta \leqslant 25$，$\Delta h=$（0～2.5）/（0～3）；$25<\delta \leqslant 50$，$\Delta h=$（0～3）/（0～4）；$\delta>50$，$\Delta h=$（0～4）/（0～5）</td><td>$\delta=160$mm；
检查全部焊缝，检查焊缝余高60组，余高为1.2～2.4mm，详见测量资料</td><td>60</td><td>60</td><td>优良</td></tr>
<tr><td>自动焊</td><td>（0～4）/（0～5）</td><td>/</td><td>/</td><td>/</td><td>/</td></tr>
<tr><td rowspan="2">2</td><td rowspan="2">对接焊缝宽度 Δb</td><td>手工焊</td><td>盖过每边坡口宽度1.0～2.5mm，且平缓过渡</td><td>检查全部焊缝，检查对接焊缝宽度60组，宽度为1.1～2.2mm，且平缓过渡，详见测量资料</td><td>60</td><td>60</td><td>优良</td></tr>
<tr><td>自动焊</td><td>盖过每边坡口宽度2～7mm，且平缓过渡</td><td>/</td><td>/</td><td>/</td><td>/</td></tr>
<tr><td>3</td><td colspan="2">飞溅</td><td>不允许出现（高强钢、不锈钢此项作为主控项目）</td><td>检查全部焊缝表面，未出现飞溅现象</td><td>/</td><td>/</td><td>优良</td></tr>
<tr><td>4</td><td colspan="2">电弧擦伤</td><td>不允许出现（高强钢、不锈钢此项作为主控项目）</td><td>检查全部焊缝表面，未出现电弧擦伤情况</td><td>/</td><td>/</td><td>优良</td></tr>
<tr><td>5</td><td colspan="2">焊瘤</td><td>不允许出现</td><td>检查全部焊缝表面，无焊瘤出现</td><td>/</td><td>/</td><td>优良</td></tr>
<tr><td rowspan="2">6</td><td rowspan="2">角焊缝焊脚高 K</td><td>手工焊</td><td>$K<12$mm，$\Delta K=0\sim 2$mm；$K\geqslant 12$mm，$\Delta K=0\sim 3$mm</td><td>$K=16$mm；
本单元工程共涉及4处角焊缝，ΔK为1.3mm、1.2mm、0.8mm、1.2mm</td><td>4</td><td>4</td><td>优良</td></tr>
<tr><td>自动焊</td><td>$K<12$mm，$\Delta K=0\sim 2$mm；$K\geqslant 12$mm，$\Delta K=0\sim 3$mm</td><td>/</td><td>/</td><td>/</td><td>/</td></tr>
<tr><td>7</td><td colspan="2">端部转角</td><td>连续绕角施焊</td><td>本单元工程共涉及4处端部转角焊缝，均连续绕角施焊</td><td>4</td><td>4</td><td>优良</td></tr>
<tr><td colspan="9">检查意见：
主控项目共 5 项，其中合格 5 项，优良 5 项，合格率 100 %，优良率 100 %。
一般项目共 7 项，其中合格 7 项，优良 7 项，合格率 100 %，优良率 100 %。</td></tr>
<tr><td colspan="4">检验人：×××
2015年6月19日</td><td colspan="2">评定人：×××
2015年6月19日</td><td colspan="3">监理工程师：×××
2015年6月19日</td></tr>
<tr><td colspan="9">**注** 1. 手工焊是指焊条电弧焊、CO_2半自动气保焊、自保护药芯半自动焊以及手工TIG焊等。自动焊是指埋弧自动焊、MAG自动焊、MIG自动焊等。
2. δ为任意板厚，mm。</td></tr>
</table>

表 5.2　弧形闸门门体焊缝外观质量检查表

填　表　说　明

填表时必须遵守“填表基本规定”，并应符合下列要求。

1. 分部工程、单元工程名称填写应与第一部分水工金属结构安装工程单元工程施工质量验收评定表中表 5 相同。

2. 各检验项目的检验方法及检验数量按下表要求执行。

检验项目		检验方法	检验数量
裂纹		检查（必要时用 5 倍放大镜检查）	沿焊缝长度
表面夹渣			
咬边			
表面气孔			全部表面
未焊满			
焊缝余高 Δh	手工焊	钢板尺或焊接检验规	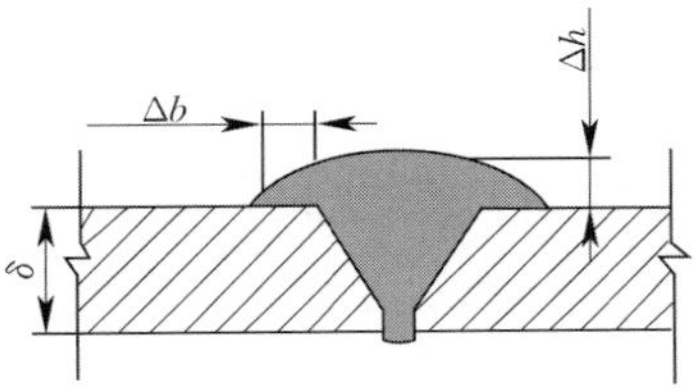
	自动焊		
对接焊缝宽度 Δb	手工焊		
	自动焊		
飞溅		检查	全部表面
电弧擦伤			
焊瘤			
角焊缝焊脚高 K	手工焊	焊接检验规	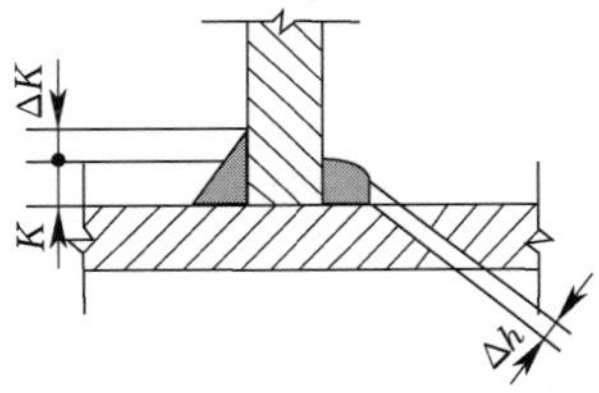
	自动焊		
端部转角		检查	

3. 弧形闸门门体焊接与检验的技术要求应符合《水工金属结构焊接通用技术条件》（SL 36）和《水利工程压力钢管制造安装及验收规范》（SL 432）的规定。

4. 焊缝的无损检验应根据施工图样和相关标准的规定进行。一类、二类焊缝的射线、超声波、磁粉、渗透探伤应分别符合《金属熔化焊焊接头射线照相》（GB/T 3323）、《焊缝无损检测　超声检测　技术、检测等级和评定》（GB/T 11345）、《无损检测　焊缝磁粉检测》（JB/T 6061）、《无损检测　焊缝渗透检测》（JB/T 6062）的规定。

5. 焊缝焊接质量由焊缝外观质量和焊缝内部质量组成。

6. 单元工程安装质量检验项目质量标准。

（1）合格等级标准。

1）主控项目，检测点应100%符合合格标准。

2）一般项目，检测点应90%及以上符合合格标准，不合格点最大值不应超过其允许偏差值的1.2倍，且不合格点不应集中。

（2）优良等级标准。在合格标准基础上，主控项目和一般项目的所有检测点应90%及以上符合优良标准。

7. 表中数值为允许偏差值。

______________工程

表 5.3　弧形闸门门体焊缝内部质量检查表（样表）

编号：__________

<table>
<tr><td colspan="2">分部工程名称</td><td colspan="2"></td><td>单元工程名称</td><td colspan="3"></td></tr>
<tr><td colspan="2">安装部位</td><td colspan="2"></td><td>安装内容</td><td colspan="3"></td></tr>
<tr><td colspan="2">安装单位</td><td colspan="2"></td><td>开/完工日期</td><td colspan="3"></td></tr>
<tr><td colspan="2" rowspan="2">项次</td><td rowspan="2">检验项目</td><td colspan="2">质量要求</td><td rowspan="2">实测值</td><td rowspan="2">合格数</td><td rowspan="2">优良数</td><td rowspan="2">质量等级</td></tr>
<tr><td>合格</td><td>优良</td></tr>
<tr><td rowspan="4">主控项目</td><td>1</td><td>射线探伤</td><td>一类焊缝不低于Ⅱ级合格，二类焊缝不低于Ⅲ级合格</td><td>一次合格率不低于90%</td><td></td><td></td><td></td><td></td></tr>
<tr><td>2</td><td>超声波探伤</td><td>一类焊缝不低于Ⅰ级合格，二类焊缝不低于Ⅱ级合格</td><td>一次合格率不低于95%</td><td></td><td></td><td></td><td></td></tr>
<tr><td>3</td><td>磁粉探伤</td><td>一类、二类焊缝不低于Ⅱ级合格</td><td>一次合格率不低于95%</td><td></td><td></td><td></td><td></td></tr>
<tr><td>4</td><td>渗透探伤</td><td>一类、二类焊缝不低于Ⅱ级合格</td><td>一次合格率不低于95%</td><td></td><td></td><td></td><td></td></tr>
<tr><td colspan="10">检查意见：
主控项目共____项，其中合格____项，优良____项，合格率____%，优良率____%。</td></tr>
<tr><td colspan="4">检验人：（签字）
年　月　日</td><td colspan="3">评定人：（签字）
年　月　日</td><td colspan="3">监理工程师：（签字）
年　月　日</td></tr>
<tr><td colspan="10">注　1. 射线探伤一次合格率＝$\frac{合格底片（张）}{拍片总数（张）}\times100\%$。
2. 其余探伤一次合格率＝$\frac{合格焊缝总长度（m）}{所检焊缝总长度（m）}\times100\%$。
3. 当焊缝长度小于200mm时，按实际焊缝长度检测。</td></tr>
</table>

×××电站____工程

表 5.3　弧形闸门门体焊缝内部质量检查表（实例）

编号：________

<table>
<tr><td colspan="3">分部工程名称</td><td colspan="2">金属结构及启闭机安装</td><td>单元工程名称</td><td colspan="3">溢流坝弧形闸门门体安装</td></tr>
<tr><td colspan="3">安装部位</td><td colspan="2">焊缝内部</td><td>安装内容</td><td colspan="3">焊缝内部</td></tr>
<tr><td colspan="3">安装单位</td><td colspan="2">中国水利水电第×××工程局有限公司</td><td>开/完工日期</td><td colspan="3">2015 年 6 月 1—19 日</td></tr>
<tr><td colspan="2" rowspan="2">项次</td><td rowspan="2">检验项目</td><td colspan="2">质量要求</td><td rowspan="2">实测值</td><td rowspan="2">合格数</td><td rowspan="2">优良数</td><td rowspan="2">质量等级</td></tr>
<tr><td>合格</td><td>优良</td></tr>
<tr><td rowspan="4">主控项目</td><td>1</td><td>射线探伤</td><td>一类焊缝不低于Ⅱ级合格，二类焊缝不低于Ⅲ级合格</td><td>一次合格率不低于 90%</td><td>共检测焊缝 60 条，每处拍片 4 张，合格底片 4 张，合格率 100%</td><td>60</td><td>60</td><td>优良</td></tr>
<tr><td>2</td><td>超声波探伤</td><td>一类焊缝不低于Ⅰ级合格，二类焊缝不低于Ⅱ级合格</td><td>一次合格率不低于 95%</td><td>共检测焊缝 60 条，合格率均为 100%</td><td>60</td><td>60</td><td>优良</td></tr>
<tr><td>3</td><td>磁粉探伤</td><td>一类、二类焊缝不低于Ⅱ级合格</td><td>一次合格率不低于 95%</td><td>/</td><td>/</td><td>/</td><td>/</td></tr>
<tr><td>4</td><td>渗透探伤</td><td>一类、二类焊缝不低于Ⅱ级合格</td><td>一次合格率不低于 95%</td><td>/</td><td>/</td><td>/</td><td>/</td></tr>
<tr><td colspan="9">检查意见：
主控项目共 2 项，其中合格 2 项，优良 2 项，合格率 100 %，优良率 100 %。</td></tr>
<tr><td colspan="3">检验人：×××
2015 年 6 月 19 日</td><td colspan="3">评定人：×××
2015 年 6 月 19 日</td><td colspan="3">监理工程师：×××
2015 年 6 月 19 日</td></tr>
<tr><td colspan="9">注　1. 射线探伤一次合格率 $=\frac{\text{合格底片（张）}}{\text{拍片总数（张）}}\times 100\%$。
2. 其余探伤一次合格率 $=\frac{\text{合格焊缝总长度（m）}}{\text{所检焊缝总长度（m）}}\times 100\%$。
3. 当焊缝长度小于 200mm 时，按实际焊缝长度检测。</td></tr>
</table>

表 5.3　弧形闸门门体焊缝内部质量检查表

填　表　说　明

填表时必须遵守“填表基本规定”，并符合以下要求。

1. 分部工程、单元工程名称填写应与第一部分水工金属结构安装工程单元工程施工质量验收评定表中表 5 相同。

2. 各检验项目的检验方法及检验数量按下表要求执行。

检验项目	检验方法
射线探伤	压力钢管：按《水利工程压力钢管制造安装及验收规范》（SL 432）的要求； 钢闸门及拦污栅：按《水利水电工程钢闸门制造、安装及验收规范》（GB/T 14173）的要求； 启闭机：按《水利水电工程启闭机制造安装及验收规范》（SL 381）和《水工金属结焊接通用技术条件》（SL 36）的要求
超声波探伤	压力钢管：按《水利工程压力钢管制造安装及验收规范》（SL 432）的要求； 钢闸门及拦污栅：按《水利水电工程钢闸门制造、安装及验收规范》（GB/T 14173）的要求； 启闭机：按《水利水电工程启闭机制造安装及验收规范》（SL 381）和《水工金属结焊接通用技术条件》（SL 36）的要求
磁粉探伤	厚度大于 32mm 的高强度钢，不低于焊缝总长的 20%，且不小于 200mm
渗透探伤	

3. 单元工程安装质量检验项目质量标准。

（1）合格等级标准。

1）主控项目，检测点应 100%符合合格标准。

2）一般项目，检测点应 90%及以上符合合格标准，不合格点最大值不应超过其允许偏差值的 1.2 倍，且不合格点不应集中。

（2）优良等级标准。在合格标准基础上，主控项目和一般项目的所有检测点应 90%及以上符合优良标准。

____________工程

表 5.4　弧形闸门门体表面防腐蚀质量检查表（样表）

编号：__________

<table>
<tr><td colspan="2">分部工程名称</td><td colspan="3"></td><td>单元工程名称</td><td colspan="4"></td></tr>
<tr><td colspan="2">安装部位</td><td colspan="3"></td><td>安装内容</td><td colspan="4"></td></tr>
<tr><td colspan="2">安装单位</td><td colspan="3"></td><td>开/完工日期</td><td colspan="4"></td></tr>
<tr><td colspan="2" rowspan="2">项次</td><td rowspan="2">检验项目</td><td colspan="3">质量要求</td><td rowspan="2">实测值</td><td rowspan="2">合格数</td><td rowspan="2">优良数</td><td rowspan="2">质量等级</td></tr>
<tr><td colspan="2">合格</td><td>优良</td></tr>
<tr><td rowspan="3">主控项目</td><td>1</td><td>闸门表面清除</td><td colspan="2">管壁临时支撑割除，焊疤清除干净</td><td>管壁临时支撑割除，焊疤清除干净并磨光</td><td></td><td></td><td></td><td></td></tr>
<tr><td>2</td><td>闸门局部凹坑焊补</td><td colspan="2">凡凹坑深度大于板厚的10%或大于2.0mm应焊补</td><td>凡凹坑深度大于板厚的10%或大于2.0mm应焊补并磨光</td><td></td><td></td><td></td><td></td></tr>
<tr><td>3</td><td>灌浆孔堵焊</td><td colspan="3">堵焊后表面平整，无渗水现象</td><td></td><td></td><td></td><td></td></tr>
<tr><td rowspan="4">一般项目</td><td>1</td><td>表面预处理</td><td colspan="3">明管内外壁和埋管内壁用压缩空气喷砂或喷丸除锈，除锈清洁度等级应达到《涂装前钢材表面锈蚀等级和除锈等级》（GB 8923）中规定的 Sa $2\frac{1}{2}$ 级；表面粗糙度对非厚浆型涂料应达到 $Rz40$～$70\mu m$，对厚浆型涂料及金属热喷涂为 $Rz60$～$100\mu m$。
埋管外壁经喷射或抛射除锈后，采用改性水泥浆防腐蚀除锈等级不低于 Sa1 级</td><td></td><td></td><td></td><td></td></tr>
<tr><td>2</td><td rowspan="3">涂料涂装</td><td>外观检查</td><td colspan="2">表面光滑、颜色均匀一致，无皱纹、起泡、流挂、针孔、裂纹、漏涂等缺欠</td><td></td><td></td><td></td><td></td></tr>
<tr><td>3</td><td>涂层厚度</td><td colspan="2">85%以上的局部厚度应达到设计文件规定厚度，漆膜最小局部厚度应不低于设计文件规定厚度的85%</td><td></td><td></td><td></td><td></td></tr>
<tr><td>4</td><td>针孔</td><td colspan="2">厚浆型涂料，按规定的电压值检测针孔，发现针孔，用砂纸或弹性砂轮片打磨后补涂</td><td></td><td></td><td></td><td></td></tr>
</table>

续表

<table>
<tr><th colspan="2" rowspan="2">项次</th><th colspan="2" rowspan="2">检验项目</th><th colspan="3">质量要求</th><th rowspan="2">实测值</th><th rowspan="2">合格数</th><th rowspan="2">优良数</th><th rowspan="2">质量等级</th></tr>
<tr><th colspan="2">合格</th><th>优良</th></tr>
<tr><td rowspan="5">一般项目</td><td>5</td><td rowspan="2">涂料涂装</td><td rowspan="2">附着力</td><td>涂膜厚度大于250μm</td><td colspan="2">在涂膜上划两条夹角为60°的切割线，应划透至基底，用透明压敏胶粘带粘牢划口部分，快速撕起胶带，涂层应无剥落</td><td></td><td></td><td></td><td></td></tr>
<tr><td>6</td><td>涂膜厚度不大于250μm</td><td>用划格法检查（0～60μm，刀口间距1mm；61～120μm，刀口间距2mm；121～250μm，刀口间距3mm），涂层沿切割边缘或切口交叉处脱落明显大于5%，但受影响明显不大于15%</td><td>切割的边缘完全平滑，无一格脱落，或在切割交叉处涂层有少许薄片分离，划格区受影响明显不大于5%</td><td></td><td></td><td></td><td></td></tr>
<tr><td>7</td><td rowspan="3">金属喷涂</td><td colspan="2">外观检查</td><td colspan="2">表面均匀，无金属熔融粗颗粒、起皮、鼓泡、裂纹、掉块及其他影响使用的缺陷</td><td></td><td></td><td></td><td></td></tr>
<tr><td>8</td><td colspan="2">涂层厚度</td><td colspan="2">最小局部厚度不小于设计文件规定厚度</td><td></td><td></td><td></td><td></td></tr>
<tr><td>9</td><td colspan="2">结合性能</td><td>胶带上有破断的涂层黏附，但基底未裸露</td><td>涂层的任何部位都未与基体金属剥离</td><td></td><td></td><td></td><td></td></tr>
<tr><td colspan="11">检查意见：
主控项目共____项，其中合格____项，优良____项，合格率____%，优良率____%。
一般项目共____项，其中合格____项，优良____项，合格率____%，优良率____%。</td></tr>
<tr><td colspan="4">检验人：（签字）
年 月 日</td><td colspan="4">评定人：（签字）
年 月 日</td><td colspan="3">监理工程师：（签字）
年 月 日</td></tr>
</table>

×××电站 工程

表 5.4 弧形闸门门体表面防腐蚀质量检查表（实例）

编号：

<table>
<tr><td colspan="3">分部工程名称</td><td colspan="2">金属结构及启闭机安装</td><td colspan="2">单元工程名称</td><td colspan="3">溢流坝弧形闸门门体安装</td></tr>
<tr><td colspan="3">安装部位</td><td colspan="2">表面防腐蚀</td><td colspan="2">安装内容</td><td colspan="3">表面防腐蚀</td></tr>
<tr><td colspan="3">安装单位</td><td colspan="2">中国水利水电第×××工程局有限公司</td><td colspan="2">开/完工日期</td><td colspan="3">2015 年 6 月 1—19 日</td></tr>
<tr><td colspan="2" rowspan="2">项次</td><td rowspan="2">检验项目</td><td colspan="2">质量要求</td><td colspan="2" rowspan="2">实测值</td><td rowspan="2">合格数</td><td rowspan="2">优良数</td><td rowspan="2">质量等级</td></tr>
<tr><td>合格</td><td>优良</td></tr>
<tr><td rowspan="3">主控项目</td><td>1</td><td>闸门表面清除</td><td>管壁临时支撑割除，焊疤清除干净</td><td>管壁临时支撑割除，焊疤清除干净并磨光</td><td colspan="2">检查闸门全部表面，焊疤清除干净并磨光</td><td>/</td><td>/</td><td>优良</td></tr>
<tr><td>2</td><td>闸门局部凹坑焊补</td><td>凡凹坑深度大于板厚的10%或大于2.0mm应焊补</td><td>凡凹坑深度大于板厚的10%或大于2.0mm应焊补并磨光</td><td colspan="2">检查闸门全部表面，发现深度大于2.0mm的凹坑5处，进行了焊补并磨光</td><td>5</td><td>5</td><td>优良</td></tr>
<tr><td>3</td><td>灌浆孔堵焊</td><td colspan="2">堵焊后表面平整，无渗水现象</td><td colspan="2">/</td><td>/</td><td>/</td><td>/</td></tr>
<tr><td rowspan="4">一般项目</td><td>1</td><td>表面预处理</td><td colspan="2">明管内外壁和埋管内壁用压缩空气喷砂或喷丸除锈，除锈清洁度等级应达到《涂装前钢材表面锈蚀等级和除锈等级》(GB 8923) 中规定的 Sa $2\frac{1}{2}$ 级；表面粗糙度对非厚浆型涂料应达到 $Rz40\sim70\mu m$，对厚浆型涂料及金属热喷涂为 $Rz60\sim100\mu m$。
埋管外壁经喷射或抛射除锈后，采用改性水泥浆防腐蚀除锈等级不低于 Sa1 级</td><td colspan="2">对埋件表面进行了喷丸除锈清洁，清洁后埋件表面无可见的油脂和污垢，且氧化皮、铁锈、油漆涂层等附着物基本清除，清洁度等级达到 Sa $2\frac{1}{2}$ 级；
本单元工程涂料采用非厚浆型涂料，采用比较样板目视对除锈处理后的埋件表面进行了检查，表面粗糙度为 $Rz50\mu m$</td><td>/</td><td>/</td><td>优良</td></tr>
<tr><td>2</td><td rowspan="3">涂料涂装</td><td>外观检查</td><td>表面光滑、颜色均匀一致，无皱纹、起泡、流挂、针孔、裂纹、漏涂等缺欠</td><td colspan="2">检查焊缝两侧，表面光滑、颜色均匀一致，无皱纹、气泡、流挂等缺欠</td><td>/</td><td>/</td><td>优良</td></tr>
<tr><td>3</td><td>涂层厚度</td><td>85%以上的局部厚度应达到设计文件规定厚度，漆膜最小局部厚度应不低于设计文件规定厚度的85%</td><td colspan="2">设计要求：涂层厚度为 $60\mu m$；
采用测厚仪共检测150个点，涂层厚度为 $60.5\sim62.8\mu m$，详见测量数据</td><td>150</td><td>150</td><td>优良</td></tr>
<tr><td>4</td><td>针孔</td><td>厚浆型涂料，按规定的电压值检测针孔，发现针孔，用砂纸或弹性砂轮片打磨后补涂</td><td colspan="2">采用针孔检测仪检测60个点，发现针孔5个，用砂纸打磨后补涂</td><td>60</td><td>60</td><td>优良</td></tr>
</table>

续表

<table>
<tr><th colspan="2" rowspan="2">项次</th><th colspan="3" rowspan="2">检验项目</th><th colspan="2">质量要求</th><th rowspan="2">实测值</th><th rowspan="2">合格数</th><th rowspan="2">优良数</th><th rowspan="2">质量等级</th></tr>
<tr><th>合格</th><th>优良</th></tr>
<tr><td rowspan="5">一般项目</td><td>5</td><td rowspan="2">涂料涂装</td><td rowspan="2">附着力</td><td>涂膜厚度大于250μm</td><td colspan="2">在涂膜上划两条夹角为60°的切割线，应划透至基底，用透明压敏胶粘带粘牢划口部分，快速撕起胶带，涂层应无剥落</td><td>采用划叉法检查涂料附着情况，检测45处，涂层均无剥落现象</td><td>45</td><td>45</td><td>优良</td></tr>
<tr><td>6</td><td>涂膜厚度不大于250μm</td><td>用划格法检查（0～60μm，刀口间距1mm；61～120μm，刀口间距2mm；121～250μm，刀口间距3mm），涂层沿切割边缘或切口交叉处脱落明显大于5%，但受影响明显不大于15%</td><td>切割的边缘完全平滑，无一格脱落，或在切割交叉处涂层有少许薄片分离，划格区受影响明显地不大于5%</td><td>/</td><td>/</td><td>/</td><td>/</td></tr>
<tr><td>7</td><td rowspan="3">金属喷涂</td><td colspan="2">外观检查</td><td colspan="2">表面均匀，无金属熔融粗颗粒、起皮、鼓泡、裂纹、掉块及其他影响使用的缺陷</td><td>检查闸门表面喷漆外观，表面均匀，无起皮、裂纹等缺陷</td><td>/</td><td>/</td><td>优良</td></tr>
<tr><td>8</td><td colspan="2">涂层厚度</td><td colspan="2">最小局部厚度不小于设计文件规定厚度</td><td>设计要求：涂层厚度为60.0μm；
共检测80个点，涂层厚度为60.2～63.6μm，详见检测资料</td><td>80</td><td>80</td><td>优良</td></tr>
<tr><td>9</td><td colspan="2">结合性能</td><td>胶带上有破断的涂层黏附，但基底未裸露</td><td>涂层的任何部位都未与基体金属剥离</td><td>采用切割刀、布胶带检查了60个涂层部位，各涂层均未与基体剥离</td><td>50</td><td>50</td><td>优良</td></tr>
<tr><td colspan="11">检查意见：
主控项目共__2__项，其中合格__2__项，优良__2__项，合格率__100__%，优良率__100__%。
一般项目共__8__项，其中合格__8__项，优良__8__项，合格率__100__%，优良率__100__%。</td></tr>
<tr><td colspan="4">检验人：×××
2015年6月19日</td><td colspan="3">评定人：×××
2015年6月19日</td><td colspan="4">监理工程师：×××
2015年6月19日</td></tr>
</table>

表 5.4 弧形闸门门体表面防腐蚀质量检查表

填 表 说 明

填表时必须遵守“填表基本规定”，并符合以下要求。

1. 分部工程、单元工程名称填写应与第一部分水工金属结构安装工程单元工程施工质量验收评定表中表 5 相同。

2. 各检验项目的检验方法及检验数量按下表执行。

<table>
<tr><td colspan="3">检验项目</td><td>检验方法</td><td>检验数量</td></tr>
<tr><td colspan="3">闸门表面清除</td><td rowspan="2">目测检查</td><td rowspan="2">全部表面</td></tr>
<tr><td colspan="3">闸门局部凹坑焊补</td></tr>
<tr><td colspan="3">灌浆孔堵焊</td><td>检查（或 5 倍放大镜检查）</td><td>全部灌浆孔</td></tr>
<tr><td colspan="3">表面预处理</td><td>清洁度按《涂装前钢材表面锈蚀等级和除锈等级》（GB 8923）照片对比；粗糙度用触针式轮廓仪测量或比较样板目测评定</td><td>每 2m² 表面至少要有 1 个评定点。触针式轮廓仪在 40mm 长度范围内测 5 点，取其算数平均值；比较样块法每一评定点面积不小于 50mm²</td></tr>
<tr><td rowspan="5">涂料涂装</td><td colspan="2">外观检查</td><td>目测检查</td><td>安装焊缝两侧</td></tr>
<tr><td colspan="2">涂层厚度</td><td>测厚仪</td><td>平整表面上每 10m² 表面应不少于 3 个测点；结构复杂、面积较小的表面，每 2m² 表面应不少于 1 个测点；单节钢管在两端和中间的圆周上每隔 1.5m 测 1 个点</td></tr>
<tr><td colspan="2">针孔</td><td>针孔检测仪</td><td>侧重在安装环缝两侧检测，每个区域 5 个测点，探测距离 300mm 左右</td></tr>
<tr><td rowspan="2">附着力</td><td>涂膜厚度大于 250μm</td><td rowspan="2">专用刀具</td><td rowspan="2">符合《水工金属结构防腐蚀规范》（SL 105）附录“色漆和清漆漆膜的划格试验”的规定</td></tr>
<tr><td>涂膜厚度不大于 250μm</td></tr>
<tr><td rowspan="3">金属喷涂</td><td colspan="2">外观检查</td><td>目测检查</td><td>全部表面</td></tr>
<tr><td colspan="2">涂层厚度</td><td>测厚仪</td><td>平整表面上每 10m² 不少于 3 个局部厚度（取 1dm² 的基准面，每个基准面测 10 个测点，取算术平均值）</td></tr>
<tr><td colspan="2">结合性能</td><td>切割刀、布胶带</td><td>当涂层厚度不大于 200μm，在 15mm×15mm 面积内按 3mm 间距，用刀切划网格，切痕深度应将涂层切断至基体金属，再用一个辊子施以 5N 的载荷将一条合适的胶带压紧在网格部位，然后沿垂直涂层表面方向快速将胶带拉开；当涂层厚度大于 200μm，在 25mm×25mm 面积内按 5mm 间距切划网格，按上述方法检测</td></tr>
</table>

3. 弧形闸门门体表面防腐蚀的技术要求应符合《水利工程压力钢管制造安装及验收规范》（SL 432）和《水工金属结构防腐蚀规范》（SL 105）的规定。

4. 弧形闸门门体表面防腐蚀质量评定包括管道内外壁表面清除、局部凹坑焊补、灌浆孔堵焊和表面防腐蚀（焊缝两侧）等检验项目。

5. 单元工程安装质量检验项目质量标准。

（1）合格等级标准。

1）主控项目，检测点应100%符合合格标准。

2）一般项目，检测点应90%及以上符合合格标准，不合格点最大值不应超过其允许偏差值的1.2倍，且不合格点不应集中。

（2）优良等级标准。在合格标准基础上，主控项目和一般项目的所有检测点应90%及以上符合优良标准。

__________工程

表 6　　人字闸门埋件单元工程安装质量验收评定表（样表）

单位工程名称			单元工程量		
分部工程名称			安装单位		
单元工程名称、部位			评定日期		
项次	项目	主控项目		一般项目	
		合格数	其中优良数	合格数	其中优良数
1	人字闸门埋件安装				
2	焊缝外观质量				
3	焊缝内部质量				
4	表面防腐蚀质量				
安装单位自评意见	各项报验资料符合规定。检验项目全部合格。检验项目优良率为____%，其中主控项目优良率为____%。 单元工程安装质量等级评定为____。 （签字，加盖公章）　　年　月　日				
监理单位复核意见	各项报验资料符合规定。检验项目全部合格。检验项目优良率为____%，其中主控项目优良率为____%。 单元工程安装质量等级核定为____。 （签字，加盖公章）　　年　月　日				
注　1. 主控项目和一般项目中的合格数指达到合格及其以上质量标准的项目个数。 2. 优良项目占全部项目百分率$=\frac{\text{主控项目优良数}+\text{一般项目优良数}}{\text{检验项目总数}}\times 100\%$。					

××× 电站 工程

表6　人字闸门埋件单元工程安装质量验收评定表（实例）

<table>
<tr><td colspan="2">单位工程名称</td><td colspan="2">溢流坝工程</td><td>单元工程量</td><td>5.2t</td></tr>
<tr><td colspan="2">分部工程名称</td><td colspan="2">金属结构及启闭机安装</td><td>安装单位</td><td>×××水利水电工程局</td></tr>
<tr><td colspan="2">单元工程名称、部位</td><td colspan="2">×××溢流坝人字闸门埋件安装</td><td>评定日期</td><td>2014年6月26日</td></tr>
<tr><td rowspan="2">项次</td><td rowspan="2">项目</td><td colspan="2">主控项目</td><td colspan="2">一般项目</td></tr>
<tr><td>合格数</td><td>其中优良数</td><td>合格数</td><td>其中优良数</td></tr>
<tr><td>1</td><td>人字闸门埋件安装</td><td>9</td><td>9</td><td>1</td><td>1</td></tr>
<tr><td>2</td><td>焊缝外观质量</td><td>5</td><td>5</td><td>7</td><td>7</td></tr>
<tr><td>3</td><td>焊缝内部质量</td><td>2</td><td>2</td><td>/</td><td>/</td></tr>
<tr><td>4</td><td>表面防腐蚀质量</td><td>2</td><td>2</td><td>8</td><td>8</td></tr>
<tr><td>安装单位自评意见</td><td colspan="5">各项报验资料符合规定。检验项目全部合格。检验项目优良率为 100 %，其中主控项目优良率为 100 %。
单元工程安装质量等级评定为 优良 。
×××（签字，加盖公章）　2014年6月26日</td></tr>
<tr><td>监理单位复核意见</td><td colspan="5">各项报验资料符合规定。检验项目全部合格。检验项目优良率为 100 %，其中主控项目优良率为 100 %。
单元工程安装质量等级核定为 优良 。
×××（签字，加盖公章）　2014年6月26日</td></tr>
<tr><td colspan="6">注　1. 主控项目和一般项目中的合格数指达到合格及其以上质量标准的项目个数。
2. 优良项目占全部项目百分率 $=\frac{\text{主控项目优良数}+\text{一般项目优良数}}{\text{检验项目总数}}\times 100\%$。</td></tr>
</table>

表6　人字闸门埋件单元工程安装质量验收评定表

填　表　说　明

填表时必须遵守“填表基本规定”，并应符合下列要求。

1. 单元工程划分：宜以每孔闸门埋件的安装划分为一个单元工程。

2. 单元工程量：填写本单元埋件重量（t）。

3. 本表是在第一部分水工金属结构安装工程单元工程施工质量验收评定表中表6.1～表6.4检查表质量评定合格基础上进行。

4. 人字闸门埋件的安装、表面防腐蚀及检查等技术要求应符合《水利水电工程钢闸门制定、安装及验收规范》（GB/T 14173）和设计文件的规定。

5. 单元工程施工质量验收评定应提交下列资料。

（1）施工单位应提供埋件的安装图样、安装记录、埋件焊接与表面防腐蚀记录、重大缺陷处理记录等资料。

（2）监理单位应提交对单元工程施工质量的平行检测资料。

6. 单元工程安装质量评定标准。

（1）合格等级标准。

1）各检验项目均达到合格等级及以上标准。

2）设备的试验和试运行符合《水利水电工程单元工程施工质量验收评定标准——水工金属结构安装工程》（SL 635—2012）及相关专业标准的规定；各项报验资料符合《水利水电工程单元工程施工质量验收评定标准——水工金属结构安装工程》（SL 635—2012）的要求。

（2）优良等级标准。在合格等级标准基础上，安装质量检验项目中优良项目占全部项目70%及以上，且主控项目100%优良。

______________工程

表 6.1　　　　人字闸门埋件安装质量检查表（样表）

编号：__________

<table>
<tr><td colspan="3">分部工程名称</td><td colspan="3"></td><td>单元工程名称</td><td colspan="3"></td></tr>
<tr><td colspan="3">安装部位</td><td colspan="3"></td><td>安装内容</td><td colspan="3"></td></tr>
<tr><td colspan="3">安装单位</td><td colspan="3"></td><td>开/完工日期</td><td colspan="3"></td></tr>
<tr><td colspan="2" rowspan="2">项次</td><td rowspan="2">部位</td><td rowspan="2">检验项目</td><td colspan="2">质量要求</td><td rowspan="2">实测值</td><td rowspan="2">合格数</td><td rowspan="2">优良数</td><td rowspan="2">质量等级</td></tr>
<tr><td>合格</td><td>优良</td></tr>
<tr><td rowspan="9">主控项目</td><td>1</td><td rowspan="6">顶枢装置与枕座</td><td>两拉杆中心线交点与顶枢中心重合</td><td>2.0mm</td><td>1.5mm</td><td></td><td></td><td></td><td></td></tr>
<tr><td>2</td><td>拉杆两端高差</td><td>1.0mm</td><td>0.8mm</td><td></td><td></td><td></td><td></td></tr>
<tr><td>3</td><td>顶枢轴线与底枢轴线的同轴度</td><td>2.0mm</td><td>1.5mm</td><td></td><td></td><td></td><td></td></tr>
<tr><td>4</td><td>顶枢轴孔的同轴度和垂直度</td><td colspan="2">《形状和位置公差未注公差值》（GB/T 1184）的 9 级精度</td><td></td><td></td><td></td><td></td></tr>
<tr><td>5</td><td>枕座中心线对顶、底枢轴线的平行度</td><td>3.0mm</td><td>2.0mm</td><td></td><td></td><td></td><td></td></tr>
<tr><td>6</td><td>中间支、枕座对顶、底部枕座中心线的对称度</td><td>2.0mm</td><td>1.5mm</td><td></td><td></td><td></td><td></td></tr>
<tr><td>7</td><td rowspan="3">底枢</td><td>底枢轴孔蘑菇头中心</td><td>2.0mm</td><td>1.5mm</td><td></td><td></td><td></td><td></td></tr>
<tr><td>8</td><td>左、右两蘑菇头高程相对差</td><td>2.0mm</td><td>1.5mm</td><td></td><td></td><td></td><td></td></tr>
<tr><td>9</td><td>底枢轴座水平倾斜度</td><td>1/1000 mm</td><td>1/1250 mm</td><td></td><td></td><td></td><td></td></tr>
<tr><td>一般项目</td><td>1</td><td>底枢</td><td>左、右两蘑菇头高程</td><td>±3.0 mm</td><td>±2.0 mm</td><td></td><td></td><td></td><td></td></tr>
<tr><td colspan="10">检查意见：
主控项目共____项，其中合格____项，优良____项，合格率____%，优良率____%。
一般项目共____项，其中合格____项，优良____项，合格率____%，优良率____%。</td></tr>
<tr><td colspan="4">检验人：（签字）
年　　月　　日</td><td colspan="3">评定人：（签字）
年　　月　　日</td><td colspan="3">监理工程师：（签字）
年　　月　　日</td></tr>
</table>

＿＿××× 电站＿＿工程

表 6.1　人字闸门埋件安装质量检查表（实例）

编号：＿＿＿＿＿＿

分部工程名称			金属结构及启闭机安装			单元工程名称	×××溢流坝人字闸门埋件安装		
安装部位			×××溢流坝			安装内容	人字闸门埋件		
安装单位			×××水利水电工程局			开/完工日期	2014 年 6 月 16—26 日		
项次		部位	检验项目	质量要求		实测值	合格数	优良数	质量等级
				合格	优良				
主控项目	1	顶枢装置与枕座	两拉杆中心线交点与顶枢中心重合	2.0mm	1.5mm	检查两拉杆中心线交点与顶枢中心的偏移量为 0.3mm、0.5mm、0.6mm、0.8mm	4	4	优良
	2		拉杆两端高差	1.0mm	0.8mm	左侧拉杆两端高差实测值为 0.5mm、0.6mm；右侧拉杆两端高差实测值为 0.5mm、0.6mm	4	4	优良
	3		顶枢轴线与底枢轴线的同轴度	2.0mm	1.5mm	检查顶枢轴线与底枢轴线的偏移量为 0.8mm、1.0mm、0.8mm、1.1mm	4	4	优良
	4		顶枢轴孔的同轴度和垂直度	《形状和位置公差未注公差值》（GB/T 1184）的 9 级精度		同轴度允许偏差为 0.25mm，实测值为 0.1mm、0.15mm；垂直度允许偏差为 0.5mm，实测值为 0.2mm、0.3mm	4	4	优良
	5		枕座中心线对顶、底枢轴线的平行度	3.0mm	2.0mm	实测枕座中心线对顶枢轴线的平行度为 1.0mm、0.8mm；对底枢轴线的平行度为 0.8mm、0.9mm	4	4	优良
	6		中间支、枕座对顶、底部枕座中心线的对称度	2.0mm	1.5mm	实测中间支、枕座对顶、底部枕座中心线的对称度为 0.6mm、0.6mm、0.7mm、0.7mm	4	4	优良
	7	底枢	底枢轴孔蘑菇头中心	2.0mm	1.5mm	设计值为 0＋131200mm、实测值为 0＋131201mm、0＋131201mm、0＋131200mm、0＋131201mm	4	4	优良
	8		左、右两蘑菇头高程相对差	2.0mm	1.5mm	检查左、右蘑菇头高程 4 组，其相对差为 0.8mm、0.8mm、0.9mm、0.9mm	4	4	优良
	9		底枢轴座水平倾斜度	1/1000 mm	1/1250 mm	实测值为 1/1251mm、1/1250mm	2	2	优良
一般项目	1	底枢	左、右两蘑菇头高程	±3.0 mm	±2.0 mm	设计值为 451.200mm，实测值为 451.201mm、451.201mm、451.200mm、451.200mm	4	4	优良
检查意见： 主控项目共＿9＿项，其中合格＿9＿项，优良＿9＿项，合格率＿100＿%，优良率＿100＿%。 一般项目共＿1＿项，其中合格＿1＿项，优良＿1＿项，合格率＿100＿%，优良率＿100＿%。									
检验人：××× 2014 年 6 月 26 日				评定人：××× 2014 年 6 月 26 日			监理工程师：××× 2014 年 6 月 26 日		

表 6.1　人字闸门埋件安装质量检查表

填　表　要　求

填表时必须遵守“填表基本规定”，并应符合下列要求。

1. 分部工程、单元工程名称填写应与第一部分水工金属结构安装工程单元工程施工质量验收评定表中表 6 相同。

2. 各检验项目的检验方法及检验位置按下表要求执行。

<table>
<tr><th>部位</th><th>检验项目</th><th>检验方法</th><th>检验位置</th></tr>
<tr><td rowspan="6">顶枢装置与枕座</td><td>两拉杆中心线交点与顶枢中心重合</td><td rowspan="4">钢丝线、钢板尺、垂球、水准仪、经纬仪、全站仪</td><td rowspan="4">/</td></tr>
<tr><td>拉杆两端高差</td></tr>
<tr><td>顶枢轴线与底枢轴线的同轴度</td></tr>
<tr><td>顶枢轴孔的同轴度和垂直度</td></tr>
<tr><td>枕座中心线对顶、底枢轴线的平行度</td><td rowspan="2">垂球、钢板尺、经纬仪、全站仪</td><td rowspan="2">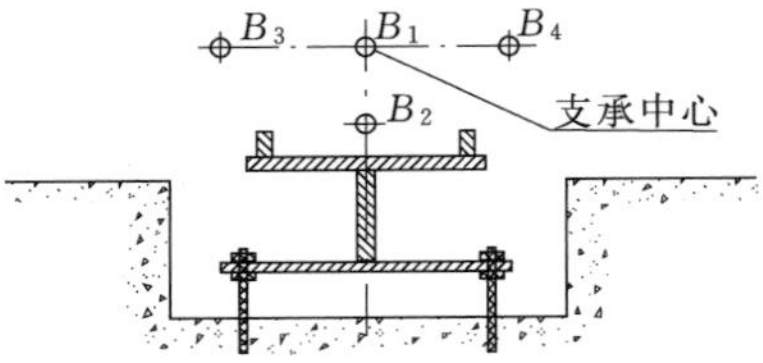
</td></tr>
<tr><td>中间支、枕座对顶、底部枕座中心线的对称度</td></tr>
<tr><td rowspan="4">底枢</td><td>底枢轴孔蘑菇头中心</td><td rowspan="4">钢板尺、经纬仪、水准仪、全站仪</td><td rowspan="4">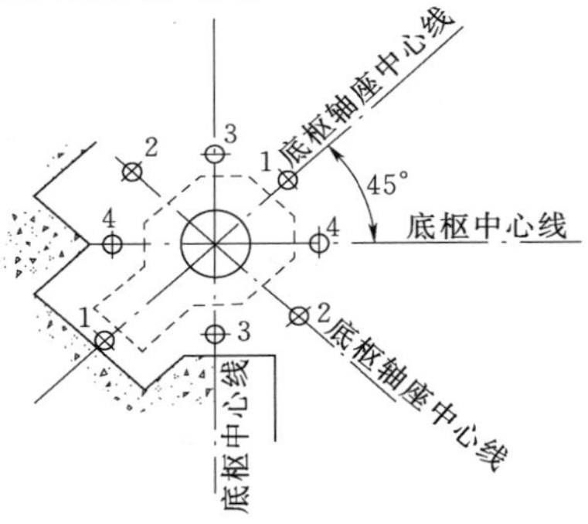

1～4 为底枢轴座固定锚栓编号，一般不专门标注</td></tr>
<tr><td>左、右两蘑菇头高程相对差</td></tr>
<tr><td>底枢轴座水平倾斜度</td></tr>
<tr><td>左、右两蘑菇头高程</td></tr>
</table>

3. 人字闸门埋件安装工程质量评定包括顶枢装置安装、枕座安装和底枢装置安装等检验项目。

4. 人字闸门埋件焊接与表面防腐蚀质量应符合《水利水电工程单元工程施工质量验收评定标准——水工金属结构安装工程》(SL 635—2012) 第 4 章的相关规定。

5. 单元工程安装质量检验项目质量标准。

(1) 合格等级标准。

1) 主控项目，检测点应 100%符合合格标准。

2) 一般项目，检测点应 90%及以上符合合格标准，不合格点最大值不应超过其允许偏差值的 1.2 倍，且不合格点不应集中。

(2) 优良等级标准。在合格等级标准基础上，主控项目和一般项目的所有检测点应 90%及以上符合优良标准。

6. 表中数值为允许偏差值。

______________工程

表 6.2　　人字闸门埋件焊缝外观质量检查表（样表）

编号：__________

<table>
<tr><td colspan="3">分部工程名称</td><td colspan="2"></td><td>单元工程名称</td><td colspan="3"></td></tr>
<tr><td colspan="3">安装部位</td><td colspan="2"></td><td>安装内容</td><td colspan="3"></td></tr>
<tr><td colspan="3">安装单位</td><td colspan="2"></td><td>开/完工日期</td><td colspan="3"></td></tr>
<tr><td colspan="2" rowspan="2">项次</td><td rowspan="2">检验项目</td><td colspan="2">质量要求</td><td rowspan="2">实测值</td><td rowspan="2">合格数</td><td rowspan="2">优良数</td><td rowspan="2">质量等级</td></tr>
<tr><td colspan="2">合格</td></tr>
<tr><td rowspan="7">主控项目</td><td>1</td><td>裂纹</td><td colspan="2">不允许出现</td><td></td><td></td><td></td><td></td></tr>
<tr><td>2</td><td>表面夹渣</td><td colspan="2">一类、二类焊缝：不允许；
三类焊缝：深不大于 0.1δ，长不大于 0.3δ，且不大于 10mm</td><td></td><td></td><td></td><td></td></tr>
<tr><td rowspan="2">3</td><td rowspan="2">咬边</td><td>钢管</td><td>一类、二类焊缝：深不大于 0.5mm；
三类焊缝：深不大于 1mm</td><td></td><td></td><td></td><td></td></tr>
<tr><td>钢闸门</td><td>一类、二类焊缝：深不大于 0.5mm；连续咬边长度不大于焊缝总长的 10%，且不大于 100mm；两侧咬边累计长度不大于该焊缝总长的 15%；角焊缝不大于 20%；
三类焊缝：深不大于 1mm</td><td></td><td></td><td></td><td></td></tr>
<tr><td rowspan="2">4</td><td rowspan="2">表面气孔</td><td>钢管</td><td>一类、二类焊缝：不允许；
三类焊缝：每米范围内允许直径小于 1.5mm 的气孔 5 个，间距不小于 20mm</td><td></td><td></td><td></td><td></td></tr>
<tr><td>钢闸门</td><td>一类焊缝：不允许；
二类焊缝：每米范围内允许直径不大于 1.0mm 的气孔 3 个，间距不小于 20mm；
三类焊缝：每米范围内允许直径不大于 1.5mm 的气孔 5 个，间距不小于 20mm</td><td></td><td></td><td></td><td></td></tr>
<tr><td>5</td><td>未焊满</td><td colspan="2">一类、二类焊缝：不允许；
三类焊缝：深不大于（0.2＋0.02δ）mm，且不大于 1mm，每 100mm 焊缝内缺欠总长不大于 25mm</td><td></td><td></td><td></td><td></td></tr>
</table>

续表

<table>
<tr><th rowspan="2" colspan="2">项次</th><th rowspan="2" colspan="2">检验项目</th><th>质量要求</th><th rowspan="2">实测值</th><th rowspan="2">合格数</th><th rowspan="2">优良数</th><th rowspan="2">质量等级</th></tr>
<tr><th>合格</th></tr>
<tr><td rowspan="11">一般项目</td><td rowspan="2">1</td><td rowspan="2">焊缝余高 Δh /mm</td><td>手工焊</td><td>一类、二类/三类（仅钢闸门）焊缝：
$\delta \leqslant 12, \Delta h = (0 \sim 1.5)/(0 \sim 2)$；
$12 < \delta \leqslant 25, \Delta h = (0 \sim 2.5)/(0 \sim 3)$；
$25 < \delta \leqslant 50, \Delta h = (0 \sim 3)/(0 \sim 4)$；
$\delta > 50, \Delta h = (0 \sim 4)/(0 \sim 5)$</td><td></td><td></td><td></td><td></td></tr>
<tr><td>自动焊</td><td>(0～4)/(0～5)</td><td></td><td></td><td></td><td></td></tr>
<tr><td rowspan="2">2</td><td rowspan="2">对接焊缝宽度 Δb</td><td>手工焊</td><td>盖过每边坡口宽度 1.0～2.5mm，且平缓过渡</td><td></td><td></td><td></td><td></td></tr>
<tr><td>自动焊</td><td>盖过每边坡口宽度 2～7mm，且平缓过渡</td><td></td><td></td><td></td><td></td></tr>
<tr><td>3</td><td colspan="2">飞溅</td><td>不允许出现（高强钢、不锈钢此项作为主控项目）</td><td></td><td></td><td></td><td></td></tr>
<tr><td>4</td><td colspan="2">电弧擦伤</td><td>不允许出现（高强钢、不锈钢此项作为主控项目）</td><td></td><td></td><td></td><td></td></tr>
<tr><td>5</td><td colspan="2">焊瘤</td><td>不允许出现</td><td></td><td></td><td></td><td></td></tr>
<tr><td rowspan="2">6</td><td rowspan="2">角焊缝焊脚高 K</td><td>手工焊</td><td>$K < 12$mm，$\Delta K = 0 \sim 2$mm；$K \geqslant 12$mm，$\Delta K = 0 \sim 3$mm</td><td></td><td></td><td></td><td></td></tr>
<tr><td>自动焊</td><td>$K < 12$mm，$\Delta K = 0 \sim 2$mm；$K \geqslant 12$mm，$\Delta K = 0 \sim 3$mm</td><td></td><td></td><td></td><td></td></tr>
<tr><td>7</td><td colspan="2">端部转角</td><td>连续绕角施焊</td><td></td><td></td><td></td><td></td></tr>
<tr><td colspan="9">检查意见：
主控项目共____项，其中合格____项，优良 ____项，合格率____%，优良率____%。
一般项目共____项，其中合格____项，优良 ____项，合格率____%，优良率____%。</td></tr>
<tr><td colspan="4">检验人：（签字）
年 月 日</td><td colspan="2">评定人：（签字）
年 月 日</td><td colspan="3">监理工程师：（签字）
年 月 日</td></tr>
<tr><td colspan="9">注 1. 手工焊是指焊条电弧焊、CO_2 半自动气保焊、自保护药芯半自动焊以及手工 TIG 焊等。自动焊是指埋弧自动焊、MAG 自动焊、MIG 自动焊等。
2. δ 为任意板厚，mm。</td></tr>
</table>

×××电站______工程

表 6.2　人字闸门埋件焊缝外观质量检查表（实例）

编号：______________

<table>
<tr><td colspan="3">分部工程名称</td><td colspan="2">金属结构及启闭机安装</td><td>单元工程名称</td><td colspan="3">×××溢流坝人字闸门埋件安装</td></tr>
<tr><td colspan="3">安装部位</td><td colspan="2">焊缝外观</td><td>安装内容</td><td colspan="3">焊缝外观</td></tr>
<tr><td colspan="3">安装单位</td><td colspan="2">×××水利水电工程局</td><td>开/完工日期</td><td colspan="3">2014 年 6 月 16—26 日</td></tr>
<tr><td colspan="2" rowspan="2">项次</td><td rowspan="2">检验项目</td><td colspan="2">质量要求</td><td rowspan="2">实测值</td><td rowspan="2">合格数</td><td rowspan="2">优良数</td><td rowspan="2">质量等级</td></tr>
<tr><td colspan="2">合格</td></tr>
<tr><td rowspan="7">主控项目</td><td>1</td><td>裂纹</td><td colspan="2">不允许出现</td><td>共 50 条焊缝，检查全部焊缝，无裂纹出现</td><td>50</td><td>50</td><td>优良</td></tr>
<tr><td>2</td><td>表面夹渣</td><td colspan="2">一类、二类焊缝：不允许；
三类焊缝：深不大于 0.1δ，长不大于 0.3δ，且不大于 10mm</td><td>本单元工程焊缝为二类焊缝，检查全部焊缝，焊缝表面无夹渣</td><td>50</td><td>50</td><td>优良</td></tr>
<tr><td rowspan="2">3</td><td rowspan="2">咬边</td><td>钢管</td><td>一类、二类焊缝：深不大于 0.5mm；
三类焊缝：深不大于 1mm</td><td>/</td><td>/</td><td>/</td><td>/</td></tr>
<tr><td>钢闸门</td><td>一类、二类焊缝：深不大于 0.5mm；连续咬边长度不大于焊缝总长的 10%，且不大于 100mm；两侧咬边累计长度不大于该焊缝总长的 15%；角焊缝不大于 20%；
三类焊缝：深不大于 1mm</td><td>检查全部焊缝，发现 112 个咬边，长度为 0.1～0.4mm，详见测量资料</td><td>112</td><td>112</td><td>优良</td></tr>
<tr><td rowspan="2">4</td><td rowspan="2">表面气孔</td><td>钢管</td><td>一类、二类焊缝：不允许；
三类焊缝：每米范围内允许直径小于 1.5mm 的气孔 5 个，间距不小于 20mm</td><td>/</td><td>/</td><td>/</td><td>/</td></tr>
<tr><td>钢闸门</td><td>一类焊缝：不允许；
二类焊缝：每米范围内允许直径不大于 1.0mm 的气孔 3 个，间距不小于 20mm；
三类焊缝：每米范围内允许直径不大于 1.5mm 的气孔 5 个，间距不小于 20mm</td><td>检查全部焊缝表面，无气孔现象</td><td>/</td><td>/</td><td>优良</td></tr>
<tr><td>5</td><td>未焊满</td><td colspan="2">一类、二类焊缝：不允许；
三类焊缝：深不大于（0.2＋0.02δ）mm，且不大于 1mm，每 100mm 焊缝内缺欠总长不大于 25mm</td><td>检查全部焊缝，焊缝无未焊满情况</td><td>/</td><td>/</td><td>优良</td></tr>
</table>

续表

<table>
<tr><th colspan="2" rowspan="2">项次</th><th colspan="2" rowspan="2">检验项目</th><th>质量要求</th><th rowspan="2">实测值</th><th rowspan="2">合格数</th><th rowspan="2">优良数</th><th rowspan="2">质量等级</th></tr>
<tr><th>合格</th></tr>
<tr><td rowspan="11">一般项目</td><td rowspan="2">1</td><td rowspan="2">焊缝余高 Δh /mm</td><td>手工焊</td><td>一类、二类/三类（仅钢闸门）焊缝：
$\delta \leqslant 12, \Delta h = (0 \sim 1.5)/(0 \sim 2)$；
$12 < \delta \leqslant 25, \Delta h = (0 \sim 2.5)/(0 \sim 3)$；
$25 < \delta \leqslant 50, \Delta h = (0 \sim 3)/(0 \sim 4)$；
$\delta > 50, \Delta h = (0 \sim 4)/(0 \sim 5)$</td><td>$\delta = 120$mm；
检查全部焊缝，检查焊缝余高 50 组，余高为 1.1～2.3mm，详见测量资料</td><td>50</td><td>50</td><td>优良</td></tr>
<tr><td>自动焊</td><td>(0～4)/(0～5)</td><td>/</td><td>/</td><td>/</td><td>/</td></tr>
<tr><td rowspan="2">2</td><td rowspan="2">对接焊缝宽度 Δb</td><td>手工焊</td><td>盖过每边坡口宽度 1.0～2.5mm，且平缓过渡</td><td>检查全部焊缝，检查焊缝对接宽度 50 组，宽度为 1.1～2.2mm，且平缓过渡，详见测量资料</td><td>50</td><td>50</td><td>优良</td></tr>
<tr><td>自动焊</td><td>盖过每边坡口宽度 2～7mm，且平缓过渡</td><td>/</td><td>/</td><td>/</td><td>/</td></tr>
<tr><td>3</td><td colspan="2">飞溅</td><td>不允许出现（高强钢、不锈钢此项作为主控项目）</td><td>检查全部焊缝表面，未出现飞溅现象</td><td>/</td><td>/</td><td>优良</td></tr>
<tr><td>4</td><td colspan="2">电弧擦伤</td><td>不允许出现（高强钢、不锈钢此项作为主控项目）</td><td>检查全部焊缝表面，未出现电弧擦伤情况</td><td>/</td><td>/</td><td>优良</td></tr>
<tr><td>5</td><td colspan="2">焊瘤</td><td>不允许出现</td><td>检查全部焊缝表面，无焊瘤出现</td><td>/</td><td>/</td><td>优良</td></tr>
<tr><td rowspan="2">6</td><td rowspan="2">角焊缝焊脚高 K</td><td>手工焊</td><td>$K < 12$mm，$\Delta K = 0 \sim 2$mm；$K \geqslant 12$mm，$\Delta K = 0 \sim 3$mm</td><td>$K = 16$mm；
本单元工程共涉及 4 处角焊缝，ΔK 为 1.2mm、1.2mm、0.9mm、1.1mm</td><td>4</td><td>4</td><td>优良</td></tr>
<tr><td>自动焊</td><td>$K < 12$mm，$\Delta K = 0 \sim 2$mm；$K \geqslant 12$mm，$\Delta K = 0 \sim 3$mm</td><td>/</td><td>/</td><td>/</td><td>/</td></tr>
<tr><td>7</td><td colspan="2">端部转角</td><td>连续绕角施焊</td><td>本单元工程共涉及 4 处端部转角焊缝，均连续绕角施焊</td><td>4</td><td>4</td><td>优良</td></tr>
<tr><td colspan="9">检查意见：
主控项目共 5 项，其中合格 5 项，优良 5 项，合格率 100 %，优良率 100 %。
一般项目共 7 项，其中合格 7 项，优良 7 项，合格率 100 %，优良率 100 %。</td></tr>
<tr><td colspan="4">检验人：×××
2014 年 6 月 26 日</td><td colspan="2">评定人：×××
2014 年 6 月 26 日</td><td colspan="3">监理工程师：×××
2014 年 6 月 26 日</td></tr>
<tr><td colspan="9">注　1. 手工焊是指焊条电弧焊、CO_2 半自动气保焊、自保护药芯半自动焊以及手工 TIG 焊等。自动焊是指埋弧自动焊、MAG 自动焊、MIG 自动焊等。
2. δ 为任意板厚，mm。</td></tr>
</table>

表 6.2　人字闸门埋件焊缝外观质量检查表

填　表　说　明

填表时必须遵守“填表基本规定”，并应符合下列要求。

1. 分部工程、单元工程名称填写应与第一部分水工金属结构安装工程单元工程施工质量验收评定表中表 6 相同。

2. 各检验项目的检验方法及检验数量按下表要求执行。

<table>
<tr><th colspan="2">检验项目</th><th>检验方法</th><th>检验数量</th></tr>
<tr><td colspan="2">裂纹</td><td rowspan="5">检查（必要时用 5 倍放大镜检查）</td><td rowspan="3">沿焊缝长度</td></tr>
<tr><td colspan="2">表面夹渣</td></tr>
<tr><td colspan="2">咬边</td></tr>
<tr><td colspan="2">表面气孔</td><td rowspan="2">全部表面</td></tr>
<tr><td colspan="2">未焊满</td></tr>
<tr><td rowspan="2">焊缝余高 Δh</td><td>手工焊</td><td rowspan="4">钢板尺或焊接检验规</td><td rowspan="4">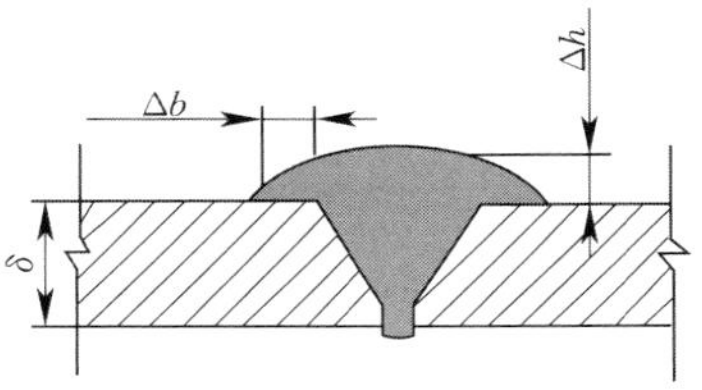
</td></tr>
<tr><td>自动焊</td></tr>
<tr><td rowspan="2">对接焊缝宽度 Δb</td><td>手工焊</td></tr>
<tr><td>自动焊</td></tr>
<tr><td colspan="2">飞溅</td><td rowspan="3">检查</td><td rowspan="3">全部表面</td></tr>
<tr><td colspan="2">电弧擦伤</td></tr>
<tr><td colspan="2">焊瘤</td></tr>
<tr><td rowspan="2">角焊缝焊脚高 K</td><td>手工焊</td><td rowspan="2">焊接检验规</td><td rowspan="2">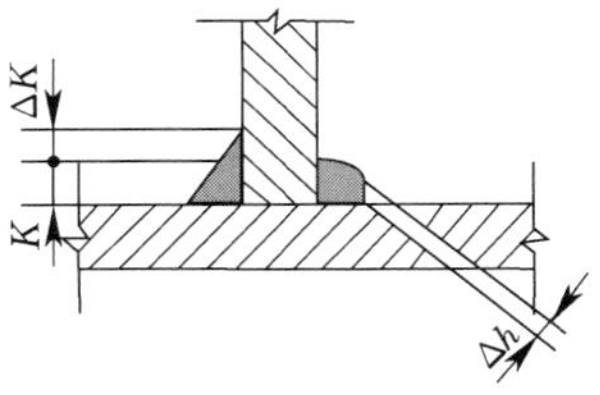
</td></tr>
<tr><td>自动焊</td></tr>
<tr><td colspan="2">端部转角</td><td>检查</td><td></td></tr>
</table>

3. 人字闸门埋件焊接与检验的技术要求应符合《水工金属结构焊接通用技术条件》（SL 36）和《水利工程压力钢管制造安装及验收规范》（SL 432）的规定。

4. 焊缝的无损检验应根据施工图样和相关标准的规定进行。一类、二类焊缝的射线、超声波、磁粉、渗透探伤应分别符合《金属熔化焊焊接头射线照相》（GB/T 3323）、《焊缝无损检测　超声检测　技术、检测等级和评定》（GB/T 11345）、《无损检测　焊缝磁粉检测》（JB/T 6061）、《无损检测　焊缝渗透检测》（JB/T 6062）的规定。

5. 焊缝焊接质量由焊缝外观质量和焊缝内部质量组成。

6. 单元工程安装质量检验项目质量标准。

（1）合格等级标准。

1）主控项目，检测点应100%符合合格标准。

2）一般项目，检测点应90%及以上符合合格标准，不合格点最大值不应超过其允许偏差值的1.2倍，且不合格点不应集中。

（2）优良等级标准。在合格标准基础上，主控项目和一般项目的所有检测点应90%及以上符合优良标准。

7. 表中数值为允许偏差值。

________________工程

表 6.3　人字闸门埋件焊缝内部质量检查表（样表）

编号：____________

分部工程名称				单元工程名称				
安装部位				安装内容				
安装单位				开/完工日期				
项次		检验项目	质量要求		实测值	合格数	优良数	质量等级
			合格	优良				
主控项目	1	射线探伤	一类焊缝不低于Ⅱ级合格，二类焊缝不低于Ⅲ级合格	一次合格率不低于90%				
	2	超声波探伤	一类焊缝不低于Ⅰ级合格，二类焊缝不低于Ⅱ级合格	一次合格率不低于95%				
	3	磁粉探伤	一类、二类焊缝不低于Ⅱ级合格	一次合格率不低于95%				
	4	渗透探伤	一类、二类焊缝不低于Ⅱ级合格	一次合格率不低于95%				
检查意见： 主控项目共____项，其中合格____项，优良____项，合格率____%，优良率____%。								
检验人：（签字） 年　月　日			评定人：（签字） 年　月　日		监理工程师：（签字） 年　月　日			

注　1. 射线探伤一次合格率$=\dfrac{\text{合格底片（张）}}{\text{拍片总数（张）}}\times 100\%$。

2. 其余探伤一次合格率$=\dfrac{\text{合格焊缝总长度（m）}}{\text{所检焊缝总长度（m）}}\times 100\%$。

3. 当焊缝长度小于200mm时，按实际焊缝长度检测。

×××电站______工程

表 6.3　人字闸门埋件焊缝内部质量检查表（实例）

编号：__________

分部工程名称	金属结构及启闭机安装	单元工程名称	×××溢流坝人字闸门埋件安装
安装部位	焊缝内部	安装内容	焊缝内部
安装单位	×××水利水电工程局	开/完工日期	2014 年 6 月 16—26 日

项次		检验项目	质量要求		实测值	合格数	优良数	质量等级
			合格	优良				
主控项目	1	射线探伤	一类焊缝不低于Ⅱ级合格，二类焊缝不低于Ⅲ级合格	一次合格率不低于 90%	共检测焊缝 50 条，每处拍片 4 张，合格底片 4 张，合格率 100%	50	50	优良
	2	超声波探伤	一类焊缝不低于Ⅰ级合格，二类焊缝不低于Ⅱ级合格	一次合格率不低于 95%	共检测焊缝 50 条，合格率均为 100%	50	50	优良
	3	磁粉探伤	一类、二类焊缝不低于Ⅱ级合格	一次合格率不低于 95%	/	/	/	/
	4	渗透探伤	一类、二类焊缝不低于Ⅱ级合格	一次合格率不低于 95%	/	/	/	/

检查意见：

主控项目共__2__项，其中合格__2__项，优良__2__项，合格率__100__%，优良率__100__%。

检验人：××× 2014 年 6 月 26 日	评定人：××× 2014 年 6 月 26 日	监理工程师：××× 2014 年 6 月 26 日

注　1. 射线探伤一次合格率$=\dfrac{\text{合格底片（张）}}{\text{拍片总数（张）}}\times 100\%$。

2. 其余探伤一次合格率$=\dfrac{\text{合格焊缝总长度/m}}{\text{所检焊缝总长度/m}}\times 100\%$。

3. 当焊缝长度小于 200mm 时，按实际焊缝长度检测。

表 6.3 人字闸门埋件焊缝内部质量检查表

填 表 说 明

填表时必须遵守“填表基本规定”，并符合以下要求。

1. 分部工程、单元工程名称填写应与第一部分水工金属结构安装工程单元工程施工质量验收评定表中表 6 相同。

2. 各检验项目的检验方法及检验数量按下表要求执行。

检验项目	检验方法
射线探伤	压力钢管：按《水利工程压力钢管制造安装及验收规范》（SL 432）的要求； 钢闸门及拦污栅：按《水利水电工程钢闸门制造、安装及验收规范》（GB/T 14173）的要求； 启闭机：按《水利水电工程启闭机制造安装及验收规范》（SL 381）和《水工金属结焊接通用技术条件》（SL 36）的要求
超声波探伤	压力钢管：按《水利工程压力钢管制造安装及验收规范》（SL 432）的要求； 钢闸门及拦污栅：按《水利水电工程钢闸门制造、安装及验收规范》（GB/T 14173）的要求； 启闭机：按《水利水电工程启闭机制造安装及验收规范》（SL 381）和《水工金属结焊接通用技术条件》（SL 36）的要求
磁粉探伤	厚度大于 32mm 的高强度钢，不低于焊缝总长的 20%，且不小于 200mm
渗透探伤	

3. 单元工程安装质量检验项目质量标准。

（1） 合格等级标准。

1） 主控项目，检测点应 100%符合合格标准。

2） 一般项目，检测点应 90%及以上符合合格标准，不合格点最大值不应超过其允许偏差值的 1.2 倍，且不合格点不应集中。

（2） 优良等级标准。在合格标准基础上，主控项目和一般项目的所有检测点应 90%及以上符合优良标准。

______工程

表 6.4　人字闸门埋件表面防腐蚀质量检查表（样表）

编号：______

<table>
<tr><td colspan="3">分部工程名称</td><td colspan="2"></td><td>单元工程名称</td><td colspan="4"></td></tr>
<tr><td colspan="3">安装部位</td><td colspan="2"></td><td>安装内容</td><td colspan="4"></td></tr>
<tr><td colspan="3">安装单位</td><td colspan="2"></td><td>开/完工日期</td><td colspan="4"></td></tr>
<tr><td colspan="2" rowspan="2">项次</td><td rowspan="2">检验项目</td><td colspan="3">质量要求</td><td rowspan="2">实测值</td><td rowspan="2">合格数</td><td rowspan="2">优良数</td><td rowspan="2">质量等级</td></tr>
<tr><td>合格</td><td colspan="2">优良</td></tr>
<tr><td rowspan="3">主控项目</td><td>1</td><td>闸门表面清除</td><td>管壁临时支撑割除，焊疤清除干净</td><td colspan="2">管壁临时支撑割除，焊疤清除干净并磨光</td><td></td><td></td><td></td><td></td></tr>
<tr><td>2</td><td>闸门局部凹坑焊补</td><td>凡凹坑深度大于板厚的10%或大于2.0mm应焊补</td><td colspan="2">凡凹坑深度大于板厚的10%或大于2.0mm应焊补并磨光</td><td></td><td></td><td></td><td></td></tr>
<tr><td>3</td><td>灌浆孔堵焊</td><td colspan="3">堵焊后表面平整，无渗水现象</td><td></td><td></td><td></td><td></td></tr>
<tr><td rowspan="4">一般项目</td><td>1</td><td>表面预处理</td><td colspan="3">明管内外壁和埋管内壁用压缩空气喷砂或喷丸除锈，除锈清洁度等级应达到《涂装前钢材表面锈蚀等级和除锈等级》（GB 8923）中规定的 Sa2 $\frac{1}{2}$ 级；表面粗糙度对非厚浆型涂料应达到 $Rz40 \sim 70\mu m$，对厚浆型涂料及金属热喷涂为 $Rz60 \sim 100\mu m$。
埋管外壁经喷射或抛射除锈后，采用改性水泥浆，防腐蚀除锈等级不低于 Sa1 级</td><td></td><td></td><td></td><td></td></tr>
<tr><td>2</td><td rowspan="3">涂料涂装</td><td colspan="2">外观检查</td><td>表面光滑、颜色均匀一致，无皱纹、起泡、流挂、针孔、裂纹、漏涂等缺欠</td><td></td><td></td><td></td><td></td></tr>
<tr><td>3</td><td colspan="2">涂层厚度</td><td>85%以上的局部厚度应达到设计文件规定厚度，漆膜最小局部厚度应不低于设计文件规定厚度的85%</td><td></td><td></td><td></td><td></td></tr>
<tr><td>4</td><td colspan="2">针孔</td><td>厚浆型涂料，按规定的电压值检测针孔，发现针孔，用砂纸或弹性砂轮片打磨后补涂</td><td></td><td></td><td></td><td></td></tr>
</table>

续表

<table>
<tr><th colspan="2" rowspan="2">项次</th><th colspan="2" rowspan="2">检验项目</th><th colspan="3">质量要求</th><th rowspan="2">实测值</th><th rowspan="2">合格数</th><th rowspan="2">优良数</th><th rowspan="2">质量等级</th></tr>
<tr><th>合格</th><th colspan="2">优良</th></tr>
<tr><td rowspan="5">一般项目</td><td>5</td><td rowspan="2">涂料涂装</td><td rowspan="2">附着力</td><td>涂膜厚度大于 250μm</td><td colspan="2">在涂膜上划两条夹角为 60°的切割线，应划透至基底，用透明压敏胶粘带粘牢划口部分，快速撕起胶带，涂层应无剥落</td><td></td><td></td><td></td><td></td></tr>
<tr><td>6</td><td>涂膜厚度不大于 250μm</td><td>用划格法检查（0～60μm，刀口间距 1mm；61～120μm，刀口间距 2mm；121～250μm，刀口间距 3mm），涂层沿切割边缘或切口交叉处脱落明显大于 5%，但受影响明显不大于 15%</td><td>切割的边缘完全平滑，无一格脱落，或在切割交叉处涂层有少许薄片分离，划格区受影响明显不大于 5%</td><td></td><td></td><td></td><td></td></tr>
<tr><td>7</td><td rowspan="3">金属喷涂</td><td colspan="2">外观检查</td><td colspan="2">表面均匀，无金属熔融粗颗粒、起皮、鼓泡、裂纹、掉块及其他影响使用的缺陷</td><td></td><td></td><td></td><td></td></tr>
<tr><td>8</td><td colspan="2">涂层厚度</td><td colspan="2">最小局部厚度不小于设计文件规定厚度</td><td></td><td></td><td></td><td></td></tr>
<tr><td>9</td><td colspan="2">结合性能</td><td>胶带上有破断的涂层黏附，但基底未裸露</td><td>涂层的任何部位都未与基体金属剥离</td><td></td><td></td><td></td><td></td></tr>
</table>

检查意见：

主控项目共____项，其中合格____项，优良____项，合格率____%，优良率____%。

一般项目共____项，其中合格____项，优良____项，合格率____%，优良率____%。

检验人：（签字）	评定人：（签字）	监理工程师：（签字）
年　月　日	年　月　日	年　月　日

××× 电站　　工程

表 6.4　　人字闸门埋件表面防腐蚀质量检查表（实例）

编号：____________

分部工程名称		金属结构及启闭机安装		单元工程名称	×××溢流坝人字闸门埋件安装		
安装部位		表面防腐蚀		安装内容	表面防腐蚀		
安装单位		×××水利水电工程局		开/完工日期	2014 年 6 月 16—26 日		

<table>
<tr><td rowspan="2" colspan="2">项次</td><td rowspan="2">检验项目</td><td colspan="2">质量要求</td><td rowspan="2">实测值</td><td rowspan="2">合格数</td><td rowspan="2">优良数</td><td rowspan="2">质量等级</td></tr>
<tr><td>合格</td><td>优良</td></tr>
<tr><td rowspan="3">主控项目</td><td>1</td><td>闸门表面清除</td><td>管壁临时支撑割除，焊疤清除干净</td><td>管壁临时支撑割除，焊疤清除干净并磨光</td><td>检查闸门全部表面，焊疤清除干净并磨光</td><td>/</td><td>/</td><td>优良</td></tr>
<tr><td>2</td><td>闸门局部凹坑焊补</td><td>凡凹坑深度大于板厚的 10% 或大于 2.0mm 应焊补</td><td>凡凹坑深度大于板厚的 10%或大于 2.0mm 应焊补并磨光</td><td>检查闸门全部表面，发现深度大于 2.0mm 的凹坑 4 处，进行了焊补并磨光</td><td>4</td><td>4</td><td>优良</td></tr>
<tr><td>3</td><td>灌浆孔堵焊</td><td colspan="2">堵焊后表面平整，无渗水现象</td><td>/</td><td>/</td><td>/</td><td>/</td></tr>
<tr><td rowspan="4">一般项目</td><td>1</td><td>表面预处理</td><td colspan="2">明管内外壁和埋管内壁用压缩空气喷砂或喷丸除锈，除锈清洁度等级应达到《涂装前钢材表面锈蚀等级和除锈等级》（GB 8923）中规定的 Sa2 $\frac{1}{2}$ 级；表面粗糙度对非厚浆型涂料应达到 Rz40～70μm，对厚浆型涂料及金属热喷涂为 Rz60～100μm。
埋管外壁经喷射或抛射除锈后，采用改性水泥浆，防腐蚀除锈等级不低于 Sa1 级</td><td>对埋件表面进行了喷丸除锈清洁，清洁后埋件表面无可见的油脂和污垢，且氧化皮、铁锈、油漆涂层等附着物基本清除，清洁度等级达到 Sa2 $\frac{1}{2}$ 级；
本单元工程涂料采用非厚浆型涂料，采用比较样板目视对除锈处理后的埋件表面进行了检查，表面粗糙度为 Rz50μm</td><td>/</td><td>/</td><td>优良</td></tr>
<tr><td>2</td><td rowspan="3">涂料涂装</td><td>外观检查</td><td>表面光滑、颜色均匀一致，无皱纹、起泡、流挂、针孔、裂纹、漏涂等缺欠</td><td>检查焊缝两侧，表面光滑、颜色均匀一致，无皱纹、气泡、流挂等缺欠</td><td>/</td><td>/</td><td>优良</td></tr>
<tr><td>3</td><td>涂层厚度</td><td>85%以上的局部厚度应达到设计文件规定厚度，漆膜最小局部厚度应不低于设计文件规定厚度的 85%</td><td>设计要求：涂层厚度为 60μm；
采用测厚仪共检测 120 个点，涂层厚度为 60～62.5μm，详见测量数据</td><td>120</td><td>120</td><td>优良</td></tr>
<tr><td>4</td><td>针孔</td><td>厚浆型涂料，按规定的电压值检测针孔，发现针孔，用砂纸或弹性砂轮片打磨后补涂</td><td>采用针孔检测仪检查 50 个点，发现针孔 5 个，用砂纸打磨后补涂</td><td>50</td><td>50</td><td>优良</td></tr>
</table>

续表

<table>
<tr><td rowspan="2" colspan="2">项次</td><td rowspan="2" colspan="2">检验项目</td><td colspan="3">质量要求</td><td rowspan="2">实测值</td><td rowspan="2">合格数</td><td rowspan="2">优良数</td><td rowspan="2">质量等级</td></tr>
<tr><td>合格</td><td colspan="2">优良</td></tr>
<tr><td rowspan="5">一般项目</td><td>5</td><td rowspan="2">涂料涂装</td><td rowspan="2">附着力</td><td>涂膜厚度大于 250μm</td><td colspan="2">在涂膜上划两条夹角为60°的切割线，应划透至基底，用透明压敏胶粘带粘牢划口部分，快速撕起胶带，涂层应无剥落</td><td>采用划叉法检查涂料附着情况，检查 45 处，涂层均无剥落现象</td><td>45</td><td>45</td><td>优良</td></tr>
<tr><td>6</td><td>涂膜厚度不大于 250μm</td><td>用划格法检查（0～60μm，刀口间距 1mm；61～120μm，刀口间距 2mm；121～250μm，刀口间距 3mm），涂层沿切割边缘或切口交叉处脱落明显大于5%，但受影响明显不大于 15%</td><td>切割的边缘完全平滑，无一格脱落，或在切割交叉处涂层有少许薄片分离，划格区受影响明显不大于 5%</td><td>/</td><td>/</td><td>/</td><td>/</td></tr>
<tr><td>7</td><td rowspan="3">金属喷涂</td><td colspan="2">外观检查</td><td colspan="2">表面均匀，无金属熔融粗颗粒、起皮、鼓泡、裂纹、掉块及其他影响使用的缺陷</td><td>检查闸门表面喷漆外观，表面均匀，无起皮、裂纹等缺陷</td><td>/</td><td>/</td><td>优良</td></tr>
<tr><td>8</td><td colspan="2">涂层厚度</td><td colspan="2">最小局部厚度不小于设计文件规定厚度</td><td>设计要求：涂层厚度为 60μm；
共检查 80 个点，涂层厚度为 60.2～63.6μm，详见检测资料</td><td>80</td><td>80</td><td>优良</td></tr>
<tr><td>9</td><td colspan="2">结合性能</td><td>胶带上有破断的涂层黏附，但基底未裸露</td><td>涂层的任何部位都未与基体金属剥离</td><td>采用切割刀、布胶带检查 60 个涂层部位，各涂层均未与基体剥离</td><td>60</td><td>60</td><td>优良</td></tr>
<tr><td colspan="11">检查意见：
主控项目共 2 项，其中合格 2 项，优良 2 项，合格率 100 %，优良率 100 %。
一般项目共 8 项，其中合格 8 项，优良 8 项，合格率 100 %，优良率 100 %。</td></tr>
<tr><td colspan="5">检验人：×××
2014 年 6 月 16 日</td><td colspan="3">评定人：×××
2014 年 6 月 16 日</td><td colspan="3">监理工程师：×××
2014 年 6 月 16 日</td></tr>
</table>

表 6.4 人字闸门埋件表面防腐蚀质量检查表

填 表 说 明

填表时必须遵守“填表基本规定”，并符合以下要求。

1. 分部工程、单元工程名称填写应与第一部分水工金属结构安装工程单元工程施工质量验收评定表中表 6 相同。

2. 各检验项目的检验方法及检验数量按下表要求执行。

<table>
<tr><th colspan="3">检验项目</th><th>检验方法</th><th>检验数量</th></tr>
<tr><td colspan="3">闸门表面清除</td><td rowspan="2">目测检查</td><td rowspan="2">全部表面</td></tr>
<tr><td colspan="3">闸门局部凹坑焊补</td></tr>
<tr><td colspan="3">灌浆孔堵焊</td><td>检查（或 5 倍放大镜检查）</td><td>全部灌浆孔</td></tr>
<tr><td colspan="3">表面预处理</td><td>清洁度按《涂装前钢材表面锈蚀等级和除锈等级》（GB 8923）照片对比；粗糙度用触针式轮廓仪测量或比较样板目测评定</td><td>每 2m² 表面至少要有 1 个评定点。触针式轮廓仪在 40mm 长度范围内测 5 点，取其算数平均值；比较样块法每一评定点面积不小于 50mm²</td></tr>
<tr><td rowspan="5">涂料涂装</td><td colspan="2">外观检查</td><td>目测检查</td><td>安装焊缝两侧</td></tr>
<tr><td colspan="2">涂层厚度</td><td>测厚仪</td><td>平整表面上每 10m² 表面应不少于 3 个测点；结构复杂、面积较小的表面上每 2m² 表面应不少于 1 个测点；单节钢管在两端和中间的圆周上每隔 1.5m 测 1 个点</td></tr>
<tr><td colspan="2">针孔</td><td>针孔检测仪</td><td>侧重在安装环缝两侧检测，每个区域 5 个测点，探测距离 300mm 左右</td></tr>
<tr><td rowspan="2">附着力</td><td>涂膜厚度大于 250μm</td><td rowspan="2">专用刀具</td><td rowspan="2">符合《水工金属结构防腐蚀规范》（SL 105）附录“色漆和清漆漆膜的划格试验”的规定</td></tr>
<tr><td>涂膜厚度不大于 250μm</td></tr>
<tr><td rowspan="3">金属喷涂</td><td colspan="2">外观检查</td><td>目测检查</td><td>全部表面</td></tr>
<tr><td colspan="2">涂层厚度</td><td>测厚仪</td><td>平整表面上每 10m² 不少于 3 个局部厚度（取 1dm² 的基准面，每个基准面测 10 个测点，取算术平均值）</td></tr>
<tr><td colspan="2">结合性能</td><td>切割刀、布胶带</td><td>当涂层厚度不大于 200μm，在 15mm×15mm 面积内按 3mm 间距，用刀切划网格，切痕深度应将涂层切断至基体金属，再用一个辊子施以 5N 的载荷将一条合适的胶带压紧在网格部位，然后沿垂直涂层表面方向快速将胶带拉开；当涂层厚度大于 200μm，在 25mm×25mm 面积内按 5mm 间距切划网格，按上述方法检测</td></tr>
</table>

3. 人字闸门埋件表面防腐蚀的技术要求应符合《水利工程压力钢管制造安装及验收规范》（SL 432）和《水工金属结构防腐蚀规范》（SL 105）的规定。

4. 人字闸门埋件表面防腐蚀质量评定包括管道内外壁表面清除、局部凹坑焊补、灌浆孔堵焊和表面防腐蚀（焊缝两侧）等检验项目。

5. 单元工程安装质量检验项目质量标准。

(1) 合格等级标准。

1) 主控项目，检测点应100%符合合格标准。

2) 一般项目，检测点应90%及以上符合合格标准，不合格点最大值不应超过其允许偏差值的1.2倍，且不合格点不应集中。

(2) 优良等级标准。在合格标准基础上，主控项目和一般项目的所有检测点应90%及以上符合优良标准。

________工程

表 7 人字闸门门体单元工程安装质量验收评定表（样表）

<table>
<tr><td colspan="2">单位工程名称</td><td colspan="2"></td><td>单元工程量</td><td></td></tr>
<tr><td colspan="2">分部工程名称</td><td colspan="2"></td><td>安装单位</td><td></td></tr>
<tr><td colspan="2">单元工程名称、部位</td><td colspan="2"></td><td>评定日期</td><td></td></tr>
<tr><td rowspan="2">项次</td><td rowspan="2">项目</td><td colspan="2">主控项目</td><td colspan="2">一般项目</td></tr>
<tr><td>合格数</td><td>其中优良数</td><td>合格数</td><td>其中优良数</td></tr>
<tr><td>1</td><td>人字闸门门体安装</td><td></td><td></td><td></td><td></td></tr>
<tr><td>2</td><td>焊缝外观质量</td><td></td><td></td><td></td><td></td></tr>
<tr><td>3</td><td>焊缝内部质量</td><td></td><td></td><td></td><td></td></tr>
<tr><td>4</td><td>表面防腐蚀质量</td><td></td><td></td><td></td><td></td></tr>
<tr><td colspan="2">试运行效果</td><td colspan="4"></td></tr>
<tr><td>安装单位
自评意见</td><td colspan="5">各项试验和单元工程试运行符合要求，各项报验资料符合规定。检验项目全部合格。检验项目优良率为____%，其中主控项目优良率为____%。
单元工程安装质量等级评定为____。
（签字，加盖公章） 年 月 日</td></tr>
<tr><td>监理单位
复核意见</td><td colspan="5">各项试验和单元工程试运行符合要求，各项报验资料符合规定。检验项目全部合格。检验项目优良率为____%，其中主控项目优良率为____%。
单元工程安装质量等级核定为____。
（签字，加盖公章） 年 月 日</td></tr>
<tr><td colspan="6">注 1. 主控项目和一般项目中的合格数指达到合格及其以上质量标准的项目个数。
2. 优良项目占全部项目百分率＝$\frac{主控项目优良数+一般项目优良数}{检验项目总数}\times 100\%$。</td></tr>
</table>

×××电站　　工程

表 7　　人字闸门门体单元工程安装质量验收评定表（实例）

<table>
<tr><td colspan="2">单位工程名称</td><td>溢流坝工程</td><td colspan="2">单元工程量</td><td colspan="2">2t</td></tr>
<tr><td colspan="2">分部工程名称</td><td>金属结构及启闭机安装</td><td colspan="2">安装单位</td><td colspan="2">×××水利水电工程局</td></tr>
<tr><td colspan="2">单元工程名称、部位</td><td>×××溢流坝人字闸门门体安装</td><td colspan="2">评定日期</td><td colspan="2">2014 年 7 月 11 日</td></tr>
<tr><td rowspan="2">项次</td><td rowspan="2" colspan="2">项目</td><td colspan="2">主控项目</td><td colspan="2">一般项目</td></tr>
<tr><td>合格数</td><td>其中优良数</td><td>合格数</td><td>其中优良数</td></tr>
<tr><td>1</td><td colspan="2">人字闸门门体安装</td><td>6</td><td>6</td><td>4</td><td>4</td></tr>
<tr><td>2</td><td colspan="2">焊缝外观质量</td><td>5</td><td>5</td><td>7</td><td>7</td></tr>
<tr><td>3</td><td colspan="2">焊缝内部质量</td><td>2</td><td>2</td><td>/</td><td>/</td></tr>
<tr><td>4</td><td colspan="2">表面防腐蚀质量</td><td>2</td><td>2</td><td>8</td><td>8</td></tr>
<tr><td colspan="3">试运行效果</td><td colspan="4">符合 质量要求</td></tr>
<tr><td>安装单位自评意见</td><td colspan="6">各项试验和单元工程试运行符合要求，各项报验资料符合规定。检验项目全部合格。检验项目优良率为 100 %，其中主控项目优良率为 100 %。
单元工程安装质量等级评定为 优良 。
×××（签字，加盖公章）　　2014 年 7 月 11 日</td></tr>
<tr><td>监理单位复核意见</td><td colspan="6">各项试验和单元工程试运行符合要求，各项报验资料符合规定。检验项目全部合格。检验项目优良率为 100 %，其中主控项目优良率为 100 %。
单元工程安装质量等级核定为 优良 。
×××（签字，加盖公章）　　2014 年 7 月 11 日</td></tr>
<tr><td colspan="7">注　1. 主控项目和一般项目中的合格数指达到合格及其以上质量标准的项目个数。
2. 优良项目占全部项目百分率 $=\frac{\text{主控项目优良数}+\text{一般项目优良数}}{\text{检验项目总数}}\times 100\%$。</td></tr>
</table>

表7　人字闸门门体单元工程安装质量验收评定表

填　表　要　求

填表时必须遵守“填表基本规定”，并应符合下列要求。

1. 单元工程划分：宜以每两扇门体的安装划分为一个单元工程。

2. 单元工程量：填写本单元门体重量（t）。

3. 本表是在第一部分水工金属结构安装工程单元工程施工质量验收评定表中表7.1～表7.4检查表质量评定合格基础上进行。

4. 单元工程施工质量验收评定应提交下列资料。

（1）施工单位应提供门体的安装图样、安装记录、门体焊接与表面防腐蚀记录、门叶检查调试记录、闸门试运行记录、重大缺陷处理记录等资料。

（2）监理单位应提交对单元工程施工质量的平行检测资料。

5. 人字闸门门体的安装、焊接与表面防腐蚀及检查等技术要求应符合《水利水电工程钢闸门制造、安装及验收规范》（GB/T 14173）和设计文件的规定。

6. 单元工程安装质量评定标准。

（1）合格等级标准。

1）各检验项目均达到合格等级及以上标准。

2）设备的试验和试运行符合《水利水电工程单元工程施工质量验收评定标准——水工金属结构安装工程》（SL 635—2012）及相关专业标准的规定；各项报验资料符合《水利水电工程单元工程施工质量验收评定标准——水工金属结构安装工程》（SL 635—2012）的要求。

（2）优良等级标准。在合格等级标准基础上，安装质量检验项目中优良项目占全部项目70%及以上，且主控项目100%优良。

________________工程

表 7.1 人字闸门门体安装质量检查表（样表）

编号：____________

<table>
<tr><td colspan="5">分部工程名称</td><td colspan="2"></td><td>单元工程名称</td><td colspan="4"></td></tr>
<tr><td colspan="5">安装部位</td><td colspan="2"></td><td>安装内容</td><td colspan="4"></td></tr>
<tr><td colspan="5">安装单位</td><td colspan="2"></td><td>开/完工日期</td><td colspan="4"></td></tr>
<tr><th colspan="2" rowspan="2">项次</th><th rowspan="2">部位</th><th colspan="2" rowspan="2">检验项目</th><th colspan="2">质量要求</th><th rowspan="2">实测值</th><th rowspan="2">合格数</th><th rowspan="2">优良数</th><th rowspan="2">质量等级</th></tr>
<tr><th>合格</th><th>优良</th></tr>
<tr><td rowspan="10">主控项目</td><td>1</td><td rowspan="6">顶、底枢</td><td colspan="2">顶底枢轴线同轴度</td><td>2.0mm</td><td>1.5mm</td><td></td><td></td><td></td><td></td></tr>
<tr><td rowspan="3">2</td><td rowspan="3">旋转门叶，从全开到全关过程中斜接柱上任一点的跳动量</td><td>门宽不大于12m</td><td>1.0mm</td><td>1.0mm</td><td rowspan="3"></td><td rowspan="3"></td><td rowspan="3"></td><td rowspan="3"></td></tr>
<tr><td>门宽为12～24m</td><td>1.5mm</td><td>1.0mm</td></tr>
<tr><td>门宽大于24m</td><td>2.0mm</td><td>1.5mm</td></tr>
<tr><td rowspan="2">3</td><td rowspan="2">底横梁在斜接柱一端的位移</td><td>顺水流方向</td><td>±2.0mm</td><td>±1.5mm</td><td></td><td></td><td></td><td></td></tr>
<tr><td>垂直方向</td><td>±2.0mm</td><td>±1.5mm</td><td></td><td></td><td></td><td></td></tr>
<tr><td rowspan="2">4</td><td rowspan="2">支、枕垫块</td><td rowspan="2">支、枕垫块间隙</td><td>局部的</td><td colspan="2">0.4mm，且连续长度不大于垫块全长的10%</td><td rowspan="2"></td><td rowspan="2"></td><td rowspan="2"></td><td rowspan="2"></td></tr>
<tr><td>连续的</td><td colspan="2">0.2mm</td></tr>
<tr><td>5</td><td>焊缝对口错边</td><td colspan="2">焊缝对口错边（任意板厚δ）</td><td>不大于10%δ，且不大于2.0mm</td><td>不小于5%δ，且不大于2.0mm</td><td></td><td></td><td></td><td></td></tr>
<tr><td>6</td><td>止水橡皮</td><td colspan="2">止水橡皮顶面平度</td><td colspan="2">2.0mm</td><td></td><td></td><td></td><td></td></tr>
<tr><td rowspan="4">一般项目</td><td>1</td><td>支、枕垫块</td><td colspan="2">每对相接处的支、枕垫块中心线偏移</td><td>5.0mm</td><td>4.0mm</td><td></td><td></td><td></td><td></td></tr>
<tr><td>2</td><td rowspan="2">表面清除凹坑焊补</td><td colspan="2">门体表面清除</td><td>焊疤清除干净</td><td>焊疤清除干净并磨光</td><td></td><td></td><td></td><td></td></tr>
<tr><td>3</td><td colspan="2">门体局部凹坑焊补</td><td>凡凹坑深度大于板厚10%或大于2.0mm应焊补</td><td>凡凹坑深度大于板厚10%或大于2.0mm应焊补并磨光</td><td></td><td></td><td></td><td></td></tr>
<tr><td>4</td><td>止水橡皮</td><td colspan="2">止水橡皮实际压缩量与设计压缩量之差</td><td colspan="2">−1.0～+2.0mm</td><td></td><td></td><td></td><td></td></tr>
<tr><td colspan="12">检查意见：
主控项目共____项，其中合格____项，优良____项，合格率____%，优良率____%。
一般项目共____项，其中合格____项，优良____项，合格率____%，优良率____%。</td></tr>
<tr><td colspan="5">检验人：（签字）
年　月　日</td><td colspan="3">评定人：（签字）
年　月　日</td><td colspan="4">监理工程师：（签字）
年　月　日</td></tr>
</table>

×××电站　　工程

表 7.1　人字闸门门体安装质量检查表（实例）

编号：

<table>
<tr><td colspan="4">分部工程名称</td><td colspan="3">金属结构及启闭机安装</td><td colspan="2">单元工程名称</td><td colspan="2">×××溢流坝人字闸门门体安装</td></tr>
<tr><td colspan="4">安装部位</td><td colspan="3">×××溢流坝</td><td colspan="2">安装内容</td><td colspan="2">人字闸门门体</td></tr>
<tr><td colspan="4">安装单位</td><td colspan="3">×××水利水电工程局</td><td colspan="2">开/完工日期</td><td colspan="2">2014 年 7 月 1—11 日</td></tr>
<tr><td colspan="2" rowspan="2">项次</td><td rowspan="2">部位</td><td colspan="2" rowspan="2">检验项目</td><td colspan="2">质量要求</td><td rowspan="2">实测值</td><td rowspan="2">合格数</td><td rowspan="2">优良数</td><td rowspan="2">质量等级</td></tr>
<tr><td>合格</td><td>优良</td></tr>
<tr><td rowspan="10">主控项目</td><td>1</td><td rowspan="6">项、底枢</td><td colspan="2">顶底枢轴线同轴度</td><td>2.0mm</td><td>1.5mm</td><td>轴线里程为 0＋121000mm，顶枢轴线实测值为 0＋121001mm，底枢实测值为 0＋121001mm</td><td>2</td><td>2</td><td>优良</td></tr>
<tr><td rowspan="3">2</td><td rowspan="3">旋转门叶，从全开到全关过程中斜接柱上任一点的跳动量</td><td>门宽不大于 12m</td><td>1.0mm</td><td>1.0mm</td><td rowspan="3">闸门宽度为 20m，实测跳动量为 0.5mm、0.8mm、0.6mm、0.8mm</td><td rowspan="3">4</td><td rowspan="3">4</td><td rowspan="3">优良</td></tr>
<tr><td>门宽为 12～24m</td><td>1.5mm</td><td>1.0mm</td></tr>
<tr><td>门宽大于 24m</td><td>2.0mm</td><td>1.5mm</td></tr>
<tr><td rowspan="2">3</td><td rowspan="2">底横梁在斜接柱一端的位移</td><td>顺水流方向</td><td>±2.0mm</td><td>±1.5mm</td><td>实测值为 0.8mm、0.5mm、0.7mm、0.7mm</td><td>4</td><td>4</td><td>优良</td></tr>
<tr><td>垂直方向</td><td>±2.0mm</td><td>±1.5mm</td><td>实测值为 0.6mm、0.6mm、0.8mm、0.8mm</td><td>4</td><td>4</td><td>优良</td></tr>
<tr><td rowspan="2">4</td><td rowspan="2">支、枕垫块</td><td rowspan="2">支、枕垫块间隙</td><td>局部的</td><td colspan="2">0.4mm，且连续长度不大于垫块全长的 10%</td><td rowspan="2">支枕垫块为连续，实测值为 0.1mm、0.1mm、0.2mm、0.2mm</td><td rowspan="2">4</td><td rowspan="2">4</td><td rowspan="2">优良</td></tr>
<tr><td>连续的</td><td colspan="2">0.2mm</td></tr>
<tr><td>5</td><td>焊缝对口错边</td><td colspan="2">焊缝对口错边（任意板厚 δ）</td><td>不大于 10%δ，且不大于 2.0mm</td><td>不大于 5%δ，且不大于 2.0mm</td><td>板厚 δ 为 15mm，实测值为 1.0mm、0.8mm、1.2mm、1.1mm</td><td>4</td><td>4</td><td>优良</td></tr>
<tr><td>6</td><td>止水橡皮</td><td colspan="2">止水橡皮顶面平度</td><td colspan="2">2.0mm</td><td>检查顶面高程 4 组，得到平度为 0.8mm、1.1mm、1.2mm、1.0mm</td><td>4</td><td>4</td><td>优良</td></tr>
</table>

续表

项次		部位	检验项目	质量要求		实测值	合格数	优良数	质量等级
				合格	优良				
一般项目	1	支、枕垫块	每对相接处的支、枕垫块中心线偏移	5.0mm	4.0mm	检查8对相接处的支、枕垫块中心线偏移实测值为0.8～2.5mm，详见测量资料	8	8	优良
	2	表面清除凹坑焊补	门体表面清除	焊疤清除干净	焊疤清除干净并磨光	检查门体表面全部焊缝并清除焊疤，焊疤清除干净并磨光	/	/	优良
	3	表面清除凹坑焊补	门体局部凹坑焊补	凡凹坑深度大于板厚10%或大于2.0mm应焊补	凡凹坑深度大于板厚10%或大于2.0mm应焊补并磨光	检查门体全部表面，发现小于2mm的凹坑4处，进行了焊补并磨光	4	4	优良
	4	止水橡皮	止水橡皮实际压缩量与设计压缩量之差	−1.0～+2.0mm		设计压缩量为15mm，实测值为14.2mm、14.6mm、14.8mm、14.8mm	4	4	优良
检查意见： 主控项目共__6__项，其中合格__6__项，优良__6__项，合格率__100__%，优良率__100__%。 一般项目共__4__项，其中合格__4__项，优良__4__项，合格率__100__%，优良率__100__%。									
检验人：××× 2014年7月11日				评定人：××× 2014年7月11日			监理工程师：××× 2014年7月11日		

表 7.1 人字闸门门体安装质量检查表

填 表 要 求

填表时必须遵守“填表基本规定”，并应符合下列要求。

1. 分部工程、单元工程名称填写应与第一部分水工金属结构安装工程单元工程施工质量验收评定表中表 7 相同。

2. 各检验项目的检验方法及检验数量按下表要求执行。

部位	检验项目		检验方法	检验数量
顶、底枢	顶底枢轴线同轴度		垂球、钢板尺、经纬仪、水准仪、全站仪	/
	旋转门叶，从全开到全关过程中斜接柱上任一点的跳动量	门宽不大于 12m		用胶布将钢板尺贴于门体斜接柱上
		门宽为 12～24m		
		门宽大于 24m		
	底横梁在斜接柱一端的位移	顺水流方向		/
		垂直方向		
支、枕垫块	支枕垫块间隙	局部的	钢板尺、塞尺	每块支、枕垫块的全长
		连续的		
	每对相接处的支、枕垫块中心线偏移			每对支、枕垫块的两端
焊缝对口错边	焊缝对口错边（任意板厚 δ）		钢板尺或焊接检验规	沿焊缝全长测量
表面清除和凹坑焊补	门体表面清除		钢板尺	全部表面
	门体局部凹坑焊补			
止水橡皮	止水橡皮顶面平度		钢丝线、钢板尺	通过止水橡皮顶面拉线测量，每 0.5m 测 1 个点
	止水橡皮实际压缩量与设计压缩量之差		钢板尺	沿止水橡皮长度检测

3. 人字闸门门体安装质量评定包括底、顶枢安装，支、枕垫块安装，焊缝对口错边，焊缝焊接质量，门体表面清除和局部凹坑焊补，门体表面防腐蚀及止水橡皮安装等检验项目。

4. 人字闸门门体焊缝焊接及门体表面防腐蚀质量应符合《水利水电工程单元工程施工质量验收评定标准——水工金属结构安装工程》（SL 635—2012）第 4 章的相关规定。

5. 人字闸门的试验和试运行应符合设计文件的要求和《水利水电工程钢闸门制造、安装及验收规范》（GB/T 14173）的规定，并做好记录备查。

6. 单元工程安装质量检验项目质量标准。

（1） 合格等级标准。

1） 主控项目，检测点应 100%符合合格标准。

2） 一般项目，检测点应 90%及以上符合合格标准，不合格点最大值不应超过其允许偏差值的 1.2 倍，且不合格点不应集中。

（2） 优良等级标准。在合格等级标准基础上，主控项目和一般项目的所有检测点应 90%及以上符合优良标准。

7. 表中数值为允许偏差值。

______________工程

表 7.2　人字闸门门体焊缝外观质量检查表（样表）

编号：__________

<table>
<tr><td colspan="3">分部工程名称</td><td colspan="2"></td><td>单元工程名称</td><td colspan="4"></td></tr>
<tr><td colspan="3">安装部位</td><td colspan="2"></td><td>安装内容</td><td colspan="4"></td></tr>
<tr><td colspan="3">安装单位</td><td colspan="2"></td><td>开/完工日期</td><td colspan="4"></td></tr>
<tr><td colspan="2" rowspan="2">项次</td><td rowspan="2">检验项目</td><td colspan="2">质量要求</td><td colspan="2" rowspan="2">实测值</td><td rowspan="2">合格数</td><td rowspan="2">优良数</td><td rowspan="2">质量等级</td></tr>
<tr><td colspan="2">合格</td></tr>
<tr><td rowspan="7">主控项目</td><td>1</td><td>裂纹</td><td colspan="2">不允许出现</td><td colspan="2"></td><td></td><td></td><td></td></tr>
<tr><td>2</td><td>表面夹渣</td><td colspan="2">一类、二类焊缝：不允许；
三类焊缝：深不大于 0.1δ，长不大于 0.3δ，且不大于 10mm</td><td colspan="2"></td><td></td><td></td><td></td></tr>
<tr><td rowspan="2">3</td><td rowspan="2">咬边</td><td>钢管</td><td>一类、二类焊缝：深不大于 0.5mm；
三类焊缝：深不大于 1mm</td><td colspan="2"></td><td></td><td></td><td></td></tr>
<tr><td>钢闸门</td><td>一类、二类焊缝：深不大于 0.5mm；连续咬边长度不大于焊缝总长的 10%，且不大于 100mm；两侧咬边累计长度不大于该焊缝总长的 15%；角焊缝不大于 20%；
三类焊缝：深不大于 1mm</td><td colspan="2"></td><td></td><td></td><td></td></tr>
<tr><td rowspan="2">4</td><td rowspan="2">表面气孔</td><td>钢管</td><td>一类、二类焊缝：不允许；
三类焊缝：每米范围内允许直径小于 1.5mm 的气孔 5 个，间距不小于 20mm</td><td colspan="2"></td><td></td><td></td><td></td></tr>
<tr><td>钢闸门</td><td>一类焊缝：不允许；
二类焊缝：每米范围内允许直径不大于 1.0mm 的气孔 3 个，间距不小于 20mm；
三类焊缝：每米范围内允许直径不大于 1.5mm 的气孔 5 个，间距不小于 20mm</td><td colspan="2"></td><td></td><td></td><td></td></tr>
<tr><td>5</td><td>未焊满</td><td colspan="2">一类、二类焊缝：不允许；
三类焊缝：深不大于（0.2+0.02δ）mm，且不大于 1mm，每 100mm 焊缝内缺欠总长不大于 25mm</td><td colspan="2"></td><td></td><td></td><td></td></tr>
</table>

续表

<table>
<tr><td rowspan="2" colspan="2">项次</td><td rowspan="2" colspan="2">检验项目</td><td>质量要求</td><td rowspan="2">实测值</td><td rowspan="2">合格数</td><td rowspan="2">优良数</td><td rowspan="2">质量等级</td></tr>
<tr><td>合格</td></tr>
<tr><td rowspan="11">一般项目</td><td rowspan="2">1</td><td rowspan="2">焊缝余高 Δh /mm</td><td>手工焊</td><td>一类、二类/三类（仅钢闸门）焊缝：
$\delta \leqslant 12, \Delta h = (0 \sim 1.5)/(0 \sim 2)$；
$12 < \delta \leqslant 25, \Delta h = (0 \sim 2.5)/(0 \sim 3)$；
$25 < \delta \leqslant 50, \Delta h = (0 \sim 3)/(0 \sim 4)$；
$\delta > 50, \Delta h = (0 \sim 4)/(0 \sim 5)$</td><td></td><td></td><td></td><td></td></tr>
<tr><td>自动焊</td><td>(0～4)/(0～5)</td><td></td><td></td><td></td><td></td></tr>
<tr><td rowspan="2">2</td><td rowspan="2">对接焊缝宽度 Δb</td><td>手工焊</td><td>盖过每边坡口宽度 1.0～2.5mm，且平缓过渡</td><td></td><td></td><td></td><td></td></tr>
<tr><td>自动焊</td><td>盖过每边坡口宽度 2～7mm，且平缓过渡</td><td></td><td></td><td></td><td></td></tr>
<tr><td>3</td><td colspan="2">飞溅</td><td>不允许出现（高强钢、不锈钢此项作为主控项目）</td><td></td><td></td><td></td><td></td></tr>
<tr><td>4</td><td colspan="2">电弧擦伤</td><td>不允许出现（高强钢、不锈钢此项作为主控项目）</td><td></td><td></td><td></td><td></td></tr>
<tr><td>5</td><td colspan="2">焊瘤</td><td>不允许出现</td><td></td><td></td><td></td><td></td></tr>
<tr><td rowspan="2">6</td><td rowspan="2">角焊缝焊脚高 K</td><td>手工焊</td><td>$K < 12$mm，$\Delta K = 0 \sim 2$mm；$K \geqslant 12$mm，$\Delta K = 0 \sim 3$mm</td><td></td><td></td><td></td><td></td></tr>
<tr><td>自动焊</td><td>$K < 12$mm，$\Delta K = 0 \sim 2$mm；$K \geqslant 12$mm，$\Delta K = 0 \sim 3$mm</td><td></td><td></td><td></td><td></td></tr>
<tr><td>7</td><td colspan="2">端部转角</td><td>连续绕角施焊</td><td></td><td></td><td></td><td></td></tr>
<tr><td colspan="9">检查意见：
主控项目共____项，其中合格____项，优良 ____项，合格率____%，优良率____%。
一般项目共____项，其中合格____项，优良 ____项，合格率____%，优良率____%。</td></tr>
<tr><td colspan="4">检验人：（签字）
年　月　日</td><td colspan="2">评定人：（签字）
年　月　日</td><td colspan="3">监理工程师：（签字）
年　月　日</td></tr>
<tr><td colspan="9">**注** 1. 手工焊是指焊条电弧焊、CO_2 半自动气保焊、自保护药芯半自动焊以及手工 TIG 焊等。自动焊是指埋弧自动焊、MAG 自动焊、MIG 自动焊等。
2. δ 为任意板厚，mm。</td></tr>
</table>

×××电站　　工程

表 7.2　　人字闸门门体焊缝外观质量检查表（实例）

编号：__________

<table>
<tr><td colspan="3">分部工程名称</td><td colspan="2">金属结构及启闭机安装</td><td>单元工程名称</td><td colspan="4">×××溢流坝人字闸门门体安装</td></tr>
<tr><td colspan="3">安装部位</td><td colspan="2">焊缝外观</td><td>安装内容</td><td colspan="4">焊缝外观</td></tr>
<tr><td colspan="3">安装单位</td><td colspan="2">×××水利水电工程局</td><td>开/完工日期</td><td colspan="4">2014 年 7 月 1—11 日</td></tr>
<tr><td colspan="2" rowspan="2">项次</td><td rowspan="2">检验项目</td><td colspan="2">质量要求</td><td colspan="2" rowspan="2">实测值</td><td rowspan="2">合格数</td><td rowspan="2">优良数</td><td rowspan="2">质量等级</td></tr>
<tr><td colspan="2">合格</td></tr>
<tr><td rowspan="7">主控项目</td><td>1</td><td>裂纹</td><td colspan="2">不允许出现</td><td colspan="2">共 55 条焊缝，检查全部焊缝，无裂纹出现</td><td>55</td><td>55</td><td>优良</td></tr>
<tr><td>2</td><td>表面夹渣</td><td colspan="2">一类、二类焊缝：不允许；
三类焊缝：深不大于 0.1δ，长不大于 0.3δ，且不大于 10mm</td><td colspan="2">本单元工程焊缝为二类焊缝，检查全部焊缝，焊缝表面无夹渣</td><td>55</td><td>55</td><td>优良</td></tr>
<tr><td rowspan="2">3</td><td rowspan="2">咬边</td><td>钢管</td><td>一类、二类焊缝：深不大于 0.5mm；
三类焊缝：深不大于 1mm</td><td colspan="2">/</td><td>/</td><td>/</td><td>/</td></tr>
<tr><td>钢闸门</td><td>一类、二类焊缝：深不大于 0.5mm；连续咬边长度不大于焊缝总长的 10%，且不大于 100mm；两侧咬边累计长度不大于该焊缝总长的 15%；角焊缝不大于 20%；
三类焊缝：深不大于 1mm</td><td colspan="2">检查全部焊缝，发现 113 个咬边，长度为 0.1～0.4mm，详见测量资料</td><td>113</td><td>113</td><td>优良</td></tr>
<tr><td rowspan="2">4</td><td rowspan="2">表面气孔</td><td>钢管</td><td>一类、二类焊缝：不允许；
三类焊缝：每米范围内允许直径小于 1.5mm 的气孔 5 个，间距不小于 20mm</td><td colspan="2">/</td><td>/</td><td>/</td><td>/</td></tr>
<tr><td>钢闸门</td><td>一类焊缝：不允许；
二类焊缝：每米范围内允许直径不大于 1.0mm 的气孔 3 个，间距不小于 20mm；
三类焊缝：每米范围内允许直径不大于 1.5mm 的气孔 5 个，间距不小于 20mm</td><td colspan="2">检查全部焊缝表面，无气孔现象</td><td>/</td><td>/</td><td>优良</td></tr>
<tr><td>5</td><td>未焊满</td><td colspan="2">一类、二类焊缝：不允许；
三类焊缝：深不大于（0.2＋0.02δ）mm，且不大于 1mm，每 100mm 焊缝内缺欠总长不大于 25mm</td><td colspan="2">检查全部焊缝，焊缝无未焊满情况</td><td>/</td><td>/</td><td>优良</td></tr>
</table>

续表

项次		检验项目		质量要求 合格	实测值	合格数	优良数	质量等级
一般项目	1	焊缝余高 Δh /mm	手工焊	一类、二类/三类（仅钢闸门）焊缝： $\delta \leqslant 12, \Delta h = (0 \sim 1.5)/(0 \sim 2)$； $12 < \delta \leqslant 25, \Delta h = (0 \sim 2.5)/(0 \sim 3)$； $25 < \delta \leqslant 50, \Delta h = (0 \sim 3)/(0 \sim 4)$； $\delta > 50, \Delta h = (0 \sim 4)/(0 \sim 5)$	δ=150mm； 检查全部焊缝，检查焊缝余高55组，余高为1.2～2.4mm，详见测量资料	55	55	优良
			自动焊	(0～4)/(0～5)	/	/	/	/
	2	对接焊缝宽度 Δb	手工焊	盖过每边坡口宽度1.0～2.5mm，且平缓过渡	检查全部焊缝，检查焊缝对接宽度55组，宽度为1.1～2.2mm，且平缓过渡，详见测量资料	55	55	优良
			自动焊	盖过每边坡口宽度2～7mm，且平缓过渡	/	/	/	/
	3	飞溅		不允许出现（高强钢、不锈钢此项作为主控项目）	检查全部焊缝表面，未出现飞溅现象	/	/	优良
	4	电弧擦伤		不允许出现（高强钢、不锈钢此项作为主控项目）	检查全部焊缝表面，未发现电弧擦伤情况	/	/	优良
	5	焊瘤		不允许出现	检查全部焊缝表面，无焊瘤出现	/	/	优良
	6	角焊缝焊脚高 K	手工焊	$K < 12$mm，$\Delta K = 0 \sim 2$mm；$K \geqslant 12$mm，$\Delta K = 0 \sim 3$mm	K=15mm； 本单元工程共涉及4处角焊缝，ΔK 为1.2mm、1.2mm、0.9mm、1.2mm	4	4	优良
			自动焊	$K < 12$mm，$\Delta K = 0 \sim 2$mm；$K \geqslant 12$mm，$\Delta K = 0 \sim 3$mm	/	/	/	/
	7	端部转角		连续绕角施焊	本单元工程共涉及4处端部转角焊缝，均连续绕角施焊	4	4	优良

检查意见：

主控项目共 5 项，其中合格 5 项，优良 5 项，合格率 100 %，优良率 100 %。

一般项目共 7 项，其中合格 7 项，优良 7 项，合格率 100 %，优良率 100 %。

检验人：××× 2014年7月11日	评定人：××× 2014年7月11日	监理工程师：××× 2014年7月11日

注 1. 手工焊是指焊条电弧焊、CO_2 半自动气保焊、自保护药芯半自动焊以及手工TIG焊等。自动焊是指埋弧自动焊、MAG自动焊、MIG自动焊等。

2. δ 为任意板厚，mm。

表 7.2 人字闸门门体焊缝外观质量检查表

填 表 说 明

填表时必须遵守“填表基本规定”，并应符合下列要求。

1．分部工程、单元工程名称填写应与第一部分水工金属结构安装工程单元工程施工质量验收评定表中表 7 相同。

2．各检验项目的检验方法及检验数量按下表要求执行。

<table>
<tr><th colspan="2">检验项目</th><th>检验方法</th><th>检验数量</th></tr>
<tr><td colspan="2">裂纹</td><td rowspan="5">检查（必要时用 5 倍放大镜检查）</td><td rowspan="3">沿焊缝长度</td></tr>
<tr><td colspan="2">表面夹渣</td></tr>
<tr><td colspan="2">咬边</td></tr>
<tr><td colspan="2">表面气孔</td><td rowspan="2">全部表面</td></tr>
<tr><td colspan="2">未焊满</td></tr>
<tr><td rowspan="2">焊缝余高 Δh</td><td>手工焊</td><td rowspan="4">钢板尺或焊接检验规</td><td rowspan="4">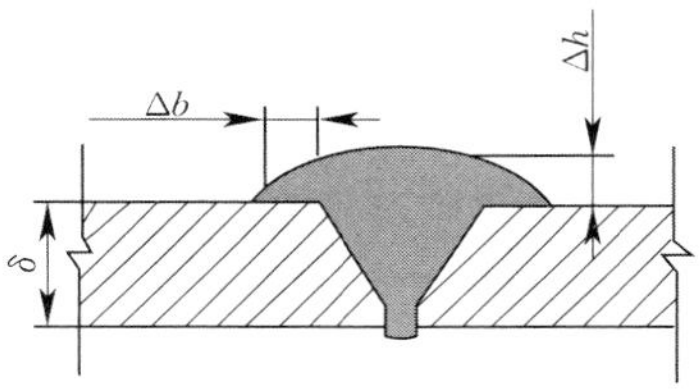</td></tr>
<tr><td>自动焊</td></tr>
<tr><td rowspan="2">对接焊缝宽度 Δb</td><td>手工焊</td></tr>
<tr><td>自动焊</td></tr>
<tr><td colspan="2">飞溅</td><td rowspan="3">检查</td><td rowspan="3">全部表面</td></tr>
<tr><td colspan="2">电弧擦伤</td></tr>
<tr><td colspan="2">焊瘤</td></tr>
<tr><td rowspan="2">角焊缝焊脚高 K</td><td>手工焊</td><td rowspan="2">焊接检验规</td><td rowspan="2">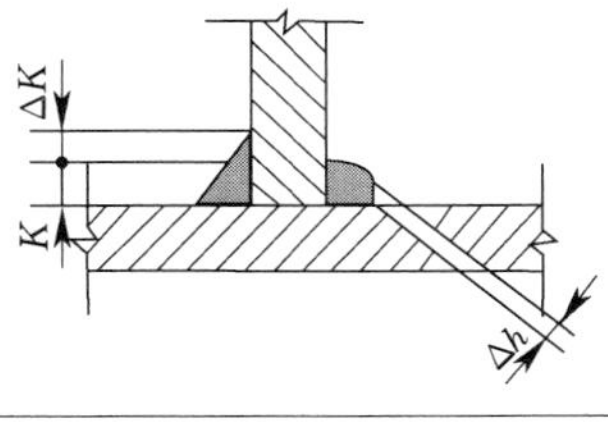</td></tr>
<tr><td>自动焊</td></tr>
<tr><td colspan="2">端部转角</td><td>检查</td><td></td></tr>
</table>

3．弧形闸门门体焊接与检验的技术要求应符合《水工金属结构焊接通用技术条件》（SL 36）和《水利工程压力钢管制造安装及验收规范》（SL 432）的规定。

4．焊缝的无损检验应根据施工图样和相关标准的规定进行。一类、二类焊缝的射线、超声波、磁粉、渗透探伤应分别符合《金属熔化焊焊接头射线照相》（GB/T 3323）、《焊缝无损检测　超声检测　技术、检测等级和评定》（GB/T 11345）、《无损检测　焊缝磁粉检测》（JB/T 6061）、《无损检测　焊缝渗透检测》（JB/T 6062）的规定。

5．焊缝焊接质量由焊缝外观质量和焊缝内部质量组成。

6. 单元工程安装质量检验项目质量标准。

(1) 合格等级标准。

1) 主控项目，检测点应100%符合合格标准。

2) 一般项目，检测点应90%及以上符合合格标准，不合格点最大值不应超过其允许偏差值的1.2倍，且不合格点不应集中。

(2) 优良等级标准。在合格标准基础上，主控项目和一般项目的所有检测点应90%及以上符合优良标准。

7. 表中数值为允许偏差值。

______________工程

表 7.3　人字闸门门体焊缝内部质量检查表（样表）

编号：__________

<table>
<tr><td colspan="3">分部工程名称</td><td colspan="2"></td><td>单元工程名称</td><td colspan="3"></td></tr>
<tr><td colspan="3">安装部位</td><td colspan="2"></td><td>安装内容</td><td colspan="3"></td></tr>
<tr><td colspan="3">安装单位</td><td colspan="2"></td><td>开/完工日期</td><td colspan="3"></td></tr>
<tr><td colspan="2" rowspan="2">项次</td><td rowspan="2">检验项目</td><td colspan="2">质量要求</td><td rowspan="2">实测值</td><td rowspan="2">合格数</td><td rowspan="2">优良数</td><td rowspan="2">质量等级</td></tr>
<tr><td>合格</td><td>优良</td></tr>
<tr><td rowspan="4">主控项目</td><td>1</td><td>射线探伤</td><td>一类焊缝不低于Ⅱ级合格，二类焊缝不低于Ⅲ级合格</td><td>一次合格率不低于 90%</td><td></td><td></td><td></td><td></td></tr>
<tr><td>2</td><td>超声波探伤</td><td>一类焊缝不低于Ⅰ级合格，二类焊缝不低于Ⅱ级合格</td><td>一次合格率不低于 95%</td><td></td><td></td><td></td><td></td></tr>
<tr><td>3</td><td>磁粉探伤</td><td>一类、二类焊缝不低于Ⅱ级合格</td><td>一次合格率不低于 95%</td><td></td><td></td><td></td><td></td></tr>
<tr><td>4</td><td>渗透探伤</td><td>一类、二类焊缝不低于Ⅱ级合格</td><td>一次合格率不低于 95%</td><td></td><td></td><td></td><td></td></tr>
<tr><td colspan="9">检查意见：
主控项目共____项，其中合格____项，优良 ____项，合格率____%，优良率 ____%。</td></tr>
<tr><td colspan="4">检验人：（签字）
年　月　日</td><td colspan="3">评定人：（签字）
年　月　日</td><td colspan="2">监理工程师：（签字）
年　月　日</td></tr>
<tr><td colspan="9">注　1. 射线探伤一次合格率$=\frac{\text{合格底片（张）}}{\text{拍片总数（张）}}\times 100\%$。
2. 其余探伤一次合格率$=\frac{\text{合格焊缝总长度（m）}}{\text{所检焊缝总长度（m）}}\times 100\%$。
3. 当焊缝长度小于 200mm 时，按实际焊缝长度检测。</td></tr>
</table>

×××电站　　工程

表 7.3　　人字闸门门体焊缝内部质量检查表（实例）

编号：____________

分部工程名称	金属结构及启闭机安装	单元工程名称	×××溢流坝人字闸门门体安装
安装部位	焊缝内部	安装内容	焊缝内部
安装单位	×××水利水电工程局	开/完工日期	2014 年 7 月 1—11 日

项次		检验项目	质量要求		实测值	合格数	优良数	质量等级
			合格	优良				
主控项目	1	射线探伤	一类焊缝不低于Ⅱ级合格，二类焊缝不低于Ⅲ级合格	一次合格率不低于 90%	共检测焊缝 55 条，每处拍片 4 张，合格底片 4 张，合格率 100%	55	55	优良
	2	超声波探伤	一类焊缝不低于Ⅰ级合格，二类焊缝不低于Ⅱ级合格	一次合格率不低于 95%	共检测焊缝 55 条，合格率均为 100%	55	55	优良
	3	磁粉探伤	一类、二类焊缝不低于Ⅱ级合格	一次合格率不低于 95%	/	/	/	/
	4	渗透探伤	一类、二类焊缝不低于Ⅱ级合格	一次合格率不低于 95%	/	/	/	/

检查意见：

主控项目共__2__项，其中合格__2__项，优良__2__项，合格率__100__%，优良率__100__%。

检验人：××× 2014 年 7 月 11 日	评定人：××× 2014 年 7 月 11 日	监理工程师：××× 2014 年 7 月 11 日

注　1. 射线探伤一次合格率 $=\dfrac{\text{合格底片（张）}}{\text{拍片总数（张）}}\times 100\%$。

2. 其余探伤一次合格率 $=\dfrac{\text{合格焊缝总长度（m）}}{\text{所检焊缝总长度（m）}}\times 100\%$。

3. 当焊缝长度小于 200mm 时，按实际焊缝长度检测。

表 7.3　人字闸门门体焊缝内部质量检查表

填　表　说　明

填表时必须遵守“填表基本规定”，并符合以下要求。

1. 分部工程、单元工程名称填写应与第一部分水工金属结构安装工程单元工程施工质量验收评定表中表 7 相同。

2. 各检验项目的检验方法及检验数量按下表要求执行。

检验项目	检　验　方　法
射线探伤	压力钢管：按《水利工程压力钢管制造安装及验收规范》（SL 432）的要求； 钢闸门及拦污栅：按《水利水电工程钢闸门制造、安装及验收规范》（GB/T 14173）的要求； 启闭机：按《水利水电工程启闭机制造安装及验收规范》（SL 381）和《水工金属结焊接通用技术条件》（SL 36）的要求
超声波探伤	压力钢管：按《水利工程压力钢管制造安装及验收规范》（SL 432）的要求； 钢闸门及拦污栅：按《水利水电工程钢闸门制造、安装及验收规范》（GB/T 14173）的要求； 启闭机：按《水利水电工程启闭机制造安装及验收规范》（SL 381）和《水工金属结焊接通用技术条件》（SL 36）的要求
磁粉探伤	厚度大于 32mm 的高强度钢，不低于焊缝总长的 20%，且不小于 200mm
渗透探伤	

3. 单元工程安装质量检验项目质量标准。

（1）合格等级标准。

1）主控项目，检测点应 100%符合合格标准。

2）一般项目，检测点应 90%及以上符合合格标准，不合格点最大值不应超过其允许偏差值的 1.2 倍，且不合格点不应集中。

（2）优良等级标准。在合格标准基础上，主控项目和一般项目的所有检测点应 90%及以上符合优良标准。

______________工程

表 7.4　　人字闸门门体表面防腐蚀质量检查表（样表）

编号：__________

<table>
<tr><td colspan="3">分部工程名称</td><td colspan="2"></td><td>单元工程名称</td><td colspan="3"></td></tr>
<tr><td colspan="3">安装部位</td><td colspan="2"></td><td>安装内容</td><td colspan="3"></td></tr>
<tr><td colspan="3">安装单位</td><td colspan="2"></td><td>开/完工日期</td><td colspan="3"></td></tr>
<tr><td colspan="2" rowspan="2">项次</td><td rowspan="2">检验项目</td><td colspan="2">质量要求</td><td rowspan="2">实测值</td><td rowspan="2">合格数</td><td rowspan="2">优良数</td><td rowspan="2">质量等级</td></tr>
<tr><td>合格</td><td>优良</td></tr>
<tr><td rowspan="3">主控项目</td><td>1</td><td>闸门表面清除</td><td>管壁临时支撑割除，焊疤清除干净</td><td>管壁临时支撑割除，焊疤清除干净并磨光</td><td></td><td></td><td></td><td></td></tr>
<tr><td>2</td><td>闸门局部凹坑焊补</td><td>凡凹坑深度大于板厚的10%或大于2.0mm应焊补</td><td>凡凹坑深度大于板厚的10%或大于2.0mm应焊补并磨光</td><td></td><td></td><td></td><td></td></tr>
<tr><td>3</td><td>灌浆孔堵焊</td><td colspan="2">堵焊后表面平整，无渗水现象</td><td></td><td></td><td></td><td></td></tr>
<tr><td rowspan="4">一般项目</td><td>1</td><td>表面预处理</td><td colspan="2">明管内外壁和埋管内壁用压缩空气喷砂或喷丸除锈，除锈清洁度等级应达到《涂装前钢材表面锈蚀等级和除锈等级》（GB 8923）中规定的Sa2 $\frac{1}{2}$级；表面粗糙度对非厚浆型涂料应达到$Rz40\sim70\mu m$，对厚浆型涂料及金属热喷涂为$Rz60\sim100\mu m$。
埋管外壁经喷射或抛射除锈后，采用改性水泥浆，防腐蚀除锈等级不低于Sa1级</td><td></td><td></td><td></td><td></td></tr>
<tr><td>2</td><td rowspan="3">涂料涂装</td><td>外观检查</td><td>表面光滑、颜色均匀一致，无皱纹、起泡、流挂、针孔、裂纹、漏涂等缺欠</td><td></td><td></td><td></td><td></td></tr>
<tr><td>3</td><td>涂层厚度</td><td>85%以上的局部厚度应达到设计文件规定厚度，漆膜最小局部厚度应不低于设计文件规定厚度的85%</td><td></td><td></td><td></td><td></td></tr>
<tr><td>4</td><td>针孔</td><td>厚浆型涂料，按规定的电压值检测针孔，发现针孔，用砂纸或弹性砂轮片打磨后补涂</td><td></td><td></td><td></td><td></td></tr>
</table>

续表

<table>
<tr><td colspan="2" rowspan="2">项次</td><td colspan="2" rowspan="2">检验项目</td><td colspan="3">质量要求</td><td rowspan="2">实测值</td><td rowspan="2">合格数</td><td rowspan="2">优良数</td><td rowspan="2">质量等级</td></tr>
<tr><td>合格</td><td colspan="2">优良</td></tr>
<tr><td rowspan="5">一般项目</td><td>5</td><td rowspan="2">涂料涂装</td><td rowspan="2">附着力</td><td>涂膜厚度大于250μm</td><td colspan="2">在涂膜上划两条夹角为60°的切割线，应划透至基底，用透明压敏胶粘带粘牢划口部分，快速撕起胶带，涂层应无剥落</td><td></td><td></td><td></td><td></td></tr>
<tr><td>6</td><td>涂膜厚度不大于250μm</td><td>用划格法检查（0～60μm，刀口间距1mm；61～120μm，刀口间距2mm；121～250μm，刀口间距3mm），涂层沿切割边缘或切口交叉处脱落明显大于5%，但受影响明显不大于15%</td><td>切割的边缘完全平滑，无一格脱落，或在切割交叉处涂层有少许薄片分离，划格区受影响明显不大于5%</td><td></td><td></td><td></td><td></td></tr>
<tr><td>7</td><td rowspan="3">金属喷涂</td><td colspan="2">外观检查</td><td colspan="2">表面均匀，无金属熔融粗颗粒、起皮、鼓泡、裂纹、掉块及其他影响使用的缺陷</td><td></td><td></td><td></td><td></td></tr>
<tr><td>8</td><td colspan="2">涂层厚度</td><td colspan="2">最小局部厚度不小于设计文件规定厚度</td><td></td><td></td><td></td><td></td></tr>
<tr><td>9</td><td colspan="2">结合性能</td><td>胶带上有破断的涂层黏附，但基底未裸露</td><td>涂层的任何部位都未与基体金属剥离</td><td></td><td></td><td></td><td></td></tr>
<tr><td colspan="11">检查意见：
主控项目共____项，其中合格____项，优良 ____项，合格率____%，优良率 ____%。
一般项目共____项，其中合格____项，优良 ____项，合格率____%，优良率 ____%。</td></tr>
<tr><td colspan="5">检验人：（签字）
年　月　日</td><td colspan="3">评定人：（签字）
年　月　日</td><td colspan="3">监理工程师：（签字）
年　月　日</td></tr>
</table>

×××电站＿＿＿＿工程

表 7.4　人字闸门门体表面防腐蚀质量检查表（实例）

编号：＿＿＿＿＿＿

<table>
<tr><td colspan="3">分部工程名称</td><td colspan="2">全属结构及启闭机安装</td><td>单元工程名称</td><td colspan="4">人字闸门门体安装</td></tr>
<tr><td colspan="3">安装部位</td><td colspan="2">表面防腐蚀</td><td>安装内容</td><td colspan="4">表面防腐蚀</td></tr>
<tr><td colspan="3">安装单位</td><td colspan="2">×××水利水电工程局</td><td>开/完工日期</td><td colspan="4">2014 年 7 月 1—11 日</td></tr>
<tr><td colspan="2" rowspan="2">项次</td><td rowspan="2">检验项目</td><td colspan="2">质量要求</td><td colspan="2" rowspan="2">实测值</td><td rowspan="2">合格数</td><td rowspan="2">优良数</td><td rowspan="2">质量等级</td></tr>
<tr><td>合格</td><td>优良</td></tr>
<tr><td rowspan="3">主控项目</td><td>1</td><td>闸门表面清除</td><td>管壁临时支撑割除，焊疤清除干净</td><td>管壁临时支撑割除，焊疤清除干净并磨光</td><td colspan="2">检查闸门全部表面，焊疤清除干净并磨光</td><td>/</td><td>/</td><td>优良</td></tr>
<tr><td>2</td><td>闸门局部凹坑焊补</td><td>凡凹坑深度大于板厚的10%或大于2.0mm应焊补</td><td>凡凹坑深度大于板厚的10%或大于2.0mm应焊补并磨光</td><td colspan="2">检查闸门全部表面，发现深度大于2.0mm的凹坑5处，进行了焊补并磨光</td><td>4</td><td>4</td><td>优良</td></tr>
<tr><td>3</td><td>灌浆孔堵焊</td><td colspan="2">堵焊后表面平整，无渗水现象</td><td colspan="2">/</td><td>/</td><td>/</td><td>/</td></tr>
<tr><td rowspan="4">一般项目</td><td>1</td><td>表面预处理</td><td colspan="2">明管内外壁和埋管内壁用压缩空气喷砂或喷丸除锈，除锈清洁度等级应达到《涂装前钢材表面锈蚀等级和除锈等级》(GB 8923)中规定的 Sa2 $\frac{1}{2}$ 级；表面粗糙度对非厚浆型涂料应达到 $Rz40\sim70\mu m$，对厚浆型涂料及金属热喷涂为 $Rz60\sim100\mu m$。
埋管外壁经喷射或抛射除锈后，采用改性水泥浆，防腐蚀除锈等级不低于 Sa1 级</td><td colspan="2">对埋件表面进行了喷丸除锈清洁，清洁后埋件表面无可见的油脂和污垢，且氧化皮、铁锈、油漆涂层等附着物基本清除，清洁度等级达到 Sa2 $\frac{1}{2}$ 级；
本单元工程涂料采用非厚浆型涂料，采用比较样板目视对除锈处理后的埋件表面进行了检查，表面粗糙度为 $Rz50\mu m$</td><td>/</td><td>/</td><td>优良</td></tr>
<tr><td>2</td><td rowspan="3">涂料涂装</td><td>外观检查</td><td>表面光滑、颜色均匀一致，无皱纹、起泡、流挂、针孔、裂纹、漏涂等缺欠</td><td colspan="2">检查焊缝两侧，表面光滑、颜色均匀一致，无皱纹、气泡、流挂等缺欠</td><td>/</td><td>/</td><td>优良</td></tr>
<tr><td>3</td><td>涂层厚度</td><td>85%以上的局部厚度应达到设计文件规定厚度，漆膜最小局部厚度应不低于设计文件规定厚度的85%</td><td colspan="2">设计要求：涂层厚度为 $60\mu m$；
采用测厚仪检测150个点，涂层厚度为 $60.0\sim62.5\mu m$，详见测量数据</td><td>150</td><td>150</td><td>优良</td></tr>
<tr><td>4</td><td>针孔</td><td>厚浆型涂料，按规定的电压值检测针孔，发现针孔，用砂纸或弹性砂轮片打磨后补涂</td><td colspan="2">采用针孔检测仪检查60个点，发现针孔5个，用砂纸打磨后补涂</td><td>60</td><td>60</td><td>优良</td></tr>
</table>

续表

<table>
<tr><th rowspan="2">项次</th><th rowspan="2" colspan="2">检验项目</th><th colspan="3">质量要求</th><th rowspan="2">实测值</th><th rowspan="2">合格数</th><th rowspan="2">优良数</th><th rowspan="2">质量等级</th></tr>
<tr><th>合格</th><th colspan="2">优良</th></tr>
<tr><td rowspan="5">一般项目</td><td>5</td><td rowspan="2">涂料涂装</td><td rowspan="2">附着力</td><td>涂膜厚度大于250μm</td><td colspan="2">在涂膜上划两条夹角为60°的切割线，应划透至基底，用透明压敏胶粘带粘牢划口部分，快速撕起胶带，涂层应无剥落</td><td>采用划叉法检查涂料附着情况，检查40处，涂层均无无剥落现象</td><td>40</td><td>40</td><td>优良</td></tr>
<tr><td>6</td><td>涂膜厚度不大于250μm</td><td>用划格法检查（0～60μm，刀口间距1mm；61～120μm，刀口间距2mm；121～250μm，刀口间距3mm），涂层沿切割边缘或切口交叉处脱落明显大于5%，但受影响明显不大于15%</td><td>切割的边缘完全平滑，无一格脱落，或在切割交叉处涂层有少许薄片分离，划格区受影响明显不大于5%</td><td>/</td><td>/</td><td>/</td><td>/</td></tr>
<tr><td>7</td><td rowspan="3">金属喷涂</td><td colspan="2">外观检查</td><td colspan="2">表面均匀，无金属熔融粗颗粒、起皮、鼓泡、裂纹、掉块及其他影响使用的缺陷</td><td>检查闸门表面喷漆外观，表面均匀，无起皮、裂纹等缺陷</td><td>/</td><td>/</td><td>优良</td></tr>
<tr><td>8</td><td colspan="2">涂层厚度</td><td colspan="2">最小局部厚度不小于设计文件规定厚度</td><td>设计要求：涂层厚度为60μm；
共检查80个点，涂层厚度为60.2～63.5μm，详见检测资料</td><td>80</td><td>80</td><td>优良</td></tr>
<tr><td>9</td><td colspan="2">结合性能</td><td>胶带上有破断的涂层黏附，但基底未裸露</td><td>涂层的任何部位都未与基体金属剥离</td><td>采用切割刀、布胶带检查60个涂层部位，各涂层均未与基体剥离</td><td>60</td><td>60</td><td>优良</td></tr>
<tr><td colspan="10">检查意见：
主控项目共 2 项，其中合格 2 项，优良 2 项，合格率 100 %，优良率 100 %。
一般项目共 8 项，其中合格 8 项，优良 8 项，合格率 100 %，优良率 100 %。</td></tr>
<tr><td colspan="4">检验人：×××

2014年7月11日</td><td colspan="3">评定人：×××

2014年7月11日</td><td colspan="3">监理工程师：×××

2014年7月11日</td></tr>
</table>

表 7.4 人字闸门门体表面防腐蚀质量检查表

填 表 说 明

填表时必须遵守“填表基本规定”，并符合以下要求。

1．分部工程、单元工程名称填写应与第一部分水工金属结构安装工程单元工程施工质量验收评定表中表 7 相同。

2．各检验项目的检验方法及检验数量按下表要求执行。

<table>
<tr><th colspan="3">检验项目</th><th>检验方法</th><th>检验数量</th></tr>
<tr><td colspan="3">闸门表面清除</td><td rowspan="2">目测检查</td><td rowspan="2">全部表面</td></tr>
<tr><td colspan="3">闸门局部凹坑焊补</td></tr>
<tr><td colspan="3">灌浆孔堵焊</td><td>检查（或 5 倍放大镜检查）</td><td>全部灌浆孔</td></tr>
<tr><td colspan="3">表面预处理</td><td>清洁度按《涂装前钢材表面锈蚀等级和除锈等级》（GB 8923）照片对比；粗糙度用触针式轮廓仪测量或比较样板目测评定</td><td>每 2m² 表面至少要有 1 个评定点。触针式轮廓仪在 40mm 长度范围内测 5 点，取其算数平均值；比较样块法每一评定点面积不小于 50mm²</td></tr>
<tr><td rowspan="5">涂料涂装</td><td colspan="2">外观检查</td><td>目测检查</td><td>安装焊缝两侧</td></tr>
<tr><td colspan="2">涂层厚度</td><td>测厚仪</td><td>平整表面上每 10m² 表面应不少于 3 个测点；结构复杂、面积较小的表面，每 2m² 表面应不少于 1 个测点；单节钢管在两端和中间的圆周上每隔 1.5m 测 1 个点</td></tr>
<tr><td colspan="2">针孔</td><td>针孔检测仪</td><td>侧重在安装环缝两侧检测，每个区域 5 个测点，探测距离 300mm 左右</td></tr>
<tr><td rowspan="2">附着力</td><td>涂膜厚度大于 250μm</td><td rowspan="2">专用刀具</td><td rowspan="2">符合《水工金属结构防腐蚀规范》（SL 105）附录“色漆和清漆漆膜的划格试验”的规定</td></tr>
<tr><td>涂膜厚度不大于 250μm</td></tr>
<tr><td rowspan="3">金属喷涂</td><td colspan="2">外观检查</td><td>目测检查</td><td>全部表面</td></tr>
<tr><td colspan="2">涂层厚度</td><td>测厚仪</td><td>平整表面上每 10m² 不少于 3 个局部厚度（取 1dm² 的基准面，每个基准面测 10 个测点，取算术平均值）</td></tr>
<tr><td colspan="2">结合性能</td><td>切割刀、布胶带</td><td>当涂层厚度不大于 200μm，在 15mm×15mm 面积内按 3mm 间距，用刀切划网格，切痕深度应将涂层切断至基体金属，再用一个辊子施以 5N 的载荷将一条合适的胶带压紧在网格部位，然后沿垂直涂层表面方向快速将胶带拉开；当涂层厚度大于 200μm，在 25mm×25mm 面积内按 5mm 间距切划网格，按上述方法检测</td></tr>
</table>

3．弧形闸门门体表面防腐蚀的技术要求应符合《水利工程压力钢管制造安装及验收规范》（SL 432）和《水工金属结构防腐蚀规范》（SL 105）的规定。

4. 弧形闸门门体表面防腐蚀质量评定包括管道内外壁表面清除、局部凹坑焊补、灌浆孔堵焊和表面防腐蚀（焊缝两侧）等检验项目。

5. 单元工程安装质量检验项目质量标准。

(1) 合格等级标准。

1) 主控项目，检测点应100%符合合格标准。

2) 一般项目，检测点应90%及以上符合合格标准，不合格点最大值不应超过其允许偏差值的1.2倍，且不合格点不应集中。

(2) 优良等级标准。在合格标准基础上，主控项目和一般项目的所有检测点应90%及以上符合优良标准。

______工程

表 8　　活动式拦污栅单元工程安装质量验收评定表（样表）

<table>
<tr><td colspan="2">单位工程名称</td><td colspan="2"></td><td>单元工程量</td><td colspan="2"></td></tr>
<tr><td colspan="2">分部工程名称</td><td colspan="2"></td><td>安装单位</td><td colspan="2"></td></tr>
<tr><td colspan="2">单元工程名称、部位</td><td colspan="2"></td><td>评定日期</td><td colspan="2"></td></tr>
<tr><td rowspan="2">项次</td><td rowspan="2" colspan="2">项目</td><td colspan="2">主控项目</td><td colspan="2">一般项目</td></tr>
<tr><td>合格数</td><td>其中优良数</td><td>合格数</td><td>其中优良数</td></tr>
<tr><td>1</td><td colspan="2">活动式拦污栅安装</td><td></td><td></td><td></td><td></td></tr>
<tr><td colspan="3">试运行结果</td><td colspan="4"></td></tr>
<tr><td>安装单位自评意见</td><td colspan="6">各项试验和单元工程试运行符合要求，各项报验资料符合规定。检验项目全部合格。检验项目优良率为____%，其中主控项目优良率为____%。
单元工程安装质量验收评定等级为____。
（签字，加盖公章）　年　月　日</td></tr>
<tr><td>监理单位复核意见</td><td colspan="6">各项试验和单元工程试运行符合要求，各项报验资料符合规定。检验项目全部合格。检验项目优良率为____%，其中主控项目优良率为____%。
单元工程安装质量验收核定等级为____。
（签字，加盖公章）　年　月　日</td></tr>
<tr><td colspan="7">注　1. 主控项目和一般项目中的合格数指达到合格及其以上质量标准的项目个数。
2. 优良项目占全部项目百分率 $=\dfrac{\text{主控项目优良数}+\text{一般项目优良数}}{\text{检验项目总数}}\times100\%$。</td></tr>
</table>

××× 电站＿＿工程

表 8　　活动式拦污栅单元工程安装质量验收评定表（实例）

<table>
<tr><td colspan="2">单位工程名称</td><td>电站厂房工程</td><td>单元工程量</td><td colspan="2">2t</td></tr>
<tr><td colspan="2">分部工程名称</td><td>金属结构及启闭机安装</td><td>安装单位</td><td colspan="2">中国水利水电第×××工程局有限公司</td></tr>
<tr><td colspan="2">单元工程名称、部位</td><td>机组进口拦污栅安装</td><td>评定日期</td><td colspan="2">2014 年 10 月 19 日</td></tr>
<tr><td rowspan="2">项次</td><td rowspan="2">项目</td><td colspan="2">主控项目</td><td colspan="2">一般项目</td></tr>
<tr><td>合格数</td><td>其中优良数</td><td>合格数</td><td>其中优良数</td></tr>
<tr><td>1</td><td>活动式拦污栅安装</td><td>4</td><td>4</td><td>8</td><td>8</td></tr>
<tr><td colspan="2">试运行结果</td><td colspan="4">＿符合＿质量标准</td></tr>
<tr><td>安装单位自评意见</td><td colspan="5">各项试验和单元工程试运行符合要求，各项报验资料符合规定。检验项目全部合格。检验项目优良率为＿100＿%，其中主控项目优良率为＿100＿%。
单元工程安装质量验收评定等级为＿优良＿。
×××（签字，加盖公章）　2014 年 10 月 19 日</td></tr>
<tr><td>监理单位复核意见</td><td colspan="5">各项试验和单元工程试运行符合要求，各项报验资料符合规定。检验项目全部合格。检验项目优良率为＿100＿%，其中主控项目优良率为＿100＿%。
单元工程安装质量验收核定等级为＿优良＿。
×××（签字，加盖公章）　2014 年 10 月 19 日</td></tr>
<tr><td colspan="6">注　1. 主控项目和一般项目中的合格数指达到合格及其以上质量标准的项目个数。
2. 优良项目占全部项目百分率 $=\frac{\text{主控项目优良数}+\text{一般项目优良数}}{\text{检验项目总数}}\times 100\%$。</td></tr>
</table>

表 8　活动式拦污栅单元工程安装质量验收评定表

填　表　说　明

填表时必须遵守"填表基本规定"，并符合以下要求。

1. 单元工程划分：宜以每孔埋件和栅体的安装划分为一个单元工程。

2. 单元工程量：填写本单元拦污栅重量（t）。

3. 本表是在第一部分水工金属结构安装工程单元工程施工质量验收评定表中表 8.1 检查表质量评定合格基础上进行的。

4. 单元工程施工质量验收评定应提交下列资料。

（1）施工单位应提供埋件和栅体的安装图样、安装记录、埋件和栅体的表面防腐蚀记录、拦污栅升降试验、试运行记录、重大缺陷处理记录等资料。

（2）监理单位应提交对单元工程施工质量的平行检测资料。

5. 拦污栅的安装、表面防腐蚀及检查等技术要求应符合《水利水电工程钢闸门制造、安装及验收规范》（GB/T 14173）和设计文件的规定。

6. 单元工程安装质量评定标准。

（1）合格标准。

1）各检验项目均达到合格等级及以上标准。

2）设备的试验和试运行符合《水利水电工程单元工程施工质量验收评定标准——水工金属结构安装工程》（SL 635—2012）及相关专业标准的规定；各项报验资料符合《水利水电工程单元工程施工质量验收评定标准——水工金属结构安装工程》（SL 635—2012）的要求。

（2）优良等级标准。在合格等级标准的基础上，安装质量检验项目中优良项目占全部项目 70%及以上，且主控项目 100%优良。

________工程

表 8.1　　活动式拦污栅安装质量检查表（样表）

编号：________

<table>
<tr><td colspan="3">分部工程名称</td><td colspan="3"></td><td>单元工程名称</td><td colspan="3"></td></tr>
<tr><td colspan="3">安装部位</td><td colspan="3"></td><td>安装内容</td><td colspan="3"></td></tr>
<tr><td colspan="3">安装单位</td><td colspan="3"></td><td>开/完工日期</td><td colspan="3"></td></tr>
<tr><td colspan="2" rowspan="2">项次</td><td rowspan="2">部位</td><td rowspan="2">检验项目</td><td colspan="2">质量要求</td><td rowspan="2">实测值</td><td rowspan="2">合格数</td><td rowspan="2">优良数</td><td rowspan="2">质量等级</td></tr>
<tr><td>合格</td><td>优良</td></tr>
<tr><td rowspan="4">主控项目</td><td>1</td><td rowspan="2">埋件</td><td>主轨对栅槽中心线</td><td>−2.0～+3.0mm</td><td>−2.0～+3.0mm</td><td></td><td></td><td></td><td></td></tr>
<tr><td>2</td><td>反轨对栅槽中心线</td><td>−2.0～+5.0mm</td><td>−2.0～+5.0mm</td><td></td><td></td><td></td><td></td></tr>
<tr><td>3</td><td rowspan="2">栅体</td><td>栅体间连接</td><td colspan="2">应牢固可靠</td><td></td><td></td><td></td><td></td></tr>
<tr><td>4</td><td>栅体在栅槽内升降</td><td colspan="2">灵活、平稳、无卡阻现象</td><td></td><td></td><td></td><td></td></tr>
<tr><td rowspan="9">一般项目</td><td>1</td><td rowspan="6">埋件</td><td>底槛里程</td><td>±5.0mm</td><td>±4.0mm</td><td></td><td></td><td></td><td></td></tr>
<tr><td>2</td><td>底槛高程</td><td>±5.0mm</td><td>±4.0mm</td><td></td><td></td><td></td><td></td></tr>
<tr><td>3</td><td>底槛对孔口中心</td><td>±5.0mm</td><td>±4.0mm</td><td></td><td></td><td></td><td></td></tr>
<tr><td>4</td><td>主、反轨对孔口中心</td><td>±5.0mm</td><td>±4.0mm</td><td></td><td></td><td></td><td></td></tr>
<tr><td>5</td><td>底槛工作面一端对另一端的高差</td><td>3.0mm</td><td>2.0mm</td><td></td><td></td><td></td><td></td></tr>
<tr><td>6</td><td>倾斜设置的拦污栅倾斜角度</td><td>±10′</td><td>±10′</td><td></td><td></td><td></td><td></td></tr>
<tr><td>7</td><td rowspan="3">各埋件间距离</td><td>主、反轨工作面距离</td><td colspan="2">−3.0～+7.0mm</td><td></td><td></td><td></td><td></td></tr>
<tr><td>8</td><td>主轨中心距离</td><td colspan="2">±8.0mm</td><td></td><td></td><td></td><td></td></tr>
<tr><td>9</td><td>反轨中心距离</td><td colspan="2">±8.0mm</td><td></td><td></td><td></td><td></td></tr>
<tr><td colspan="10">检查意见：
主控项目共____项，其中合格____项，优良____项，合格率____%，优良率____%。
一般项目共____项，其中合格____项，优良____项，合格率____%，优良率____%。</td></tr>
<tr><td colspan="4">检验人：（签字）
年　月　日</td><td colspan="3">评定人：（签字）
年　月　日</td><td colspan="3">监理工程师：（签字）
年　月　日</td></tr>
</table>

×××电站　　工程

表 8.1　　活动式拦污栅安装质量检查表（实例）

编号：____________

分部工程名称		金属结构及启闭机安装			单元工程名称	机组进口拦污栅安装			
安装部位		机组进口			安装内容	活动式拦污栅			
安装单位		中国水利水电第××工程局有限公司			开/完工日期	2014 年 10 月 10—19 日			
项次		部位	检验项目	质量要求		实测值	合格数	优良数	质量等级
				合格	优良				
主控项目	1	埋件	主轨对栅槽中心线	−2.0～+3.0mm	−2.0～+3.0mm	设计值为 450mm，左侧实测值：450.5～451.5mm，共测 10 点；右侧实测值：450～451.5mm，共测 10 点；详见测量数据	20	20	优良
	2		反轨对栅槽中心线	−2.0～+5.0mm	−2.0～+5.0mm	设计值为 450mm，左侧实测值：450～451.5mm，共测 10 点；右侧实测值：451～452mm，共测 10 点；详见测量数据	20	20	优良
	3	栅体	栅体间连接	应牢固可靠		检查栅体间的连接情况，连接牢固可靠，符合设计要求	/	/	优良
	4		栅体在栅槽内升降	灵活、平稳、无卡阻现象		检查栅体在栅槽内的升降情况，升降灵活、平稳、无卡阻现象，符合设计要求	/	/	优良
一般项目	1	埋件	底槛里程	±5.0mm	±4.0mm	设计值为 0+130000mm，实测值为 0+130001mm、0+130002mm、0+130001mm、0+130002mm	4	4	优良
	2		底槛高程	±5.0mm	±4.0mm	设计值为 462.520mm，左侧实测值为 462.522mm，右侧实测值为 462.522mm	2	2	优良
	3		底槛对孔口中心	±5.0mm	±4.0mm	设计值为 5215mm，实测值为 5216mm、5216.5mm、5216mm、5216mm	4	4	优良
	4		主、反轨对孔口中心	±5.0mm	±4.0mm	设计值为 5215mm，实测值为 5214mm、5216.5mm、5215mm、5217mm	4	4	优良
	5		底槛工作面一端对另一端的高差	3.0mm	2.0mm	检查底槛工作面一端对另一端的高程，高程差为 0.5mm、0.8mm、1.1mm、1.0mm	4	4	优良

续表

<table>
<tr><th colspan="2" rowspan="2">项次</th><th rowspan="2">部位</th><th rowspan="2">检验项目</th><th colspan="2">质量要求</th><th rowspan="2">实测值</th><th rowspan="2">合格数</th><th rowspan="2">优良数</th><th rowspan="2">质量等级</th></tr>
<tr><th>合格</th><th>优良</th></tr>
<tr><td rowspan="4">一般项目</td><td>6</td><td>埋件</td><td>倾斜设置的拦污栅倾斜角度</td><td>±10′</td><td>±10′</td><td>/</td><td>/</td><td>/</td><td>/</td></tr>
<tr><td>7</td><td rowspan="3">各埋件间距离</td><td>主、反轨工作面距离</td><td colspan="2">−3.0～+7.0mm</td><td>设计值为900mm，左侧实测值：902～905mm，共测10点；右侧实测值：901～905mm，共测10点；详见测量数据</td><td>20</td><td>20</td><td>优良</td></tr>
<tr><td>8</td><td>主轨中心距离</td><td colspan="2">±8.0mm</td><td>设计值为10430mm，实测值为10432～10435mm，共测10点，详见测量数据</td><td>10</td><td>10</td><td>优良</td></tr>
<tr><td>9</td><td>反轨中心距离</td><td colspan="2">±8.0mm</td><td>设计值10430mm，实测值为10433～10436mm，共测10点，详见测量数据</td><td>10</td><td>10</td><td>优良</td></tr>
<tr><td colspan="10">检查意见：
主控项目共__4__项，其中合格__4__项，优良__4__项，合格率__100__%，优良率__100__%。
一般项目共__8__项，其中合格__8__项，优良__8__项，合格率__100__%，优良率__100__%。</td></tr>
<tr><td colspan="4">检验人：×××

2014年10月19日</td><td colspan="3">评定人：×××

2014年10月19日</td><td colspan="3">监理工程师：×××

2014年10月19日</td></tr>
</table>

表 8.1 活动式拦污栅安装质量检查表

填 表 说 明

填表时必须遵守“填表基本规定”，并应符合下列要求。

1. 分部工程、单元工程名称填写应与第一部分水工金属结构安装工程单元工程施工质量验收评定表中表 8 相同。

2. 各检验项目的检验方法及检验数量按下表要求执行。

<table>
<tr><th>部位</th><th>检验项目</th><th>检验方法</th><th>检验数量</th></tr>
<tr><td rowspan="8">埋件</td><td>主轨对栅槽中心线</td><td rowspan="8">钢丝线、垂球、钢板尺、水准仪、全站仪</td><td rowspan="2">每米至少测 1 个点</td></tr>
<tr><td>反轨对栅槽中心线</td></tr>
<tr><td>底槛里程</td><td rowspan="2">两端各测 1 个点，中间测 1～3 个点</td></tr>
<tr><td>底槛高程</td></tr>
<tr><td>底槛对孔口中心线</td><td>/</td></tr>
<tr><td>主、反轨对孔口中心线</td><td>每米至少测 1 个点</td></tr>
<tr><td>底槛工作面一端对另一端的高差</td><td>/</td></tr>
<tr><td>倾斜设置的拦污栅倾斜角度</td><td>/</td></tr>
<tr><td rowspan="2">栅体</td><td>栅体间连接</td><td rowspan="2">检查</td><td rowspan="2">/</td></tr>
<tr><td>栅体在栅槽内升降</td></tr>
<tr><td rowspan="3">各埋件间距离</td><td>主、反轨工作面距离</td><td rowspan="3">钢丝线、垂球、钢板尺、水准仪、全站仪</td><td rowspan="3">每米测 1 个点</td></tr>
<tr><td>主轨中心距离</td></tr>
<tr><td>反轨中心距离</td></tr>
</table>

3. 活动式拦污栅安装质量评定包括埋件、各埋件间距离及栅体安装等检验项目。

4. 单元工程安装质量检验项目质量标准。

(1) 合格等级标准。

1) 主控项目，检测点应 100%符合合格标准。

2) 一般项目，检测点应 90%及以上符合合格标准，不合格点最大值不应超过其允许偏差值的 1.2 倍，且不合格点不应集中。

(2) 优良等级标准。在合格等级标准基础上，主控项目和一般项目的所有检测点应 90%及以上符合优良标准。

5. 表中数值为允许偏差值。

________________工程

表 9　　大车轨道单元工程安装质量验收评定表（样表）

<table>
<tr><td colspan="2">单位工程名称</td><td></td><td colspan="2">单元工程量</td><td colspan="2"></td></tr>
<tr><td colspan="2">分部工程名称</td><td></td><td colspan="2">安装单位</td><td colspan="2"></td></tr>
<tr><td colspan="2">单元工程名称、部位</td><td></td><td colspan="2">评定日期</td><td colspan="2"></td></tr>
<tr><td rowspan="2">项次</td><td colspan="2" rowspan="2">项目</td><td colspan="2">主控项目</td><td colspan="2">一般项目</td></tr>
<tr><td>合格数</td><td>其中优良数</td><td>合格数</td><td>其中优良数</td></tr>
<tr><td>1</td><td colspan="2">大车轨道安装</td><td></td><td></td><td></td><td></td></tr>
<tr><td>安装单位自评意见</td><td colspan="6">各项报验资料符合规定。检验项目全部合格。检验项目优良率为____%，其中主控项目优良率为____%。
单元工程安装质量等级评定为____。
（签字，加盖公章）　　年　月　日</td></tr>
<tr><td>监理单位复核意见</td><td colspan="6">各项报验资料符合规定。检验项目全部合格。检验项目优良率为____%．其中主控项目优良率为____%。
单元工程安装质量等级核定为____。
（签字，加盖公章）　　年　月　日</td></tr>
<tr><td colspan="7">注　1. 主控项目和一般项目中的合格数指达到合格及其以上质量标准的项目个数。
2. 优良项目占全部项目百分率 $=\frac{\text{主控项目优良数}+\text{一般项目优良数}}{\text{检验项目总数}}\times 100\%$。</td></tr>
</table>

×××电站　工程

表 9　　大车轨道单元工程安装质量验收评定表（实例）

<table>
<tr><td colspan="2">单位工程名称</td><td>溢流坝工程</td><td colspan="2">单元工程量</td><td colspan="2">65m</td></tr>
<tr><td colspan="2">分部工程名称</td><td>金属结构及启闭机安装</td><td colspan="2">安装单位</td><td colspan="2">中国水利水电第×××工程局有限公司</td></tr>
<tr><td colspan="2">单元工程名称、部位</td><td>坝顶门机大车轨道安装</td><td colspan="2">评定日期</td><td colspan="2">2014 年 8 月 10 日</td></tr>
<tr><td rowspan="2">项次</td><td colspan="2" rowspan="2">项目</td><td colspan="2">主控项目</td><td colspan="2">一般项目</td></tr>
<tr><td>合格数</td><td>其中优良数</td><td>合格数</td><td>其中优良数</td></tr>
<tr><td>1</td><td colspan="2">大车轨道安装</td><td>5</td><td>5</td><td>3</td><td>3</td></tr>
<tr><td>安装单位自评意见</td><td colspan="6">各项报验资料符合规定。检验项目全部合格。检验项目优良率为 100 %，其中主控项目优良率为 100 %。
单元工程安装质量等级评定为 优良 。
×××（签字，加盖公章）　2014 年 8 月 10 日</td></tr>
<tr><td>监理单位复核意见</td><td colspan="6">各项报验资料符合规定。检验项目全部合格。检验项目优良率为 100 %，其中主控项目优良率为 100 %。
单元工程安装质量等级核定为 优良 。
×××（签字，加盖公章）　2014 年 8 月 10 日</td></tr>
<tr><td colspan="7">**注**　1. 主控项目和一般项目中的合格数指达到合格及其以上质量标准的项目个数。
2. 优良项目占全部项目百分率$=\frac{\text{主控项目优良数}+\text{一般项目优良数}}{\text{检验项目总数}}\times 100\%$。</td></tr>
</table>

表9　大车轨道单元工程安装质量验收评定表

填　表　说　明

填表时必须遵守“填表基本规定”，并应符合下列要求。

1．单元工程划分：宜以连续的、轨距相同的、可供一台或多台启闭机运行的两条轨道安装划分为一个单元工程。

2．单元工程量：填写本单元轨道型号及长度（m）。

3．本表是在第一部分水工金属结构安装工程单元工程施工质量验收评定表中表9.1检查表质量评定合格基础上进行。

4．单元工程施工质量验收评定应提交下列资料。

（1）施工单位应提供大车轨道的安装图样、安装记录及轨道安装前的检查记录等资料。

（2）监理单位应提交对单元工程施工质量的平行检测资料。

5．启闭机轨道安装技术要求应符合《水利水电工程启闭机制造安装及验收规范》（SL 381）的规定。

6．钢轨如有弯曲、歪扭等变形，应予矫形，但不应采用火焰法矫形，不合格的钢轨不应安装。

7．轨道基础螺栓对轨道中心线距离偏差不应超过±2mm。拧紧螺母后，螺栓应露出螺母，其露出的长度宜为2～5个螺距。

8．两平行轨道接头的位置应错开，其错开距离不应等于启闭机前后车轮的轮距。

9．单元工程安装质量评定标准。

（1）合格等级标准。

1）各检验项目均达到合格等级及以上标准。

2）设备的试验和试运行符合《水利水电工程单元工程施工质量验收评定标准——水工金属结构安装工程》（SL 635—2012）及相关专业标准的规定；各项报验资料符合《水利水电工程单元工程施工质量验收评定标准——水工金属结构安装工程》（SL 635—2012）的要求。

（2）优良等级标准。在合格等级标准基础上，安装质量检验项目中优良项目占全部项目70%及以上，且主控项目100%优良。

______________工程

表 9.1　　大车轨道安装质量检查表（样表）

编号：__________

分部工程名称				单元工程名称			
安装部位				安装内容			
安装单位				开/完工日期			
项次		检验项目	质量要求		实测值	合格数	优良数	质量等级
			合格	优良				
主控项目	1	轨道实际中心线对轨道设计中心线位置的偏差	2.0mm	1.5mm				
	2	轨距	±4.0mm	±3.0mm				
	3	轨道侧向局部弯曲（任意2m内）	1.0mm	1.0mm				
	4	轨道在全行程上最高点与最低点之差	2.0mm	1.5mm				
	5	同一横截面上两轨道标高相对差	5.0mm	4.0mm				
一般项目	1	轨道接头处高低差和侧面错位	1.0mm	1.0mm				
	2	轨道接头间隙	2.0mm	2.0mm				
	3	轨道接地电阻	4Ω	3Ω				

检查意见：

主控项目共____项，其中合格____项，优良____项，合格率____%，优良率____%。

一般项目共____项，其中合格____项，优良____项，合格率____%，优良率____%。

检验人：（签字） 年　月　日	评定人：（签字） 年　月　日	监理工程师：（签字） 年　月　日

×××电站＿＿工程

表 9.1　　大车轨道安装质量检查表（实例）

编号：＿＿＿＿＿＿

分部工程名称	金属结构及启闭机安装	单元工程名称	坝顶门机大车轨道安装
安装部位	坝顶门机	安装内容	大车轨道
安装单位	中国水利水电第×××工程局有限公司	开/完工日期	2014 年 8 月 1—10 日

项次		检验项目	质量要求		实测值	合格数	优良数	质量等级
			合格	优良				
主控项目	1	轨道实际中心线对轨道设计中心线位置的偏差	2.0mm	1.5mm	轨道设计中心线位置为 0＋121000mm，实际中心线为 0＋121001～0＋121001.5mm，共测 20 点，详见测量数据	20	20	优良
	2	轨距	±4.0mm	±3.0mm	设计值为 8500.0mm，实测值为 8500～8502.5mm，共测 20 点，详见测量数据	20	20	优良
	3	轨道侧向局部弯曲（任意 2m 内）	1.0mm	1.0mm	轨道侧向局部弯曲实测值为 0.3～0.5mm，共测 20 点，详见测量数据	20	20	优良
	4	轨道在全行程上最高点与最低点之差	2.0mm	1.5mm	检查轨道行程上高程 50 组，得到最高点与最低点之差为 1.0mm，详见测量数据	1	1	优良
	5	同一横截面上两轨道标高相对差	5.0mm	4.0mm	取 20 个横截面，检查两轨道标高相对差为 1.5～3.0mm，详见测量数据	20	20	优良
一般项目	1	轨道接头处高低差和侧面错位	1.0mm	1.0mm	左、中、右三面实测值分别为 0.5mm、0.5mm、0.6mm	3	3	优良
	2	轨道接头间隙	2.0mm	2.0mm	左、中、右三面实测值分别为 1.0mm、1.2mm、1.0mm	3	3	优良
	3	轨道接地电阻	4Ω	3Ω	左、中、右三面实测值分别为 2Ω、1.8Ω、1.5Ω	3	3	优良

检查意见：

主控项目共＿5＿项，其中合格＿5＿项，优良＿5＿项，合格率＿100＿%，优良率＿100＿%。

一般项目共＿3＿项，其中合格＿3＿项，优良＿3＿项，合格率＿100＿%，优良率＿100＿%。

检验人：×××	评定人：×××	监理工程师：×××
2014 年 8 月 10 日	2014 年 8 月 10 日	2014 年 8 月 10 日

表 9.1 大车轨道安装质量检查表

填 表 说 明

填表时必须遵守“填表基本规定”，并应符合下列要求。

1. 分部工程、单元工程名称填写应与第一部分水工金属结构安装工程单元工程施工质量验收评定表中表 9 相同。

2. 各检验项目的检验方法及检验数量按下表要求执行。

<table>
<tr><th>检验项目</th><th>检验方法</th><th>检验数量</th></tr>
<tr><td>轨道实际中心线对轨道设计中心线位置的偏差</td><td rowspan="3">钢尺、钢板尺、钢丝线</td><td rowspan="5">轨道设计中心线应根据启闭机起吊中心线、坝轴线或厂房中心线测定。在轨道接头处及其他部位间距 2m 布设测点</td></tr>
<tr><td>轨距</td></tr>
<tr><td>轨道侧向局部弯曲（任意 2m 内）</td></tr>
<tr><td>轨道在全行程上最高点与最低点之差</td><td rowspan="2">全站仪、水准仪</td></tr>
<tr><td>同一横截面上两轨道标高相对差</td></tr>
<tr><td>轨道接头处高低差和侧面错位</td><td rowspan="3">钢板尺、塞尺、欧姆表</td><td rowspan="3">每个接头左、右、上三面各测 1 个点</td></tr>
<tr><td>轨道接头间隙</td></tr>
<tr><td>轨道接地电阻</td></tr>
</table>

3. 大车轨道安装质量评定包括轨道实际中心线对轨道设计中心线位置的偏差等检验项目。

4. 单元工程安装质量检验项目质量标准。

（1）合格等级标准。

1）主控项目，检测点应 100%符合合格标准。

2）一般项目，检测点应 90%及以上符合合格标准，不合格点最大值不应超过其允许偏差值的 1.2 倍，且不合格点不应集中。

（2）优良等级标准。在合格标准基础上，主控项目和一般项目的所有检测点应 90%及以上符合优良标准。

5. 表中数值为允许偏差值。

__________工程

表 10　桥式启闭机单元工程安装质量验收评定表（样表）

<table>
<tr><td colspan="2">单位工程名称</td><td colspan="2"></td><td>单元工程量</td><td colspan="2"></td></tr>
<tr><td colspan="2">分部工程名称</td><td colspan="2"></td><td>安装单位</td><td colspan="2"></td></tr>
<tr><td colspan="2">单元工程名称、部位</td><td colspan="2"></td><td>评定日期</td><td colspan="2"></td></tr>
<tr><td rowspan="2">项次</td><td rowspan="2" colspan="2">项目</td><td colspan="2">主控项目/个</td><td colspan="2">一般项目/个</td></tr>
<tr><td>合格数</td><td>其中优良数</td><td>合格数</td><td>其中优良数</td></tr>
<tr><td>1</td><td colspan="2">桥架和大车行走机构</td><td></td><td></td><td></td><td></td></tr>
<tr><td>2</td><td colspan="2">小车行走机构安装</td><td></td><td></td><td></td><td></td></tr>
<tr><td>3</td><td colspan="2">制动器安装</td><td></td><td></td><td></td><td></td></tr>
<tr><td colspan="3">电气设备安装</td><td colspan="4"></td></tr>
<tr><td colspan="3">试运行效果</td><td colspan="4"></td></tr>
<tr><td>安装单位自评意见</td><td colspan="6">各项试验和单元工程试运行符合要求，各项报验资料符合规定。检验项目全部合格。检验项目优良率为____%，其中主控项目优良率为____%。
单元工程安装质量验收评定等级为____。

（签字，加盖公章）　　年　月　日</td></tr>
<tr><td>监理单位复核意见</td><td colspan="6">各项试验和单元工程试运行符合要求，各项报验资料符合规定。检验项目全部合格。检验项目优良率为____%，其中主控项目优良率为____%。
单元工程安装质量验收核定等级为____。

（签字，加盖公章）　　年　月　日</td></tr>
<tr><td colspan="7">注　1. 主控项目和一般项目中的合格数指达到合格及其以上质量标准的项目个数。
2. 优良项目占全部项目百分率$=\frac{\text{主控项目优良数}+\text{一般项目优良数}}{\text{检验项目总数}}\times 100\%$。</td></tr>
</table>

×××电站　工程

表 10　桥式启闭机单元工程安装质量验收评定表（实例）

<table>
<tr><td colspan="2">单位工程名称</td><td>输水系统工程</td><td>单元工程量</td><td colspan="2">28.66t</td></tr>
<tr><td colspan="2">分部工程名称</td><td>金属结构设备安装</td><td>安装单位</td><td colspan="2">中国水利水电×××工程有限公司</td></tr>
<tr><td colspan="2">单元工程名称、部位</td><td>桥式启闭机安装</td><td>评定日期</td><td colspan="2">2014 年 8 月 15 日</td></tr>
<tr><td rowspan="2">项次</td><td rowspan="2">项目</td><td colspan="2">主控项目/个</td><td colspan="2">一般项目/个</td></tr>
<tr><td>合格数</td><td>其中优良数</td><td>合格数</td><td>其中优良数</td></tr>
<tr><td>1</td><td>桥架和大车行走机构</td><td>6</td><td>6</td><td>12</td><td>12</td></tr>
<tr><td>2</td><td>小车行走机构安装</td><td>2</td><td>2</td><td>2</td><td>2</td></tr>
<tr><td>3</td><td>制动器安装</td><td>/</td><td>/</td><td>3</td><td>3</td></tr>
<tr><td colspan="2">电气设备安装</td><td colspan="4"></td></tr>
<tr><td colspan="2">试运行效果</td><td colspan="4">符合 质量标准</td></tr>
<tr><td>安装单位自评意见</td><td colspan="5">各项试验和单元工程试运行符合要求，各项报验资料符合规定。检验项目全部合格。检验项目优良率为 100 %，其中主控项目优良率为 100 %。
单元工程安装质量验收评定等级为 优良 。
×××（签字，加盖公章）　　2014 年 8 月 15 日</td></tr>
<tr><td>监理单位复核意见</td><td colspan="5">各项试验和单元工程试运行符合要求，各项报验资料符合规定。检验项目全部合格。检验项目优良率为 100 %，其中主控项目优良率为 100 %。
单元工程安装质量验收核定等级为 优良 。
×××（签字，加盖公章）　　2014 年 8 月 15 日</td></tr>
<tr><td colspan="6">注　1. 主控项目和一般项目中的合格数指达到合格及其以上质量标准的项目个数。
2. 优良项目占全部项目百分率 $=\frac{\text{主控项目优良数}+\text{一般项目优良数}}{\text{检验项目总数}}\times 100\%$。</td></tr>
</table>

表 10　桥式启闭机单元工程安装质量验收评定表

填 表 说 明

填表时必须遵守“填表基本规定”，并应符合下列要求。

1. 单元工程划分：宜以每一台桥式启闭机的安装划分为一个单元工程。

2. 单元工程量：填写本单元桥机重量（t）。

3. 本表是在第一部分水工金属结构安装工程单元工程施工质量验收评定表中表10.1～表10.4检查表质量评定合格基础上进行。

4. 单元工程施工质量验收评定应提交下列资料。

（1）施工单位应提供桥式启闭机的安装图样、安装记录、试验与试运行记录以及桥式启闭机到货验收资料等。

（2）监理单位应提交对单元工程施工质量的平行检测资料。

5. 桥式启闭机安装工程由桥架和大车行走机构、小车行走机构、制动器安装、电气设备安装等部分组成。在各部分安装完毕后应进行试运行。

6. 桥式启闭机到货后应按合同要求进行验收，检验其各部件的完好状态、产品合格证、整体组装图纸等资料，做好记录并由责任人签证。

7. 桥式启闭机的安装技术要求应符合《水利水电工程启闭机制造安装及验收规范》（SL 381）的规定，其中电气设备安装应符合《水利水电工程单元工程施工质量验收评定标准——发电电气设备安装工程》（SL 638—2013）。

8. 在现场装配联轴器时，其端面间隙、径向位移和轴向倾斜应符合设备技术文件的规定。设备技术文件无规定时，应符合《机械设备安装工程施工及验收通用规范》（GB 50231）的规定。

9. 单元工程安装质量评定标准。

（1）合格等级标准。

1）各检验项目均达到合格等级及以上标准。

2）设备的试验和试运行符合《水利水电工程单元工程施工质量验收评定标准——水工金属结构安装工程》（SL 635—2012）及相关专业标准的规定；各项报验资料符合《水利水电工程单元工程施工质量验收评定标准——水工金属结构安装工程》（SL 635—2012）的要求。

3）启闭机电气设备安装质量达到合格以上标准。

（2）优良等级标准。

1）在合格等级标准基础上，安装质量检验项目中优良项目占全部项目70%及以上，且主控项目100%优良。

2）启闭机电气设备安装质量达到优良标准。

________工程

表 10.1　　桥架和大车行走机构安装质量检查表（样表）

编号：________

分部工程名称				单元工程名称				
安装部位				安装内容				
安装单位				开/完工日期				
项次		检验项目	质量要求		实测值	合格数	优良数	质量等级
			合格	优良				
主控项目	1	大车跨度 L_1、L_2 的相对差	5.0mm	4.0mm				
	2	桥架对角线差 $\lvert D_1-D_2\rvert$	5.0mm	4.0mm				
	3	大车车轮的垂直偏斜 α（只许下轮缘向内偏斜，l 为测量长度，mm）	$\frac{l}{400}$	$\frac{l}{450}$				
	4	大车车轮的水平偏斜 P（同一轴线上一对车轮的偏斜方向应相反，l 为测量长度，mm）	$\frac{l}{1000}$	$\frac{l}{1200}$				
	5	同一端梁下，车轮的同位差：2 个车轮时	2.0mm	1.5mm				
		同一端梁下，车轮的同位差：2 个以上车轮时	3.0mm	2.5mm				
		同一端梁下，车轮的同位差：同一平衡梁上车轮的同位差	1.0mm	1.0mm				
	6	同一横截面上小车轨道标高相对差	3.0mm	2.5mm				
一般项目	1	跨中上拱度 F（最大上拱度在跨度中部的 $L/10$ 范围内，L 为大车跨度，mm）	$\frac{(0.9\sim1.4)L}{1000}$					
	2	主梁的水平弯曲 f	$\frac{L}{2000}$，且不大于 20mm					
	3	悬臂端上翘度 F_0（L_n 为悬臂长度，mm）	$\frac{(0.9\sim1.4)L_n}{350}$					

续表

项次		检验项目		质量要求		实测值	合格数	优良数	质量等级
				合格	优良				
一般项目	4	主梁上翼缘的水平偏斜 b（B 为主梁上翼缘宽度，mm）		$\frac{B}{200}$					
	5	主梁腹板的垂直偏斜 h（H 为主梁腹板的高度，mm）		$\frac{H}{500}$					
	6	腹板波浪度（1m 平尺检查，δ 为主梁腹板厚度，mm）	距上盖板 $\frac{H}{3}$ 以内区域	0.7δ					
			其余区域	1.0δ					
	7	大车跨度 L 偏差		±5.0mm	±4.0mm				
	8	小车轨距 T 偏差		±3.0mm	±2.5mm				
	9	小车轨道中心线与轨道梁腹板中心线位置偏差（δ 为轨道梁腹板厚度，mm）		0.5δ	0.5δ				
	10	小车轨道侧向局部弯曲（任意 2m 内）		1.0mm	1.0mm				
	11	小车轨道接头处高低差和侧面错位		1.0mm	1.0mm				
	12	小车轨道接头间隙		2.0mm	2.0mm				

检查意见：

主控项目共____项，其中合格____项，优良____项，合格率____%，优良率____%。

一般项目共____项，其中合格____项，优良____项，合格率____%，优良率____%。

检验人：（签字）	评定人：（签字）	监理工程师：（签字）
年　月　日	年　月　日	年　月　日

×××电站 工程

表 10.1　　桥架和大车行走机构安装质量检查表（实例）

编号：____________

分部工程名称	金属结构设备安装	单元工程名称	桥式启闭机安装
安装部位	桥架和打车行走机构	安装内容	桥架和打车行走机构
安装单位	中国水利水电×××工程有限公司	开/完工日期	2013 年 4 月 13 日至 5 月 13 日

项次		检验项目		质量要求		实测值	合格数	优良数	质量等级
				合格	优良				
主控项目	1	大车跨度 L_1、L_2 的相对差		5.0mm	4.0mm	大车跨度 L_1、L_2 分别为 96520mm、96522mm	1	1	优良
	2	桥架对角线差 $\|D_1-D_2\|$		5.0mm	4.0mm	桥架对角线 D_1、D_2 分别为 10832mm、10835mm	1	1	优良
	3	大车车轮的垂直偏斜 α（只许下轮缘向内偏斜，l 为测量长度，mm）		$\frac{l}{400}$ (1.38)	$\frac{l}{450}$ (1.2)	l 为 550mm，实测值 α 为 0.5～0.8mm，共 8 个轮，车轮均向内偏斜	8	8	优良
	4	大车车轮的水平偏斜 P（同一轴线上一对车轮的偏斜方向应相反，l 为测量长度，mm）		$\frac{l}{1000}$ (0.55)	$\frac{l}{1200}$ (0.46)	l 为 550mm，实测值 P 为 0.2～0.35mm，共 8 个轮，同一轴线一对车轮偏斜方向相反	8	8	优良
	5	同一端梁下，车轮的同位差	2 个车轮时	2.0mm	1.5mm	/	/	/	/
			2 个以上车轮时	3.0mm	2.5mm	上游：1.0mm、2.0mm、2.0mm、1.5mm；下游：1.5mm、1.0mm、1.0mm、1.5mm	8	8	优良
			同一平衡梁上车轮的同位差	1.0mm	1.0mm	/	/	/	/
	6	同一横截面上小车轨道标高相对差		3.0mm	2.5mm	上游端：1.5mm；跨中：1.0mm；下游端：1.0mm	3	3	优良
一般项目	1	跨中上拱度 F（最大上拱度在跨度中部的 $L/10$ 范围内，L 为大车跨度，mm）		$\frac{(0.9\sim1.4)L}{1000}$ (7.65～11.9)		L 为 8500mm；左侧 F 为 10mm；右侧 F 为 10mm	2	2	优良
	2	主梁的水平弯曲 f		$\frac{L}{2000}$，且不大于 20mm		L 为 8500mm；左侧 f 为 5.0mm；右侧 f 为 5.0mm	2	2	优良
	3	悬臂端上翘度 F_0（L_n 为悬臂长度，mm）		$\frac{(0.9\sim1.4)L_n}{350}$ (12.1～18.8)		L_n 为 4700mm；左侧 F_0 为 15mm，右侧 F_0 为 15mm	2	2	优良

续表

<table>
<tr><td rowspan="2" colspan="2">项次</td><td rowspan="2" colspan="2">检验项目</td><td colspan="2">质量要求</td><td rowspan="2">实测值</td><td rowspan="2">合格数</td><td rowspan="2">优良数</td><td rowspan="2">质量等级</td></tr>
<tr><td>合格</td><td>优良</td></tr>
<tr><td rowspan="10">一般项目</td><td>4</td><td colspan="2">主梁上翼缘的水平偏斜 b（B 为主梁上翼缘宽度，mm）</td><td colspan="2">$\frac{B}{200}$
（3.5）</td><td>B 为 700mm；左侧 b 为 1.5mm、2.0mm；右侧 b 为 2.0mm、2.0mm</td><td>4</td><td>4</td><td>优良</td></tr>
<tr><td>5</td><td colspan="2">主梁腹板的垂直偏斜 h（H 为主梁腹板的高度，mm）</td><td colspan="2">$\frac{H}{500}$
（2.0）</td><td>H 为 1000mm；左侧 h 为 1.0mm、0.5mm；右侧 h 为 1.0mm、0.5mm</td><td>4</td><td>4</td><td>优良</td></tr>
<tr><td rowspan="2">6</td><td rowspan="2">腹板波浪度（1m 平尺检查，δ 为主梁腹板厚度，mm）</td><td>距上盖板 $\frac{H}{3}$ 以内区域</td><td colspan="2">0.7δ
（7.0）</td><td>δ 为 10mm；左侧：2.0～3.0mm，共测 5 点；右侧：1.0～3.0mm，共测 5 点</td><td>10</td><td>10</td><td>优良</td></tr>
<tr><td>其余区域</td><td colspan="2">1.0δ
（10.0）</td><td>δ 为 10mm；左侧：3.0～5.0mm，共测 5 点；右侧：3.0～6.0mm，共测 5 点</td><td>10</td><td>10</td><td>优良</td></tr>
<tr><td>7</td><td colspan="2">大车跨度 L 偏差</td><td>±5.0mm</td><td>±4.0mm</td><td>L 为 8500.0mm；实测值为 8503mm、8502.5mm</td><td>2</td><td>2</td><td>优良</td></tr>
<tr><td>8</td><td colspan="2">小车轨距 T 偏差</td><td>±3.0mm</td><td>±2.5mm</td><td>T 为 7600.0mm，实测值为 7601.0mm、7601.5mm</td><td>2</td><td>2</td><td>优良</td></tr>
<tr><td>9</td><td colspan="2">小车轨道中心线与轨道梁腹板中心线位置偏差（δ 为轨道梁腹板厚度）</td><td>0.5δ</td><td>0.5δ</td><td>δ 为 10mm；左侧：1.0mm、1.5mm、1.0mm；右侧：1.0mm、1.5mm、1.5mm</td><td>6</td><td>6</td><td>优良</td></tr>
<tr><td>10</td><td colspan="2">小车轨道侧向局部弯曲（任意 2m 内）</td><td>1.0mm</td><td>1.0mm</td><td>左侧实测值：0.5mm；右侧实测值：0.8mm</td><td>2</td><td>2</td><td>优良</td></tr>
<tr><td>11</td><td colspan="2">小车轨道接头处高低差和侧面错位</td><td>1.0mm</td><td>1.0mm</td><td>左侧实测值：0.5mm；右侧实测值：0.6mm</td><td>2</td><td>2</td><td>优良</td></tr>
<tr><td>12</td><td colspan="2">小车轨道接头间隙</td><td>2.0mm</td><td>2.0mm</td><td>左侧实测值：1.0mm；右侧实测值：1.0mm</td><td>2</td><td>2</td><td>优良</td></tr>
<tr><td colspan="10">检查意见：
主控项目共 6 项，其中合格 6 项，优良 6 项，合格率 100 %，优良率 100 %。
一般项目共 12 项，其中合格 12 项，优良 12 项，合格率 100 %，优良率 100 %。</td></tr>
<tr><td colspan="4">检验人：×××

2013 年 5 月 13 日</td><td colspan="3">评定人：×××

2013 年 5 月 13 日</td><td colspan="3">监理工程师：×××

2013 年 5 月 13 日</td></tr>
</table>

表 10.1 桥架和大车行走机构安装质量检查表

填 表 说 明

填表时必须遵守“填表基本规定”，并应符合下列要求。

1. 分部工程、单元工程名称填写应与第一部分水工金属结构安装工程单元工程施工质量验收评定表中表 10 相同。

2. 各检验项目的检验方法及检验数量按下表要求执行。

<table>
<tr><th colspan="2">检验项目</th><th>检验方法</th><th>检验数量</th></tr>
<tr><td colspan="2">大车跨度 L_1、L_2 的相对差</td><td rowspan="23">钢丝线、垂球、钢尺、钢板尺、水准仪、经纬仪、全站仪、平尺</td><td>每个桥架检测 1 组，检测位置见图 10.1 中图（a）</td></tr>
<tr><td colspan="2">桥架对角线差 $|D_1-D_2|$</td><td>每个桥架检测 1 组，检测位置见图 10.1 中图（a）</td></tr>
<tr><td colspan="2">大车车轮的垂直偏斜 a（只许下轮缘向内偏斜，l 为测量长度）</td><td>每个车轮检验 1 次，检测位置见图 10.1 中图（b）</td></tr>
<tr><td colspan="2">大车车轮的水平偏斜 P（同一轴线上一对车轮的偏斜方向应相反，l 为测量长度）</td><td>每个车轮检验 1 次，检测位置见图 10.1 中图（c）</td></tr>
<tr><td rowspan="3">同一端梁下，车轮的同位差</td><td>2 个车轮时</td><td rowspan="3">每个车轮检验 1 次，检测位置见图 10.1 中图（d）</td></tr>
<tr><td>2 个以上车轮时</td></tr>
<tr><td>同一平衡梁上车轮的同位差</td></tr>
<tr><td colspan="2">同一横截面上小车轨道标高相对差</td><td>在轨道接头处及其他部位间距 2m 布设测点</td></tr>
<tr><td colspan="2">跨中上拱度 F（最大上拱度在跨度中部的 $L/10$ 范围内）</td><td>在跨中及 1/3 跨度处布设测点，每个主梁均检测，检测位置见图 10.1 中图（e）</td></tr>
<tr><td colspan="2">主梁的水平弯曲 f</td><td>测量位置离上盖板约 100mm 的腹板处，每个主梁均检测，检测位置见图 10.1 中图（a）</td></tr>
<tr><td colspan="2">悬臂端上翘度 F_0</td><td>每个悬臂末端侧 1 个点，检测位置见图 10.1 中图（f）</td></tr>
<tr><td colspan="2">主梁上翼缘的水平偏斜 b（B 为主梁上翼缘宽度）</td><td>测量位置于长筋板处，每个主梁上翼缘均检测，按 2m 间距布设测点，检测位置见图 10.1 中图（g）</td></tr>
<tr><td colspan="2">主梁腹板的垂直偏斜 h（H 为主梁腹板的高度）</td><td>测量位置于长筋板处，每个主梁腹板均检测，按 2m 间距布设测点，检测位置见图 10.1 中图（h）</td></tr>
<tr><td rowspan="2">腹板波浪度（1m 平尺检查，δ 为主梁腹板厚度）</td><td>距上盖板 $\frac{H}{3}$ 以内区域</td><td rowspan="2">每个主梁腹板均检测，按 2m 间距布设测点，检测位置见图 10.1 中图（i）</td></tr>
<tr><td>其余区域</td></tr>
<tr><td colspan="2">大车跨度 L 偏差</td><td>大车两侧跨度均需测量，检测位置见图 10.1 中图（e）</td></tr>
<tr><td colspan="2">小车轨距 T 偏差</td><td>在轨道接头处及其他部位间距 2m 布设测点，检测位置见图 10.1 中图（a）</td></tr>
<tr><td colspan="2">小车轨道中心线与轨道梁腹板中心线位置偏差（δ 为轨道梁腹板厚度）</td><td>两根轨道均检测</td></tr>
<tr><td colspan="2">小车轨道侧向局部弯曲（任意 2m 内）</td><td>按间距 2m 布设测点</td></tr>
<tr><td colspan="2">小车轨道接头处高低差和侧面错位</td><td>每个接头均检测</td></tr>
<tr><td colspan="2">小车轨道接头间隙</td><td>每个接头均检测</td></tr>
</table>

启闭机结构尺寸检测图示见图 10.1。

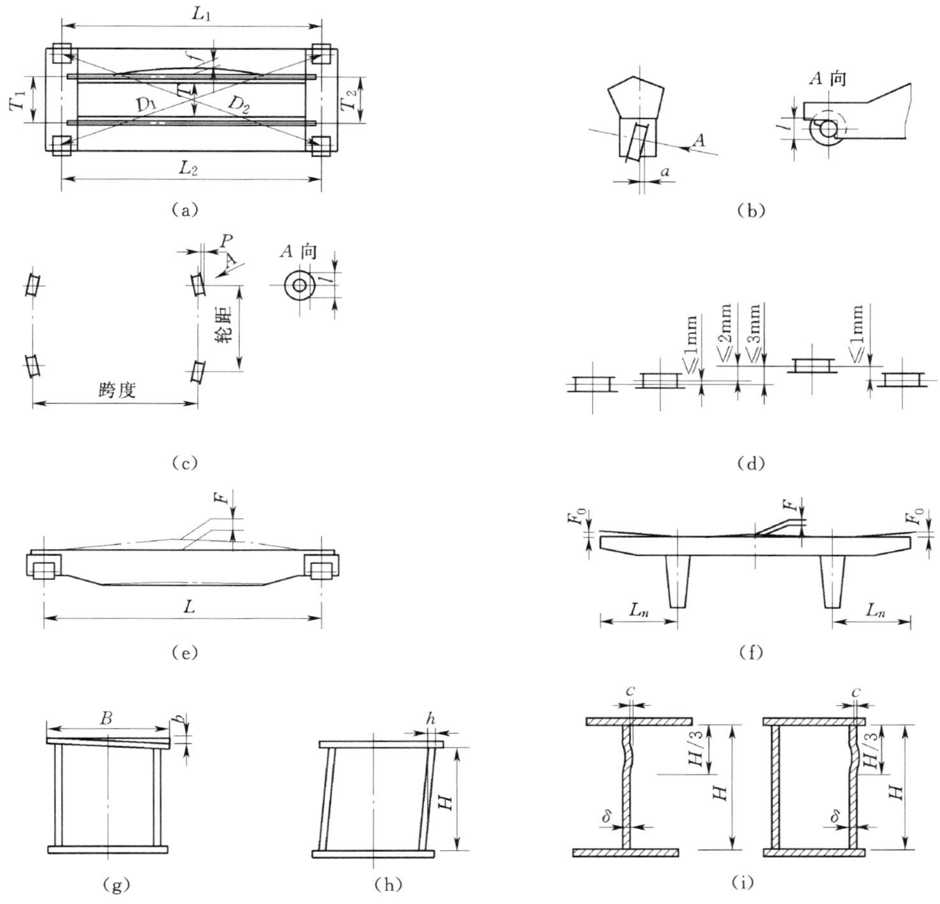

图 10.1 启闭机结构尺寸检测图示

3. 桥架和大车行车机构安装质量评定包括大车跨界 L_1、L_2 的相对差等检验项目。

4. 单元工程安装质量检验项目质量标准。

(1) 合格等级标准。

1) 主控项目，检测点应 100%符合合格标准。

2) 一般项目，检测点应 90%及以上符合合格标准，不合格点最大值不应超过其允许偏差值的 1.2 倍，且不合格点不应集中。

(2) 优良等级标准。在合格等级标准基础上，主控项目和一般项目的所有检测点应 90%及以上符合优良标准。

5. 表中数值为允许偏差值。

________工程

表 10.2　小车行走机构安装质量检查表（样表）

编号：________

<table>
<tr><td colspan="2">分部工程名称</td><td colspan="2"></td><td>单元工程名称</td><td colspan="3"></td></tr>
<tr><td colspan="2">安装部位</td><td colspan="2"></td><td>安装内容</td><td colspan="3"></td></tr>
<tr><td colspan="2">安装单位</td><td colspan="2"></td><td>开/完工日期</td><td colspan="3"></td></tr>
<tr><td colspan="2" rowspan="2">项次</td><td rowspan="2">检验项目</td><td colspan="2">质量要求</td><td rowspan="2">实测值</td><td rowspan="2">合格数</td><td rowspan="2">优良数</td><td rowspan="2">质量等级</td></tr>
<tr><td>合格</td><td>优良</td></tr>
<tr><td rowspan="2">主控项目</td><td>1</td><td>小车跨度相对差 $|T_1-T_2|$</td><td>3.0mm</td><td>2.5mm</td><td></td><td></td><td></td><td></td></tr>
<tr><td>2</td><td>小车车轮的垂直偏斜 a（只许下轮缘向内偏斜，l 为测量长度，mm）</td><td>$\frac{l}{400}$</td><td>$\frac{l}{450}$</td><td></td><td></td><td></td><td></td></tr>
<tr><td rowspan="2">一般项目</td><td>1</td><td>对两根平行基准线每个小车轮水平偏斜（l 为测量长度，mm）</td><td>$\frac{l}{1000}$</td><td>$\frac{l}{1200}$</td><td></td><td></td><td></td><td></td></tr>
<tr><td>2</td><td>小车主动轮和被动轮同位差</td><td>2.0mm</td><td>2.0mm</td><td></td><td></td><td></td><td></td></tr>
<tr><td colspan="10">检查意见：
主控项目共____项，其中合格____项，优良____项，合格率____%，优良率____%。
一般项目共____项，其中合格____项，优良____项，合格率____%，优良率____%。</td></tr>
<tr><td colspan="3">检验人：（签字）
年　月　日</td><td colspan="3">评定人：（签字）
年　月　日</td><td colspan="4">监理工程师：（签字）
年　月　日</td></tr>
</table>

________工程

表 10.2　　小车行走机构安装质量检查表（实例）

编号：________

分部工程名称	金属结构设备安装	单元工程名称	桥式启闭机安装
安装部位	小车行走机构	安装内容	小车行走机构安装
安装单位	中国水利水电×××工程有限公司	开/完工日期	2014年8月1—15日

项次		检验项目	质量要求		实测值	合格数	优良数	质量等级
			合格	优良				
主控项目	1	小车跨度相对差$\|T_1-T_2\|$	3.0mm	2.5mm	实测T_1、T_2分别为36520mm、36522mm	1	1	优良
	2	小车车轮的垂直偏斜a（只许下轮缘向内偏斜，l为测量长度，mm）	$\frac{l}{400}$（1.375mm）	$\frac{l}{450}$（1.220mm）	l为550mm，实测值a为0.5mm、0.4mm、0.3mm、0.5mm，均向内侧倾斜	4	4	优良
一般项目	1	对两根平行基准线每个小车轮水平偏斜（l为测量长度，mm）	$\frac{l}{1000}$（0.55mm）	$\frac{l}{1200}$（0.46mm）	l为550mm，实测值为0.3mm、0.4mm、0.3mm、0.3mm，均向内侧倾斜	4	4	优良
	2	小车主动轮和被动轮同位差	2.0mm	2.0mm	左侧：1.0mm；右侧：1.2mm	2	2	优良

检查意见：

主控项目共__2__项，其中合格__2__项，优良__2__项，合格率__100__%，优良率__100__%。

一般项目共__2__项，其中合格__2__项，优良__2__项，合格率__100__%，优良率__100__%。

检验人：×××	评定人：×××	监理工程师：×××
2014年8月15日	2014年8月15日	2014年8月15日

表 10.2　小车行走机构安装质量检查表

填　表　说　明

填表时必须遵守“填表基本规定”，并应符合下列要求。

1. 分部工程、单元工程名称填写应与第一部分水工金属结构安装工程单元工程施工质量验收评定表中表 10 相同。

2. 各检验项目的检验方法及检验数量按下表要求执行。

检验项目	检验方法	检验数量
小车跨度相对差 $\vert T_1-T_2\vert$	钢丝线、垂球、钢尺、钢板尺、水准仪、经纬仪、全站仪	每个小车检测 1 组，检测位置见图 10.2 中图（a）
小车车轮的垂直偏斜 a（只许下轮缘向内偏斜，l 为测量长度）		每个车轮检验 1 次，检测位置见图 10.2 中图（b）
对两根平行基准线每个小车轮水平偏斜		每个车轮检验 1 次，检测位置见图 10.2 中图（c）
小车主动轮和被动轮同位差		每个车轮检验 1 次

启闭机结构件尺寸检测见图 10.2。

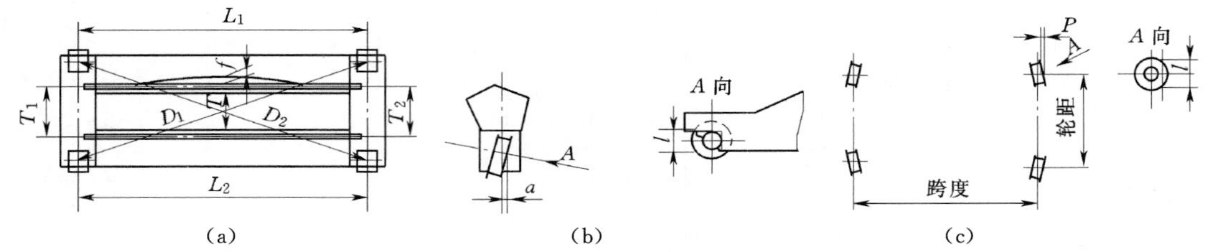

图 10.2　启闭机结构件尺寸检测图示

3. 小车行走机构安装质量评定包括小车跨度相对差 $|T_1-T_2|$ 等检验项目。

4. 单元工程安装质量检验项目质量标准。

(1) 合格等级标准。

1) 主控项目，检测点应 100%符合合格标准。

2) 一般项目，检测点应 90%及以上符合合格标准，不合格点最大值不应超过其允许偏差值的 1.2 倍，且不合格点不应集中。

(2) 优良等级标准。在合格等级标准基础上，主控项目和一般项目的所有检测点应 90%及以上符合优良标准。

5. 表中数值为允许偏差值。

______工程

表 10.3　　制动器安装质量检查表（样表）

编号：______

<table>
<tr><td colspan="3">分部工程名称</td><td colspan="4"></td><td>单元工程名称</td><td colspan="3"></td></tr>
<tr><td colspan="3">安装部位</td><td colspan="4"></td><td>安装内容</td><td colspan="3"></td></tr>
<tr><td colspan="3">安装单位</td><td colspan="4"></td><td>开/完工日期</td><td colspan="3"></td></tr>
<tr><td colspan="2" rowspan="3">项次</td><td rowspan="3">检验项目</td><td colspan="3">质量要求</td><td rowspan="3" colspan="2">实测值</td><td rowspan="3">合格数</td><td rowspan="3">优良数</td><td rowspan="3">质量等级</td></tr>
<tr><td colspan="3">制动轮直径 D/mm</td></tr>
<tr><td>≤200</td><td>200～300</td><td>>300</td></tr>
<tr><td rowspan="3">一般项目</td><td>1</td><td>制动轮径向跳动</td><td>0.10mm</td><td>0.12mm</td><td>0.18mm</td><td colspan="2"></td><td></td><td></td><td></td></tr>
<tr><td>2</td><td>制动轮端面圆跳动</td><td>0.15mm</td><td>0.20mm</td><td>0.25mm</td><td colspan="2"></td><td></td><td></td><td></td></tr>
<tr><td>3</td><td>制动带与制动轮的实际接触面积不小于总面积</td><td colspan="3">75%</td><td colspan="2"></td><td></td><td></td><td></td></tr>
<tr><td colspan="11">检查意见：
一般项目共____项，其中合格____项，优良____项，合格率____%，优良率____%。</td></tr>
<tr><td colspan="4">检验人：（签字）

年　　月　　日</td><td colspan="4">评定人：（签字）

年　　月　　日</td><td colspan="3">监理工程师：（签字）

年　　月　　日</td></tr>
</table>

____________工程

表 10.3　　制动器安装质量检查表（实例）

编号：____________

<table>
<tr><td colspan="2">分部工程名称</td><td colspan="3">金属结构设备安装</td><td>单元工程名称</td><td colspan="3">桥式启闭机安装</td></tr>
<tr><td colspan="2">安装部位</td><td colspan="3">制动器</td><td>安装内容</td><td colspan="3">制动器安装</td></tr>
<tr><td colspan="2">安装单位</td><td colspan="3">中国水利水电×××工程有限公司</td><td>开/完工日期</td><td colspan="3">2014 年 8 月 1—15 日</td></tr>
<tr><td rowspan="3" colspan="2">项次</td><td rowspan="3">检验项目</td><td colspan="3">质量要求</td><td rowspan="3">实测值</td><td rowspan="3">合格数</td><td rowspan="3">优良数</td><td rowspan="3">质量等级</td></tr>
<tr><td colspan="3">制动轮直径 D/mm</td></tr>
<tr><td>≤200</td><td>200～300</td><td>>300</td></tr>
<tr><td rowspan="3">一般项目</td><td>1</td><td>制动轮径向跳动</td><td>0.10mm</td><td>0.12mm</td><td>0.18mm</td><td>大、小车行走制动轮 Φ500 共 4 个，为 0.06～0.08mm；起升机构制动轮 Φ500 共 1 个，为 0.08mm</td><td>5</td><td>5</td><td>优良</td></tr>
<tr><td>2</td><td>制动轮端面圆跳动</td><td>0.15mm</td><td>0.20mm</td><td>0.25mm</td><td>Φ500 制动轮共 5 个，为 0.11～0.20mm</td><td>5</td><td>5</td><td>优良</td></tr>
<tr><td>3</td><td>制动带与制动轮的实际接触面积不小于总面积</td><td colspan="3">75%</td><td>Φ500 制动轮共 5 个，接触面积为 80%～85%</td><td>5</td><td>5</td><td>优良</td></tr>
<tr><td colspan="10">检查意见：
一般项目共＿3＿项，其中合格＿3＿项，优良＿3＿项，合格率＿100＿%，优良率＿100＿%。</td></tr>
<tr><td colspan="3">检验人：×××

2014 年 8 月 15 日</td><td colspan="4">评定人：×××

2014 年 8 月 15 日</td><td colspan="3">监理工程师：×××

2014 年 8 月 15 日</td></tr>
</table>

表 10.3　制动器安装质量检查表

填　表　说　明

填表时必须遵守“填表基本规定”，并应符合下列要求。

1. 分部工程、单元工程名称填写应与第一部分水工金属结构安装工程单元工程施工质量验收评定表中表 10 相同。

2. 各检验项目的检验方法及检验数量按下表要求执行。

检验项目	检验方法	检验数量
制动轮径向跳动	百分表	端面圆跳动在联轴器的结合面上测量。每个制动器均需检测
制动轮端面圆跳动		
制动带与制动轮的实际接触面积不小于总面积		

3. 制动器安装质量评定包括制动轮径向跳动等检验项目。

4. 单元工程安装质量检验项目质量标准。

(1) 合格等级标准。

一般项目，检测点应 90%及以上符合合格标准，不合格点最大值不应超过其允许偏差值的 1.2 倍，且不合格点不应集中。

(2) 优良等级标准。在合格等级标准基础上，一般项目的所有检测点应 90%及以上符合优良标准。

5. 表中数值为允许偏差值。

________________工程

表 10.4　　桥式启闭机试运行质量检查表（样表）

编号：__________

单位工程名称			分部工程名称		单元工程量	
单元工程名称、部位				试运行日期		
项次	检验项目			质量标准	检测情况	结论
1	试运行前检查	所有机械部件、连接部件、各种保护装置及润滑系统		安装、注油情况符合设计要求，并清除轨道两侧所有杂物		
2		钢丝绳固定压板与缠绕反方向		牢固，缠绕方向正确		
3		电缆卷筒、中心导电装置、滑线、变压器以及各电机的接线		正确，无松动，接地良好		
4		双电机驱动的起升机构	电动机的转向	转向正确		
5			吊点的同步性	两侧钢丝绳尽量调至等长		
6		行走机构的电动机转向		转向正确		
7		用手转动各机构的制动轮，使最后一根轴（如车轮轴、卷筒轴）旋转一周		无卡阻现象		
8	试运行（起升机构和行走机构分别在行程内往返3次）	电动机		运行平稳，三相电流不平衡度不超过10%，并测量电流值		
9		电气设备		无异常发热现象，控制器触头无烧灼的现象		
10		限位开关、保护装置及联锁装置		动作正确可靠		
11		大、小车	行走时，车轮	无啃轨现象		
12			运行时，导电装置	平稳，无卡阻、跳动及严重冒火花现象		
13		机械部件		运转时，无冲击声及其他异常声音		
14		运行过程中，制动闸瓦		全部离开制动轮，无任何摩擦		
15		轴承和齿轮		润滑良好，轴承温度不超过65℃		

续表

<table>
<tr><th>项次</th><th colspan="3">检验项目</th><th>质量标准</th><th>检测情况</th><th>结论</th></tr>
<tr><td>16</td><td rowspan="3">试运行（起升机构和行走机构分别在行程内往返3次）</td><td colspan="2">噪声</td><td>在司机座（不开窗）测得的噪声不应大于85dB（A）</td><td></td><td rowspan="3"></td></tr>
<tr><td>17</td><td rowspan="2">双吊点启闭机</td><td>闸门吊耳轴中心线水平偏差</td><td>设计要求或使闸门顺利进入门槽</td><td></td></tr>
<tr><td>18</td><td>同步性</td><td>行程开关显示两侧钢丝绳等长</td><td></td></tr>
<tr><td>19</td><td rowspan="3">静载试验</td><td colspan="2">主梁上拱度和悬臂端上翘度</td><td>上拱度 $\frac{(0.9\sim1.4)L}{1000}$（$L$ 为大车跨度，mm），上翘度 $\frac{(0.9\sim1.4)L_n}{350}$（$L_n$ 为悬臂长度，mm）</td><td></td><td></td></tr>
<tr><td>20</td><td rowspan="2">小车分别停在主梁跨中和悬臂端起升1.25倍额定载荷</td><td>离地面100～200mm，停留10min卸载</td><td>门架或桥架未产生永久变形</td><td></td><td></td></tr>
<tr><td>21</td><td>挠度测定</td><td>主梁挠度值：$\frac{L}{700}$（L 为大车跨度，mm）；悬臂端挠度值：$\frac{L_n}{350}$（L_n 为悬臂长度，mm）</td><td></td><td></td></tr>
<tr><td>22</td><td>动载试验</td><td colspan="2">在起升1.1倍额定载荷后，作起升、下降、停车等试验，同时开动大车、小车两个机构，应延续达1h，检查各机构</td><td>动作灵敏、工作平稳可靠，各限位开关、安全保护连锁装置动作正确、可靠，各连接处无松动</td><td></td><td></td></tr>
<tr><td colspan="7">检查意见：</td></tr>
<tr><td colspan="3">检验人：（签字）
年 月 日</td><td colspan="2">评定人：（签字）
年 月 日</td><td colspan="2">监理工程师：（签字）
年 月 日</td></tr>
</table>

×××　工程

表 10.4　桥式启闭机试运行质量检查表（实例）

编号：＿＿＿＿＿＿

单位工程名称	输水系统工程	分部工程名称	金属结构设备安装	单元工程量	28.66t
单元工程名称、部位	桥式启闭机安装		试运行日期	2014 年 8 月 15 日	

项次	检验项目			质量标准	检测情况	结论
1	试运行前检查	所有机械部件、连接部件、各种保护装置及润滑系统		安装、注油情况符合设计要求，并清除轨道两侧所有杂物	安装、注油情况符合设计要求，并清除轨道两侧所有杂物	优良
2		钢丝绳固定压板与缠绕反方向		牢固，缠绕方向正确	牢固，缠绕方向正确	
3		电缆卷筒、中心导电装置、滑线、变压器以及各电机的接线		正确，无松动，接地良好	正确，无松动，接地良好	
4		双电机驱动的起升机构	电动机的转向	转向正确	转向正确	
5			吊点的同步性	两侧钢丝绳尽量调至等长	两侧钢丝绳长度差值为 0.5mm	
6		行走机构的电动机转向		转向正确	转向正确	
7		用手转动各机构的制动轮，使最后一根轴（如车轮轴、卷筒轴）旋转一周		无卡阻现象	无卡阻现象	
8	试运行（起升机构和行走机构分别在行程内往返3次）	电动机		运行平稳，三相电流不平衡度不超过 10%，并测量电流值	运行平稳，三相电流不平衡度不超过 10%，并测量电流值	优良
9		电气设备		无异常发热现象，控制器触头无烧灼的现象	无异常发热现象，控制器触头无烧灼的现象	
10		限位开关、保护装置及联锁装置		动作正确可靠	动作正确可靠	
11		大、小车	行走时，车轮	无啃轨现象	无啃轨现象	
12			运行时，导电装置	平稳，无卡阻、跳动及严重冒火花现象	平稳，无卡阻、跳动及严重冒火花现象	
13		机械部件		运转时，无冲击声及其他异常声音	运转时，无冲击声及其他异常声音	
14		运行过程中，制动闸瓦		全部离开制动轮，无任何摩擦	全部离开制动轮，无任何摩擦	
15		轴承和齿轮		润滑良好，轴承温度不超过 65℃	润滑良好，轴承温度不超过 65℃	

续表

<table>
<tr><th>项次</th><th colspan="3">检验项目</th><th>质量标准</th><th>检测情况</th><th>结论</th></tr>
<tr><td>16</td><td rowspan="3">试运行（起升机构和行走机构分别在行程内往返3次）</td><td colspan="2">噪声</td><td>在司机座（不开窗）测得的噪声不应大于85dB（A）</td><td>在司机座（不开窗）测得的噪声60dB</td><td rowspan="3">优良</td></tr>
<tr><td>17</td><td rowspan="2">双吊点启闭机</td><td>闸门吊耳轴中心线水平偏差</td><td>设计要求或使闸门顺利进入门槽</td><td>设计要求或使闸门顺利进入门槽</td></tr>
<tr><td>18</td><td>同步性</td><td>行程开关显示两侧钢丝绳等长</td><td>行程开关显示两侧钢丝绳等长</td></tr>
<tr><td>19</td><td rowspan="3">静载试验</td><td colspan="2">主梁上拱度和悬臂端上翘度</td><td>上拱度 $\frac{(0.9\sim1.4)L}{1000}$（$L$ 为大车跨度，mm），上翘度 $\frac{(0.9\sim1.4)L_n}{350}$（$L_n$ 为悬臂长度，mm）</td><td>主梁上拱度实测8mm，悬臂端上翘度为10mm</td><td>优良</td></tr>
<tr><td>20</td><td rowspan="2">小车分别停在主梁跨中和悬臂端起升1.25倍额定载荷</td><td>离地面100～200mm，停留10min卸载</td><td>门架或桥架未产生永久变形</td><td>门架或桥架未产生永久变形</td><td>优良</td></tr>
<tr><td>21</td><td>挠度测定</td><td>主梁挠度值：$\frac{L}{700}$（L 为大车跨度，mm）；悬臂端挠度值：$\frac{L_n}{350}$（L_n 为悬臂长度，mm）</td><td>超载试验后，主梁上挠度为13mm；40t负荷时主梁下挠度为2mm</td><td>优良</td></tr>
<tr><td>22</td><td>动载试验</td><td colspan="2">在起升1.1倍额定载荷后，作起升、下降、停车等试验，同时开动大车、小车两个机构，应延续达1h，检查各机构</td><td>动作灵敏、工作平稳可靠，各限位开关、安全保护连锁装置动作正确、可靠，各连接处无松动</td><td>动作灵敏、工作平稳可靠，各限位开关、安全保护连锁装置动作正确、可靠，各连接处无松动</td><td>优良</td></tr>
<tr><td colspan="7">检查意见：
试运行符合质量标准，质量等级优良。</td></tr>
<tr><td colspan="3">检验人：×××

2014年8月15日</td><td colspan="2">评定人：×××

2014年8月15日</td><td colspan="2">监理工程师：×××

2014年8月15日</td></tr>
</table>

表 10.4　桥式启闭机试运行质量检查表

填 表 说 明

填表时必须遵守“填表基本规定”，并应符合下列要求。

1. 分部工程、单元工程名称填写应与第一部分水工金属结构安装工程单元工程施工质量验收评定表中表 10 相同。

2. 单元工程量：填写本单元桥机重量（t）。

3. 启闭机试运行按运行质量标准要求进行。桥式启闭机试运行质量检验包括试运行前检查、试运行、静载试验、动载试验等项目。

4. 单元工程安装质量试运行质量标准。设备的试验和试运行符合《水利水电工程单元工程施工质量验收评定标准——水工金属结构安装工程》（SL 635—2012）及相关专业标准规定；各项报验资料符合《水利水电工程单元工程施工质量验收评定标准——水工金属结构安装工程》（SL 635—2012）的要求。

______________工程

表 11　　门式启闭机单元工程安装质量验收评定表（样表）

<table>
<tr><td colspan="2">单位工程名称</td><td colspan="2"></td><td>单元工程量</td><td colspan="2"></td></tr>
<tr><td colspan="2">分部工程名称</td><td colspan="2"></td><td>安装单位</td><td colspan="2"></td></tr>
<tr><td colspan="2">单元工程名称、部位</td><td colspan="2"></td><td>评定日期</td><td colspan="2"></td></tr>
<tr><td rowspan="2">项次</td><td rowspan="2">项目</td><td colspan="2">主控项目</td><td colspan="3">一般项目</td></tr>
<tr><td>合格数</td><td>其中优良数</td><td>合格数</td><td colspan="2">其中优良数</td></tr>
<tr><td>1</td><td>门架和大车行走机构</td><td></td><td></td><td></td><td colspan="2"></td></tr>
<tr><td>2</td><td>门式启闭机门腿安装</td><td></td><td></td><td></td><td colspan="2"></td></tr>
<tr><td>3</td><td>小车行走机构安装</td><td></td><td></td><td></td><td colspan="2"></td></tr>
<tr><td>4</td><td>制动器安装</td><td></td><td></td><td></td><td colspan="2"></td></tr>
<tr><td colspan="2">电气设备安装</td><td colspan="5"></td></tr>
<tr><td colspan="2">试运行效果</td><td colspan="5"></td></tr>
<tr><td>安装单位自评意见</td><td colspan="6">各项试验和单元工程试运行符合要求，各项报验资料符合规定。检验项目全部合格。检验项目优良率为____%，其中主控项目优良率为____%。
单元工程安装质量验收评定等级为____。
（签字，加盖公章）　　年　　月　　日</td></tr>
<tr><td>监理单位复核意见</td><td colspan="6">各项试验和单元工程试运行符合要求，各项报验资料符合规定。检验项目全部合格。检验项目优良率为____%，其中主控项目优良率为____%。
单元工程安装质量验收核定等级为____。
（签字，加盖公章）　　年　　月　　日</td></tr>
<tr><td colspan="7">注　1. 主控项目和一般项目中的合格数指达到合格及其以上质量标准的项目个数。
2. 优良项目占全部项目百分率＝$\frac{\text{主控项目优良数}+\text{一般项目优良数}}{\text{检验项目总数}}\times 100\%$。</td></tr>
</table>

×××电站 工程

表 11　门式启闭机单元工程安装质量验收评定表（实例）

<table>
<tr><td colspan="2">单位工程名称</td><td>输水系统工程</td><td>单元工程量</td><td colspan="3">28t</td></tr>
<tr><td colspan="2">分部工程名称</td><td>金属结构设备安装</td><td>安装单位</td><td colspan="3">中国水利水电×××工程有限公司</td></tr>
<tr><td colspan="2">单元工程名称、部位</td><td>门式启闭机安装</td><td>评定日期</td><td colspan="3">2014 年 8 月 15 日</td></tr>
<tr><td rowspan="2">项次</td><td rowspan="2" colspan="2">项目</td><td colspan="2">主控项目</td><td colspan="2">一般项目</td></tr>
<tr><td>合格数</td><td>其中优良数</td><td>合格数</td><td>其中优良数</td></tr>
<tr><td>1</td><td colspan="2">桥架和大车行走机构</td><td>6</td><td>6</td><td>12</td><td>12</td></tr>
<tr><td>2</td><td colspan="2">门式启闭机门腿安装</td><td>1</td><td>1</td><td>/</td><td>/</td></tr>
<tr><td>3</td><td colspan="2">小车行走机构安装</td><td>2</td><td>2</td><td>2</td><td>2</td></tr>
<tr><td>4</td><td colspan="2">制动器安装</td><td>/</td><td>/</td><td>3</td><td>3</td></tr>
<tr><td colspan="3">电气设备安装</td><td colspan="4"></td></tr>
<tr><td colspan="3">试运行效果</td><td colspan="4">符合 质量标准</td></tr>
<tr><td>安装单位自评意见</td><td colspan="6">各项试验和单元工程试运行符合要求，各项报验资料符合规定。检验项目全部合格。检验项目优良率为 100 %，其中主控项目优良率为 100 %。
单元工程安装质量验收评定等级为 优良 。
×××(签字，加盖公章)　　2014 年 8 月 15 日</td></tr>
<tr><td>监理单位复核意见</td><td colspan="6">各项试验和单元工程试运行符合要求，各项报验资料符合规定。检验项目全部合格。检验项目优良率为 100 %，其中主控项目优良率为 100 %。
单元工程安装质量验收核定等级为 优良 。
×××(签字，加盖公章)　2014 年 8 月 15 日</td></tr>
<tr><td colspan="7">注　1. 主控项目和一般项目中的合格数指达到合格及其以上质量标准的项目个数。
2. 优良项目占全部项目百分率 $=\frac{\text{主控项目优良数}+\text{一般项目优良数}}{\text{检验项目总数}}\times 100\%$。</td></tr>
</table>

表11　门式启闭机单元工程安装质量验收评定表

填　表　说　明

填表时必须遵守“填表基本规定”，并应符合下列要求。

1. 单元工程划分：宜以每一台门式启闭机的安装划分为一个单元工程。

2. 单元工程量：填写本单元门式启闭机重量（t）。

3. 本表是在第一部分水工金属结构安装工程单元工程施工质量验收评定表中表11.1、表11.2、表10.1～表10.3检查表质量评定合格基础上进行。

4. 单元工程施工质量验收评定应提交下列资料。

（1）施工单位应提供门式启闭机设备进场检验记录、安装图样、安装记录、重大缺陷处理记录等。

（2）监理单位应提交对单元工程施工质量的平行检测资料。

5. 门式启闭机安装由门架和大车行走机构、门腿、小车行走机构、制动器、电气设备安装等部分组成，其安装技术要求应符合《水利水电工程启闭机制造安装及验收规范》（SL 381）的规定。在各部分安装完毕后应进行试运行。

6. 门式启闭机出厂前，应进行整体组装和试运行，经检查合格，方可出厂。

7. 门架和大车行走机构、小车行走机构、制动器、电气设备及试运行质量标准应符合《水利水电工程单元工程施工质量验收评定标准——水工金属结构安装工程》（SL 635—2012）第13章桥式启闭机有关规定。电气设备安装应符合《水利水电工程单元工程施工质量验收评定标准——发电电气设备安装工程》（SL 638）有关规定。

8. 单元工程安装质量评定标准。

（1）合格等级标准。

1）各检验项目均达到合格等级及以上标准。

2）设备的试验和试运行符合《水利水电工程单元工程施工质量验收评定标准——水工金属结构安装工程》（SL 635—2012）及相关专业标准的规定；各项报验资料符合《水利水电工程单元工程施工质量验收评定标准——水工金属结构安装工程》（SL 635—2012）的要求。

3）启闭机电气设备安装质量达到合格以上标准。

（2）优良等级标准。

1）在合格等级标准基础上，安装质量检验项目中优良项目占全部项目70%及以上，且主控项目100%优良。

2）启闭机电气设备安装质量达到优良标准。

______________工程

表 11.1　门式启闭机门腿安装质量检查表（样表）

编号：____________

<table>
<tr><td colspan="2">分部工程名称</td><td colspan="3"></td><td colspan="2">单元工程名称</td><td colspan="3"></td></tr>
<tr><td colspan="2">安装部位</td><td colspan="3"></td><td colspan="2">安装内容</td><td colspan="3"></td></tr>
<tr><td colspan="2">安装单位</td><td colspan="3"></td><td colspan="2">开/完工日期</td><td colspan="3"></td></tr>
<tr><td colspan="2" rowspan="2">项次</td><td rowspan="2">检验项目</td><td colspan="2">质量要求</td><td colspan="2" rowspan="2">实测值</td><td rowspan="2">合格数</td><td rowspan="2">优良数</td><td rowspan="2">质量等级</td></tr>
<tr><td>合格</td><td>优良</td></tr>
<tr><td>主控项目</td><td>1</td><td>门架支腿从车轮工作面到支腿上法兰平面高度相对差</td><td>8.0mm</td><td>6.0mm</td><td colspan="2"></td><td></td><td></td><td></td></tr>
<tr><td colspan="10">检查意见：
主控项目共____项，其中合格____项，优良 ____项，合格率____%，优良率 ____%。</td></tr>
<tr><td colspan="3">检验人：（签字）

年　　月　　日</td><td colspan="3">评定人：（签字）

年　　月　　日</td><td colspan="4">监理工程师：（签字）

年　　月　　日</td></tr>
</table>

×××电站　工程

表 11.1　　门式启闭机门腿安装质量检查表（实例）

编号：____________

<table>
<tr><td colspan="3">分部工程名称</td><td colspan="2">金属结构设备安装</td><td>单元工程名称</td><td colspan="4">门式启闭机安装</td></tr>
<tr><td colspan="3">安装部位</td><td colspan="2">门腿</td><td>安装内容</td><td colspan="4">门腿安装</td></tr>
<tr><td colspan="3">安装单位</td><td colspan="2">中国水利水电第×××工程局有限公司</td><td>开/完工日期</td><td colspan="4">2014 年 8 月 1—15 日</td></tr>
<tr><td colspan="2" rowspan="2">项次</td><td rowspan="2">检验项目</td><td colspan="2">质量要求</td><td colspan="2" rowspan="2">实测值</td><td rowspan="2">合格数</td><td rowspan="2">优良数</td><td rowspan="2">质量等级</td></tr>
<tr><td>合格</td><td>优良</td></tr>
<tr><td>主控项目</td><td>1</td><td>门架支腿从车轮工作面到支腿上法兰平面高度相对差</td><td>8.0mm</td><td>6.0mm</td><td colspan="2">设计值 7064mm，实测值为 7065mm、7065mm、7066mm、7065.5mm</td><td>4</td><td>4</td><td>优良</td></tr>
<tr><td colspan="10">检查意见：
主控项目共　1　项，其中合格　1　项，优良　1　项，合格率　100　%，优良率　100　%。</td></tr>
<tr><td colspan="4">检验人：×××

2014 年 8 月 15 日</td><td colspan="3">评定人：×××

2014 年 8 月 15 日</td><td colspan="3">监理工程师：×××

2014 年 8 月 15 日</td></tr>
</table>

表 11.1 门式启闭机门腿安装质量检查表

填 表 说 明

填表时必须遵守“填表基本规定”，并应符合下列要求。

1. 分部工程、单元工程名称填写应与第一部分水工金属结构安装工程单元工程施工质量验收评定表中表 11 相同。

2. 各检验项目的检验方法及检验数量按下表要求执行。

检验项目	检验方法	检验数量
门架支腿从车轮工作面到支腿上法兰平面高度相对差	钢尺、垂球、钢板尺	每个门腿测 1 组值

3. 单元工程安装质量检验项目质量标准。

（1）合格等级标准。主控项目，检测点应 100%符合合格标准。

（2）优良等级标准。在合格等级标准基础上，所有检测点应 90%及以上符合优良标准。

4. 表中数值为允许偏差值。

________工程

表 11.2　　门式启闭机试运行质量检查表（样表）

编号：________

<table>
<tr><td colspan="2">单位工程名称</td><td></td><td>分部工程名称</td><td></td><td>单元工程量</td><td></td></tr>
<tr><td colspan="3">单元工程名称、部位</td><td></td><td>试运行日期</td><td colspan="2"></td></tr>
<tr><td>项次</td><td colspan="3">检验项目</td><td>质量要求</td><td>检测情况</td><td>结论</td></tr>
<tr><td>1</td><td rowspan="8">试运行前检查</td><td colspan="2">所有机械部件、连接部件、各种保护装置及润滑系统</td><td>安装、注油情况符合设计要求，并清除轨道两侧所有杂物</td><td></td><td rowspan="8"></td></tr>
<tr><td>2</td><td colspan="2">钢丝绳固定压板与缠绕反方向</td><td>牢固，缠绕方向正确</td><td></td></tr>
<tr><td>3</td><td colspan="2">电缆卷筒、中心导电装置、滑线、变压器以及各电机的接线</td><td>正确，无松动，接地良好</td><td></td></tr>
<tr><td>4</td><td rowspan="2">双电机驱动的起升机构</td><td>电动机的转向</td><td>转向正确</td><td></td></tr>
<tr><td>5</td><td>吊点的同步性</td><td>两侧钢丝绳尽量调至等长</td><td></td></tr>
<tr><td>6</td><td colspan="2">行走机构的电动机转向</td><td>转向正确</td><td></td></tr>
<tr><td>7</td><td colspan="2">用手转动各机构的制动轮，使最后一根轴（如车轮轴、卷筒轴）旋转一周</td><td>无卡阻现象</td><td></td></tr>
<tr><td style="display:none"></td></tr>
<tr><td>8</td><td rowspan="8">试运行（起升机构和行走机构分别在行程内往返3次）</td><td colspan="2">电动机</td><td>运行平稳，三相电流不平衡度不超过10%，并测量电流值</td><td></td><td rowspan="8"></td></tr>
<tr><td>9</td><td colspan="2">电气设备</td><td>无异常发热现象，控制器触头无烧灼的现象</td><td></td></tr>
<tr><td>10</td><td colspan="2">限位开关、保护装置及联锁装置</td><td>动作正确可靠</td><td></td></tr>
<tr><td>11</td><td rowspan="2">大车、小车</td><td>行走时，车轮</td><td>无啃轨现象</td><td></td></tr>
<tr><td>12</td><td>运行时，导电装置</td><td>平稳，无卡阻、跳动及严重冒火花现象</td><td></td></tr>
<tr><td>13</td><td colspan="2">机械部件</td><td>运转时，无冲击声及其他异常声音</td><td></td></tr>
<tr><td>14</td><td colspan="2">运行过程中，制动闸瓦</td><td>全部离开制动轮，无任何摩擦</td><td></td></tr>
<tr><td>15</td><td colspan="2">轴承和齿轮</td><td>润滑良好，轴承温度不超过65℃</td><td></td></tr>
</table>

续表

<table>
<tr><th>项次</th><th colspan="3">检验项目</th><th>质量要求</th><th>检测情况</th><th>结论</th></tr>
<tr><td>16</td><td rowspan="3">试运行（起升机构和行走机构分别在行程内往返3次）</td><td colspan="2">噪声</td><td>在司机座（不开窗）测得的噪声不应大于85dB（A）</td><td></td><td rowspan="3"></td></tr>
<tr><td>17</td><td rowspan="2">双吊点启闭机</td><td>闸门吊耳轴中心线水平偏差</td><td>设计要求或使闸门顺利进入门槽</td><td></td></tr>
<tr><td>18</td><td>同步性</td><td>行程开关显示两侧钢丝绳等长</td><td></td></tr>
<tr><td>19</td><td rowspan="3">静载试验</td><td colspan="2">主梁上拱度和悬臂端上翘度</td><td>上拱度 $\frac{(0.9\sim1.4)L}{1000}$（$L$为大车跨度，mm），上翘度 $\frac{(0.9\sim1.4)L_n}{350}$（$L_n$为悬臂长度，mm）</td><td></td><td></td></tr>
<tr><td>20</td><td rowspan="2">小车分别停在主梁跨中和悬臂端起升1.25倍额定载荷</td><td>离地面100～200mm，停留10min卸载</td><td>门架或桥架未产生永久变形</td><td></td><td></td></tr>
<tr><td>21</td><td>挠度测定</td><td>主梁挠度值：$\frac{L}{700}$（L为大车跨度，mm）；悬臂端挠度值：$\frac{L_n}{350}$（L_n为悬臂长度，mm）</td><td></td><td></td></tr>
<tr><td>22</td><td>动载试验</td><td colspan="2">在起升1.1倍额定载荷后，作起升、下降、停车等试验，同时开动大车、小车两个机构，应延续达1h，检查各机构</td><td>动作灵敏、工作平稳可靠，各限位开关、安全保护连锁装置动作正确、可靠，各连接处无松动</td><td></td><td></td></tr>
<tr><td colspan="7">检查意见：</td></tr>
<tr><td colspan="3">检验人：（签字）
年　月　日</td><td colspan="2">评定人：（签字）
年　月　日</td><td colspan="2">监理工程师：（签字）
年　月　日</td></tr>
</table>

×××电站 工程

表 11.2　　门式启闭机试运行质量检查表（实例）

编号：____________

单位工程名称	输水系统工程	分部工程名称	金属结构设备安装	单元工程量	28t
单元工程名称、部位	门式启闭机安装	试运行日期	2014 年 8 月 15 日		

项次	检验项目			质量要求	检测情况	结论
1	试运行前检查	所有机械部件、连接部件、各种保护装置及润滑系统		安装、注油情况符合设计要求，并清除轨道两侧所有杂物	安装、注油情况符合设计要求，并清除轨道两侧所有杂物	优良
2		钢丝绳固定压板与缠绕反方向		牢固，缠绕方向正确	钢丝绳牢固，缠绕方向正确	
3		电缆卷筒、中心导电装置、滑线、变压器以及各电机的接线		正确，无松动，接地良好	正确，无松动，接地良好	
4		双电机驱动的起升机构	电动机的转向	转向正确	电动机转向正确	
5			吊点的同步性	两侧钢丝绳尽量调至等长	两侧钢丝绳已调至等长	
6		行走机构的电动机转向		转向正确	行走机构的电动机转向正确	
7		用手转动各机构的制动轮，使最后一根轴（如车轮轴、卷筒轴）旋转一周		无卡阻现象	无卡阻现象	
8	试运行（起升机构和行走机构分别在行程内往返3次）	电动机		运行平稳，三相电流不平衡度不超过10%，并测量电流值	运行平稳，三相电流平衡	优良
9		电气设备		无异常发热现象，控制器触头无烧灼的现象	无异常发热现象	
10		限位开关、保护装置及联锁装置		动作正确可靠	动作正确可靠	
11		大车、小车	行走时，车轮	无啃轨现象	无啃轨现象	
12			运行时，导电装置	平稳，无卡阻、跳动及严重冒火花现象	平稳，无卡阻、跳动及严重冒火花现象	
13		机械部件		运转时，无冲击声及其他异常声音	运转时，无冲击声及其他异常声音	
14		运行过程中，制动闸瓦		全部离开制动轮，无任何摩擦	全部离开制动轮，无任何摩擦	
15		轴承和齿轮		润滑良好，轴承温度不超过65℃	润滑良好，轴承温度不超过65℃	

续表

<table>
<tr><th>项次</th><th colspan="3">检验项目</th><th>质量要求</th><th>检测情况</th><th>结论</th></tr>
<tr><td>16</td><td rowspan="3">试运行（起升机构和行走机构分别在行程内往返3次）</td><td colspan="2">噪声</td><td>在司机座（不开窗）测得的噪声不应大于85dB（A）</td><td>在司机座（不开窗）测得的噪声70dB（A）</td><td rowspan="3">优良</td></tr>
<tr><td>17</td><td rowspan="2">双吊点启闭机</td><td>闸门吊耳轴中心线水平偏差</td><td>设计要求或使闸门顺利进入门槽</td><td>闸门顺利进入门槽</td></tr>
<tr><td>18</td><td>同步性</td><td>行程开关显示两侧钢丝绳等长</td><td>行程开关显示两侧钢丝绳等长</td></tr>
<tr><td>19</td><td rowspan="3">静载试验</td><td colspan="2">主梁上拱度和悬臂端上翘度</td><td>上拱度$\frac{(0.9\sim1.4)L}{1000}$（$L$为大车跨度，mm），上翘度$\frac{(0.9\sim1.4)L_n}{350}$（$L_n$为悬臂长度，mm）</td><td>主梁上拱度实测10mm，悬臂端上翘度为15mm</td><td>优良</td></tr>
<tr><td>20</td><td rowspan="2">小车分别停在主梁跨中和悬臂端起升1.25倍额定载荷</td><td>离地面100～200mm，停留10min卸载</td><td>门架或桥架未产生永久变形</td><td>门架或桥架未产生永久变形</td><td>优良</td></tr>
<tr><td>21</td><td>挠度测定</td><td>主梁挠度值：$\frac{L}{700}$（L为大车跨度，mm）；悬臂端挠度值：$\frac{L_n}{350}$（L_n为悬臂长度，mm）</td><td>主梁挠度值实测2.5mm；悬臂端挠度值实测5mm</td><td>优良</td></tr>
<tr><td>22</td><td>动载试验</td><td colspan="2">在起升1.1倍额定载荷后，作起升、下降、停车等试验，同时开动大车、小车两个机构，应延续达1h，检查各机构</td><td>动作灵敏、工作平稳可靠，各限位开关、安全保护连锁装置动作正确、可靠，各连接处无松动</td><td>动作灵敏、工作平稳可靠，各限位开关、安全保护连锁装置动作正确、可靠，各连接处无松动</td><td>优良</td></tr>
<tr><td colspan="7">检查意见：
试运行符合质量标准，质量等级优良</td></tr>
<tr><td colspan="3">检验人：×××
2014年8月15日</td><td colspan="2">评定人：×××
2014年8月15日</td><td colspan="2">监理工程师：×××
2014年8月15日</td></tr>
</table>

表 11.2 门式启闭机试运行质量检查表

填 表 说 明

填表时必须遵守"填表基本规定"，并应符合下列要求。

1. 单位工程、分部工程、单元工程名称及部位填写应与第一部分水工金属结构安装工程单元工程施工质量验收评定表中表 11 相同。

2. 单元工程量：填写本单元门机重量（t）。

3. 启闭机试运行按运行质量标准要求进行。

4. 单元工程安装质量试运行质量标准。设备的试验和试运行符合《水利水电工程单元工程施工质量验收评定标准——水工金属结构安装工程》（SL 635—2012）及相关专业标准的规定；各项报验资料符合《水利水电工程单元工程施工质量验收评定标准——水工金属结构安装工程》（SL 635—2012）的要求。

________________工程

表 12　固定卷扬式启闭机单元工程安装质量验收评定表（样表）

<table>
<tr><td colspan="2">单位工程名称</td><td colspan="2"></td><td>单元工程量</td><td colspan="2"></td></tr>
<tr><td colspan="2">分部工程名称</td><td colspan="2"></td><td>安装单位</td><td colspan="2"></td></tr>
<tr><td colspan="2">单元工程名称、部位</td><td colspan="2"></td><td>评定日期</td><td colspan="2"></td></tr>
<tr><td rowspan="2">项次</td><td rowspan="2">项目</td><td colspan="2">主控项目</td><td colspan="3">一般项目</td></tr>
<tr><td>合格数</td><td>其中优良数</td><td colspan="2">合格数</td><td>其中优良数</td></tr>
<tr><td>1</td><td>启闭机安装位置</td><td></td><td></td><td colspan="2"></td><td></td></tr>
<tr><td>2</td><td>制动器安装</td><td></td><td></td><td colspan="2"></td><td></td></tr>
<tr><td colspan="2">电气设备安装</td><td colspan="5"></td></tr>
<tr><td colspan="2">试运行效果</td><td colspan="5"></td></tr>
<tr><td>安装单位自评意见</td><td colspan="6">各项试验和单元工程试运行符合要求，各项报验资料符合规定。检验项目全部合格。检验项目优良率为____%，其中主控项目优良率为____%。
单元工程安装质量验收评定等级为____。
（签字，加盖公章）　年　月　日</td></tr>
<tr><td>监理单位复核意见</td><td colspan="6">各项试验和单元工程试运行符合要求，各项报验资料符合规定。检验项目全部合格。检验项目优良率为____%，其中主控项目优良率为____%。
单元工程安装质量验收核定等级为____。
（签字，加盖公章）　年　月　日</td></tr>
<tr><td colspan="7">注　1. 主控项目和一般项目中的合格数指达到合格及其以上质量标准的项目个数。
2. 优良项目占全部项目百分率 $=\frac{\text{主控项目优良数}+\text{一般项目优良数}}{\text{检验项目总数}}\times 100\%$。</td></tr>
</table>

××× 电站______工程

表 12　固定卷扬式启闭机单元工程安装质量验收评定表（实例）

<table>
<tr><td colspan="2">单位工程名称</td><td>电站厂房工程</td><td colspan="2">单元工程量</td><td colspan="2">24.8t</td></tr>
<tr><td colspan="2">分部工程名称</td><td>金属结构及启闭机安装</td><td colspan="2">安装单位</td><td colspan="2">中国水利水电第×××工程局有限公司</td></tr>
<tr><td colspan="2">单元工程名称、部位</td><td>固定卷扬式启闭机安装</td><td colspan="2">评定日期</td><td colspan="2">2014 年 11 月 8 日</td></tr>
<tr><td rowspan="2">项次</td><td colspan="2" rowspan="2">项目</td><td colspan="2">主控项目</td><td colspan="2">一般项目</td></tr>
<tr><td>合格数</td><td>其中优良数</td><td>合格数</td><td>其中优良数</td></tr>
<tr><td>1</td><td colspan="2">启闭机安装位置</td><td>2</td><td>3</td><td>2</td><td>2</td></tr>
<tr><td>2</td><td colspan="2">制动器安装</td><td>/</td><td>/</td><td>3</td><td>3</td></tr>
<tr><td colspan="3">电气设备安装</td><td colspan="4"></td></tr>
<tr><td colspan="3">试运行效果</td><td colspan="4">符合 质量标准</td></tr>
<tr><td>安装单位自评意见</td><td colspan="6">各项试验和单元工程试运行符合要求，各项报验资料符合规定。检验项目全部合格。检验项目优良率为 100 %，其中主控项目优良率为 100 %。
单元工程安装质量验收评定等级为 优良 。

×××（签字，加盖公章）　2014 年 11 月 8 日</td></tr>
<tr><td>监理单位复核意见</td><td colspan="6">各项试验和单元工程试运行符合要求，各项报验资料符合规定。检验项目全部合格。检验项目优良率为 100 %，其中主控项目优良率为 100 %。
单元工程安装质量验收核定等级为 优良 。

×××（签字，加盖公章）　2014 年 11 月 8 日</td></tr>
<tr><td colspan="7">注　1. 主控项目和一般项目中的合格数指达到合格及其以上质量标准的项目个数。
2. 优良项目占全部项目百分率 $=\frac{\text{主控项目优良数}+\text{一般项目优良数}}{\text{检验项目总数}}\times 100\%$。</td></tr>
</table>

表12　固定卷扬式启闭机单元工程安装质量验收评定表

填　表　说　明

填表时必须遵守“填表基本规定”，并应符合下列要求。

1. 单元工程划分：宜以每一台固定卷扬启闭机的安装划分为一个单元工程。

2. 单元工程量：填写本单元卷扬机重量（t）或型号。

3. 本表是在第一部分水工金属结构安装工程单元工程施工质量验收评定表中表12.1、表12.2、表10.3检查表质量评定合格基础上进行。

4. 单元工程施工质量验收评定应提交下列资料。

（1）施工单位应提供各部分安装图纸、安装记录、试运行记录以及进场检验记录等。

（2）监理单位应提交对单元工程施工质量的平行检测资料。

5. 固定卷扬式启闭机出厂前，应进行整体组装和空载模拟试验，有条件的应做额定载荷试验，经检验合格后，方可出厂。

6. 固定卷扬式启闭机进场后，应按订货合同检查其产品合格证、随机构配件（说明：“构配件”为专用名词，系结构类配件总称）、专用工具及完整的技术文件等。

7. 固定卷扬式启闭机减速器清洗后应注入新的润滑油，油位不应低于高速级大齿轮最低齿的齿高，但不应高于最低齿两倍齿高，其油封和结合面处不应漏油。

8. 应检查基础螺栓埋设位置及螺栓伸出部分的长度是否符合安装要求。

9. 钢丝绳应有序地逐层缠绕在卷筒上，不应挤叠、跳槽或乱槽。当吊点在下限时，钢丝绳留在卷筒上的缠绕圈数应不小于4圈，其中2圈作为固定用，另外2圈为安全圈，当吊点处于上限位置时，钢丝绳不应缠绕到圈筒绳槽以外。

10. 固定卷扬式启闭机安装工程由启闭机位置、制动器安装、电气设备安装等部分组成，其安装技术要求应符合《水利水电工程启闭机制造安装及验收规范》（SL 381）的规定，其中电气设备安装应符合《水利水电工程单元工程施工质量验收评定标准——发电电气设备安装工程》（SL 638）有关规定。

11. 制动器安装质量应符合桥式启闭机有关规定。

12. 单元工程安装质量评定标准。

（1）合格等级标准。

1）各检验项目均达到合格等级及以上标准。

2）设备的试验和试运行符合《水利水电工程单元工程施工质量验收评定标准——水工金属结构安装工程》（SL 635—2012）及相关专业标准的规定；各项报验资料符合《水利水电工程单元工程施工质量验收评定标准——水工金属结构安装工程》（SL 635—2012）的要求。

3）启闭机电气设备安装质量达到合格以上标准。

（2）优良等级标准。

1）在合格等级标准基础上，安装质量检验项目中优良项目占全部项目70%及以上，且主控项目100%优良。

2）启闭机电气设备安装质量达到优良标准。

________工程

表 12.1 固定卷扬式启闭机安装位置质量检查表（样表）

编号：________

分部工程名称			单元工程名称					
安装部位			安装内容					
安装单位			开/完工日期					
项次		检验项目	质量要求		实测值	合格数	优良数	质量等级
			合格	优良				
主控项目	1	纵、横向中心线与起吊中心线之差	±3.0mm	±2.5mm				
	2	启闭机平台水平偏差（每延米）	0.5mm	0.4mm				
一般项目	1	启闭机平台高程偏差	±5.0mm	±4.0mm				
	2	双卷筒串联的双吊点启闭机吊距偏差	±3.0mm	±2.5mm				

检查意见：

主控项目共____项，其中合格____项，优良____项，合格率____%，优良率____%。

一般项目共____项，其中合格____项，优良____项，合格率____%，优良率____%。

检验人：（签字） 年 月 日	评定人：（签字） 年 月 日	监理工程师：（签字） 年 月 日

×××电站　　工程

表 12.1　　固定卷扬式启闭机安装位置质量检查表（实例）

编号：____________

<table>
<tr><td colspan="2">分部工程名称</td><td colspan="3">金属结构及启闭机安装</td><td>单元工程名称</td><td colspan="3">固定卷扬式启闭机安装</td></tr>
<tr><td colspan="2">安装部位</td><td colspan="3">机架位置</td><td>安装内容</td><td colspan="3">机架位置安装</td></tr>
<tr><td colspan="2">安装单位</td><td colspan="3">中国水利水电第×××工程局有限公司</td><td>开/完工日期</td><td colspan="3">2014 年 11 月 1—8 日</td></tr>
<tr><td rowspan="2" colspan="2">项次</td><td rowspan="2">检验项目</td><td colspan="2">质量要求</td><td rowspan="2">实测值</td><td rowspan="2">合格数</td><td rowspan="2">优良数</td><td rowspan="2">质量等级</td></tr>
<tr><td>合格</td><td>优良</td></tr>
<tr><td rowspan="2">主控项目</td><td>1</td><td>纵、横向中心线与起吊中心线之差</td><td>±3.0mm</td><td>±2.5mm</td><td>左侧：纵向，+1.0mm；横向，−1.0mm；
右侧：纵向，+1.5mm；横向，+1.0mm</td><td>4</td><td>4</td><td>优良</td></tr>
<tr><td>2</td><td>启闭机平台水平偏差（每延米）</td><td>0.5mm</td><td>0.4mm</td><td>左侧：0.4mm，0.3mm；
右侧：0.3mm，0.3mm；</td><td>4</td><td>4</td><td>优良</td></tr>
<tr><td rowspan="2">一般项目</td><td>1</td><td>启闭机平台高程偏差</td><td>±5.0mm</td><td>±4.0mm</td><td>设计高程为 470600mm；左侧实测值：470603mm、470603mm；右侧实测值：470602mm、470603mm</td><td>4</td><td>4</td><td>优良</td></tr>
<tr><td>2</td><td>双卷筒串联的双吊点启闭机吊距偏差</td><td>±3.0mm</td><td>±2.5mm</td><td>检查启闭机 4 个角的吊距偏差，分别为 1.2mm、1.0mm、1.5mm、1.5mm</td><td>4</td><td>4</td><td>优良</td></tr>
<tr><td colspan="9">检查意见：
主控项目共__2__项，其中合格__2__项，优良__2__项，合格率__100__%，优良率__100__%。
一般项目共__2__项，其中合格__2__项，优良__2__项，合格率__100__%，优良率__100__%。</td></tr>
<tr><td colspan="3">检验人：×××

2014 年 11 月 8 日</td><td colspan="3">评定人：×××

2014 年 11 月 8 日</td><td colspan="3">监理工程师：×××

2014 年 11 月 8 日</td></tr>
</table>

表 12.1　固定卷扬式启闭机安装位置质量检查表

填　表　说　明

填表时必须遵守“填表基本规定”，并应符合下列要求。

1. 分部工程、单元工程名称填写应与第一部分水工金属结构安装工程单元工程施工质量验收评定表中表 12 相同。

2. 各检验项目的检验方法及检验数量按下表要求执行。

<table>
<tr><th>检验项目</th><th>检验方法</th><th>检验数量</th></tr>
<tr><td>纵、横向中心线与起吊中心线之差</td><td rowspan="4">经纬仪、水准仪、全站仪、垂球、钢板尺</td><td rowspan="2">每台启闭机纵、横两个方向各测 1 值</td></tr>
<tr><td>启闭机平台水平偏差（每延米）</td></tr>
<tr><td>启闭机平台高程偏差</td><td rowspan="2">每台启闭机 4 个角各测 1 值</td></tr>
<tr><td>双卷筒串联的双吊点启闭机吊距偏差</td></tr>
</table>

3. 固定卷扬式启闭机安装质量评定包括纵、横向中心线与起吊中心线之差等检验项目。

4. 单元工程安装质量检验项目质量标准。

（1） 合格等级标准。

1） 主控项目，检测点应 100%符合合格标准。

2） 一般项目，检测点应 90%及以上符合合格标准，不合格点最大值不应超过其允许偏差值的 1.2 倍，且不合格点不应集中。

（2） 优良等级标准。在合格等级标准基础上，主控项目和一般项目的所有检测点应 90%及以上符合优良标准。

5. 表中数值为允许偏差值。

______________工程

表 12.2　固定卷扬式启闭机试运行质量检查表（样表）

编号：__________

单位工程名称		分部工程名称		单元工程量	
单元工程名称、部位			试运行日期		

项次	部位	检验项目	质量要求	检测情况	结论
1	电气设备试验	全部接线	符合图样规定		
2		线路的绝缘电阻	大于 0.5MΩ		
3		试验中各电动机和电器元件温升	不超过各自的允许值		
4	无载荷试验（全行程往返3次）	电动机	三相电流不平衡度不超过 10%		
5		电气设备	无异常发热现象		
6		主令开关	启闭机运行到行程的上下极限位置，主令开关能发出信号并自动切断电源，使启闭机停止运转		
7		机械部件	无冲击声及其他异常声音，钢丝绳在任何部位不与其他部件相摩擦		
8		制动闸瓦	松闸时全部打开，闸瓦与制动轮间隙符合 0.5～1.0mm 的要求		
9		快速闸门启闭机	利用直流松闸时，松闸直流电流值不大于名义最大电流值，松闸持续 2min 时电磁线圈的温度不大于 100℃		
10		轴承和齿轮	润滑良好，轴承温度不超过 65℃		

续表

<table>
<tr><th>项次</th><th>部位</th><th colspan="2">检验项目</th><th>质量要求</th><th>检测情况</th><th>结论</th></tr>
<tr><td>11</td><td rowspan="8">载荷试验（带闸门在设计水头工况下运行）</td><td colspan="2">电动机</td><td>三相电流不平衡度不超过10%</td><td></td><td rowspan="8"></td></tr>
<tr><td>12</td><td colspan="2">电气设备</td><td>无异常发热现象，所有保护装置和信号准确可靠</td><td></td></tr>
<tr><td>13</td><td colspan="2">机械部件</td><td>无冲击声，开式齿轮啮合状态满足要求</td><td></td></tr>
<tr><td>14</td><td colspan="2">制动器</td><td>无打滑、无焦味和冒烟现象</td><td></td></tr>
<tr><td>15</td><td colspan="2">机构各部分</td><td>无破裂、永久变形、连接松动或破坏</td><td></td></tr>
<tr><td>16</td><td rowspan="3">快速闸门启闭机</td><td>快速闭门时间</td><td>不超过设计值，闸门接近底槛的最大速度不超过5m/min</td><td></td></tr>
<tr><td>17</td><td>电动机或调速器</td><td>最大转速一般不超过电动机额定转速的2倍</td><td></td></tr>
<tr><td>18</td><td>离心式调速器的摩擦面最高温度</td><td>不大于200℃</td><td></td></tr>
<tr><td colspan="7">检查意见：</td></tr>
<tr><td colspan="3">检验人：（签字）

年 月 日</td><td colspan="2">评定人：（签字）

年 月 日</td><td colspan="2">监理工程师：（签字）

年 月 日</td></tr>
</table>

×××电站　　工程

表 12.2　　固定卷扬式启闭机试运行质量检查表（实例）

编号：____________

<table>
<tr><td>单位工程名称</td><td colspan="2">电站厂房工程</td><td>分部工程名称</td><td>金属结构及启闭机安装</td><td>单元工程量</td><td>24.8t</td></tr>
<tr><td colspan="2">单元工程名称、部位</td><td colspan="2">固定卷扬式启闭机安装</td><td>试运行日期</td><td colspan="2">2014 年 11 月 8 日</td></tr>
<tr><td>项次</td><td>部位</td><td>检验项目</td><td>质量要求</td><td colspan="2">检测情况</td><td>结论</td></tr>
<tr><td>1</td><td rowspan="3">电气设备试验</td><td>全部接线</td><td>符合图样规定</td><td colspan="2">符合图样规定</td><td rowspan="3">优良</td></tr>
<tr><td>2</td><td>线路的绝缘电阻</td><td>大于 0.5MΩ</td><td colspan="2">实测值为 1.2 MΩ</td></tr>
<tr><td>3</td><td>试验中各电动机和电器元件温升</td><td>不超过各自的允许值</td><td colspan="2">温升不超过各自的允许值</td></tr>
<tr><td>4</td><td rowspan="7">无载荷试验（全行程往返 3 次）</td><td>电动机</td><td>三相电流不平衡度不超过 10%</td><td colspan="2">运行平稳，三相交流电平衡</td><td rowspan="7">优良</td></tr>
<tr><td>5</td><td>电气设备</td><td>无异常发热现象</td><td colspan="2">无异常发热现象</td></tr>
<tr><td>6</td><td>主令开关</td><td>启闭机运行到行程的上下极限位置，主令开关能发出信号并自动切断电源，使启闭机停止运转</td><td colspan="2">动作准确可靠</td></tr>
<tr><td>7</td><td>机械部件</td><td>无冲击声及其他异常声音，钢丝绳在任何部位不与其他部件相摩擦</td><td colspan="2">无冲击声及其他异常声音，钢丝绳在任何部位不与其他部件相摩擦</td></tr>
<tr><td>8</td><td>制动闸瓦</td><td>松闸时全部打开，闸瓦与制动轮间隙符合 0.5～1.0mm 的要求</td><td colspan="2">松闸时全部打开，闸瓦与制动轮间隙符合 0.5～1.0mm 的要求</td></tr>
<tr><td>9</td><td>快速闸门启闭机</td><td>利用直流松闸时，松闸直流电流值不大于名义最大电流值，松闸持续 2min 时电磁线圈的温度不大于 100℃</td><td colspan="2">满足设计、规范要求</td></tr>
<tr><td>10</td><td>轴承和齿轮</td><td>润滑良好，轴承温度不超过 65℃</td><td colspan="2">润滑良好，轴承温度未超过 65℃</td></tr>
</table>

续表

项次	部位	检验项目		质量要求	检测情况	结论
11	载荷试验（带闸门在设计水头工况下运行）	电动机		三相电流不平衡度不超过10%	运行平稳、三相电流平衡	优良
12		电气设备		无异常发热现象，所有保护装置和信号准确可靠	无异常发热现象，所有保护装置和信号准确可靠	
13		机械部件		无冲击声，开式齿轮啮合状态满足要求	无冲击声，开式齿轮啮合状态满足要求	
14		制动器		无打滑、无焦味和冒烟现象	无打滑、无焦味和冒烟现象	
15		机构各部分		无破裂、永久变形、连接松动或破坏	无破裂、永久变形、连接松动或破坏	
16		快速闸门启闭机	快速闭门时间	不超过设计值，闸门接近底槛的最大速度不超过5m/min	未超过设计值，闸门接近底槛的最大速度4m/min	
17			电动机或调速器	最大转速一般不超过电动机额定转速的2倍	最大转速未超过电动机额定转速的2倍	
18			离心式调速器的摩擦面最高温度	不大于200℃	离心式调速器的摩擦面最高温度小于200℃	

检查意见：

试运行符合质量标准，质量等级优良。

检验人：×××	评定人：×××	监理工程师：×××
2014年11月8日	2014年11月8日	2014年11月8日

表 12.2 固定卷扬式启闭机试运行质量检查表

填 表 说 明

填表时必须遵守“填表基本规定”，并应符合下列要求。

1. 单位工程、分部工程、单元工程名称及部位填写应与第一部分水工金属结构安装工程单元工程施工质量验收评定表中表12相同。

2. 单元工程量：填写本单元卷扬机重量（t）或型号。

3. 启闭机试运行按运行质量标准要求进行。固定卷扬式启闭机试运行由电气设备试验、无载荷试验、载荷试验三部分组成。

4. 单元工程安装质量试运行质量标准。设备的试验和试运行符合《水利水电工程单元工程施工质量验收评定标准——水工金属结构安装工程》（SL 635—2012）及相关专业标准的规定；各项报验资料符合《水利水电工程单元工程施工质量验收评定标准——水工金属结构安装工程》（SL 635—2012）的要求。

______________工程

表 13　螺杆式启闭机安装单元工程施工质量验收评定表（样表）

<table>
<tr><td colspan="2">单位工程名称</td><td colspan="2"></td><td>单元工程量</td><td colspan="2"></td></tr>
<tr><td colspan="2">分部工程名称</td><td colspan="2"></td><td>安装单位</td><td colspan="2"></td></tr>
<tr><td colspan="2">单元工程名称、部位</td><td colspan="2"></td><td>评定日期</td><td colspan="2"></td></tr>
<tr><td rowspan="2">项次</td><td rowspan="2">项目</td><td colspan="2">主控项目</td><td colspan="3">一般项目</td></tr>
<tr><td>合格数</td><td>其中优良数</td><td>合格数</td><td colspan="2">其中优良数</td></tr>
<tr><td>1</td><td>螺杆式启闭机安装</td><td></td><td></td><td></td><td colspan="2"></td></tr>
<tr><td colspan="2">电气设备安装</td><td colspan="5"></td></tr>
<tr><td colspan="2">试运行结果</td><td colspan="5"></td></tr>
<tr><td>安装单位自评意见</td><td colspan="6">各项试验和单元工程试运行符合要求，各项报验资料符合规定。检验项目全部合格。检验项目优良率为____%，其中主控项目优良率为____%。
单元工程安装质量验收评定等级为____。
（签字，加盖公章）　　年　月　日</td></tr>
<tr><td>监理单位复核意见</td><td colspan="6">各项试验和单元工程试运行符合要求，各项报验资料符合规定。检验项目全部合格。检验项目优良率为____%，其中主控项目优良率为____%。
单元工程安装质量验收核定等级为____。
（签字，加盖公章）　　年　月　日</td></tr>
<tr><td colspan="7">注　1. 主控项目和一般项目中的合格数指达到合格及其以上质量标准的项目个数。
2. 优良项目占全部项目百分率 $=\frac{\text{主控项目优良数}+\text{一般项目优良数}}{\text{检验项目总数}}\times 100\%$。</td></tr>
</table>

______×××电站______工程

表 13　　螺杆式启闭机安装单元工程施工质量验收评定表（实例）

<table>
<tr><td colspan="2">单位工程名称</td><td>电站厂房工程</td><td>单元工程量</td><td colspan="3">22t</td></tr>
<tr><td colspan="2">分部工程名称</td><td>金属结构及启闭机安装</td><td>安装单位</td><td colspan="3">中国水利水电第×××工程局有限公司</td></tr>
<tr><td colspan="2">单元工程名称、部位</td><td>螺杆式启闭机</td><td>评定日期</td><td colspan="3">2013 年 7 月 16 日</td></tr>
<tr><td rowspan="2">项次</td><td rowspan="2" colspan="2">项目</td><td colspan="2">主控项目</td><td colspan="2">一般项目</td></tr>
<tr><td>合格数</td><td>其中优良数</td><td>合格数</td><td>其中优良数</td></tr>
<tr><td>1</td><td colspan="2">螺杆式启闭机安装</td><td>3</td><td>3</td><td>2</td><td>2</td></tr>
<tr><td colspan="3">电气设备安装</td><td colspan="4"></td></tr>
<tr><td colspan="3">试运行结果</td><td colspan="4">__符合__质量标准</td></tr>
<tr><td>安装单位自评意见</td><td colspan="6">各项试验和单元工程试运行符合要求，各项报验资料符合规定。检验项目全部合格。检验项目优良率为__100__%，其中主控项目优良率为__100__%。
单元工程安装质量验收评定等级为__优良__。
×××（签字，加盖公章）　2013 年 7 月 16 日</td></tr>
<tr><td>监理单位复核意见</td><td colspan="6">各项试验和单元工程试运行符合要求，各项报验资料符合规定。检验项目全部合格。检验项目优良率为__100__%，其中主控项目优良率为__100__%。
单元工程安装质量验收核定等级为__优良__。
×××（签字，加盖公章）　2013 年 7 月 16 日</td></tr>
<tr><td colspan="7">注　1. 主控项目和一般项目中的合格数指达到合格及其以上质量标准的项目个数。
2. 优良项目占全部项目百分率＝$\frac{\text{主控项目优良数}+\text{一般项目优良数}}{\text{检验项目总数}}\times 100\%$。</td></tr>
</table>

表 13　螺杆式启闭机安装单元工程施工质量验收评定表

填　表　说　明

填表时必须遵守“填表基本规定”，并应符合下列要求。

1. 单元工程划分：宜以每一台螺杆式启闭机的安装划分为一个单元工程。

2. 单元工程量：填写本单元螺杆式启闭机的重量（t）。

3. 本表是在第一部分水工金属结构安装工程单元工程施工质量验收评定表中表 13.1、表 13.2 检查表质量评定合格基础上进行。

4. 单元工程施工质量验收评定应包括下列资料。

（1）施工单位应提供产品到货验收记录、现场安装记录等资料。

（2）监理单位应提交对单元工程施工质量的平行检测资料。

5. 螺杆式启闭机出厂前，应进行整体组装和试运行，经检查合格，方可出厂。到货后应按合同验收，并对其主要零部件进行复测、检查、登记。

6. 检查基础螺栓埋设位置及螺栓伸出部分长度是否符合安装要求。

7. 螺杆式启闭机安装由启闭机安装位置、电气设备安装等组成，其安装技术要求应符合《水利水电工程启闭机制造安装及验收规范》（SL 381）的规定，其中电气设备安装应符合《水利水电工程单元工程施工质量验收评定标准——发电电气设备安装工程》（SL 638）的有关规定。安装完毕后应进行试运行。

8. 单元工程安装质量评定标准。

（1）合格等级标准。

1）各检验项目均达到合格等级及以上标准。

2）设备的试验和试运行符合《水利水电工程单元工程施工质量验收评定标准——水工金属结构安装工程》（SL 635—2012）及相关专业标准的规定；各项报验资料符合《水利水电工程单元工程施工质量验收评定标准——水工金属结构安装工程》（SL 635—2012）的要求。

3）启闭机电气设备安装质量达到合格以上标准。

（2）优良等级标准。

1）在合格等级标准基础上，安装质量检验项目中优良项目占全部项目 70%及以上，且主控项目 100%优良。

2）启闭机电气设备安装质量达到优良标准。

______________工程

表 13.1 螺杆式启闭机安装位置质量检查表（样表）

编号：__________

分部工程名称					单元工程名称			
安装部位					安装内容			
安装单位					开/完工日期			
项次		检验项目	质量要求		实测值	合格数	优良数	质量等级
			合格	优良				
主控项目	1	基座纵、横向中心线与闸门吊耳的起吊中心线之差	±1.0mm	±0.5mm				
	2	启闭机平台水平偏差（每延长米）	0.5mm	0.4mm				
	3	螺杆与闸门连接前铅垂度（每延长米）	0.2mm	0.2mm				
一般项目	1	启闭机平台高程偏差	±5.0mm	±4.0mm				
	2	机座与基础板局部间隙	0.2mm，非接触面不大于总接触面20%	0.2mm，非接触面不大于总接触面20%				

检查意见：

主控项目共____项，其中合格____项，优良____项，合格率____%，优良率____%。

一般项目共____项，其中合格____项，优良____项，合格率____%，优良率____%。

检验人：（签字） 年　月　日	评定人：（签字） 年　月　日	监理工程师：（签字） 年　月　日

×××电站 工程

表 13.1 螺杆式启闭机安装位置质量检查表（实例）

编号：

分部工程名称	金属结构及启闭机安装	单元工程名称	螺杆式启闭机
安装部位	机架位置	安装内容	机架位置安装
安装单位	中国水利水电第×××工程局有限公司	开/完工日期	2013年7月1—16日

项次		检验项目	质量要求		实测值	合格数	优良数	质量等级
			合格	优良				
主控项目	1	基座纵、横向中心线与闸门吊耳的起吊中心线之差	±1.0mm	±0.5mm	实测值为－0.4mm、－0.5mm、0.5mm、0.4mm	4	4	优良
	2	启闭机平台水平偏差（每延长米）	0.5mm	0.4mm	实测值为0.4mm、0.3mm、0.4mm、0.2mm	4	4	优良
	3	螺杆与闸门连接前铅垂度（每延长米）	0.2mm	0.2mm	实测值为0.2mm、0.15mm、0.2mm、0.2mm	4	4	优良
一般项目	1	启闭机平台高程偏差	±5.0mm	±4.0mm	实测值为3.5mm、4mm、3mm、4mm	4	4	优良
	2	机座与基础板局部间隙	0.2mm，非接触面不大于总接触面20%	0.2mm，非接触面不大于总接触面20%	实测值为0.2mm、0.2mm、0.15mm、0.1mm，非接触面不大于总接触面积20%	4	4	优良

检查意见：

主控项目共 3 项，其中合格 3 项，优良 3 项，合格率 100 %，优良率 100 %。

一般项目共 2 项，其中合格 2 项，优良 2 项，合格率 100 %，优良率 100 %。

检验人：×××	评定人：×××	监理工程师：×××
2013年7月16日	2013年7月16日	2013年7月16日

表 13.1　螺杆式启闭机安装位置质量检查表

填　表　说　明

填表时必须遵守“填表基本规定”，并应符合下列要求。

1. 分部工程、单元工程名称填写应与第一部分水工金属结构安装工程单元工程施工质量验收评定表中表 13 相同。

2. 各检验项目的检验方法及检验数量按下表要求执行。

<table>
<tr><th>检验项目</th><th>检验方法</th><th>检验数量</th></tr>
<tr><td>基座纵、横向中心线与闸门吊耳的起吊中心线之差</td><td rowspan="3">经纬仪、水准仪、全站仪、垂球、钢板尺</td><td rowspan="5">每台启闭机各项至少检测 1 个点</td></tr>
<tr><td>启闭机平台水平偏差（每延米）</td></tr>
<tr><td>螺杆与闸门连接前铅锤度（每延米）</td></tr>
<tr><td>启闭机平台高程偏差</td><td rowspan="2">水准仪、塞尺</td></tr>
<tr><td>机座与基础板局部间隙</td></tr>
</table>

3. 螺杆式启闭机安装质量评定包括基座纵、横向中心线与闸门吊耳的起吊中心线之差等检验项目。

4. 单元工程安装质量检验项目质量标准。

（1） 合格等级标准。

1） 主控项目，检测点应 100%符合合格标准。

2） 一般项目，检测点应 90%及以上符合合格标准，不合格点最大值不应超过其允许偏差值的 1.2 倍，且不合格点不应集中。

（2） 优良等级标准。在合格等级标准基础上，主控项目和一般项目的所有检测点应 90%及以上符合优良标准。

5. 表中数值为允许偏差值。

________工程

表 13.2　　螺杆式启闭机试运行质量检查表（样表）

编号：________

<table>
<tr><td colspan="2">单位工程名称</td><td></td><td>分部工程名称</td><td></td><td>单元工程量</td><td></td></tr>
<tr><td colspan="2">单元工程名称、部位</td><td colspan="2"></td><td>试运行日期</td><td colspan="2"></td></tr>
<tr><td>项次</td><td>部位</td><td>检验项目</td><td>质量要求</td><td colspan="2">检测情况</td><td>结论</td></tr>
<tr><td>1</td><td rowspan="3">电气设备测试</td><td>全部接线</td><td>符合图样规定</td><td colspan="2"></td><td rowspan="3"></td></tr>
<tr><td>2</td><td>线路的绝缘电阻</td><td>符合设计要求</td><td colspan="2"></td></tr>
<tr><td>3</td><td>试验中各电动机和电器元件温升</td><td>不超过各自的允许值</td><td colspan="2"></td></tr>
<tr><td>4</td><td rowspan="3">无载荷试验（全行程往返 3 次）</td><td>电动机</td><td>三相电流不平衡度不超过 10%</td><td colspan="2"></td><td rowspan="3"></td></tr>
<tr><td>5</td><td>行程限位开关</td><td>运行到上下限位置时，能发出信号并自动切断电源，使启闭机停止运转</td><td colspan="2"></td></tr>
<tr><td>6</td><td>机械部件</td><td>无冲击声及其他异常声音</td><td colspan="2"></td></tr>
<tr><td>7</td><td rowspan="6">载荷试验（在动水工况下闭门 2 次）</td><td>传动零件</td><td>运转平稳，无异常声音、发热和漏油现象</td><td colspan="2"></td><td rowspan="6"></td></tr>
<tr><td>8</td><td>行程开关</td><td>动作灵敏可靠</td><td colspan="2"></td></tr>
<tr><td>9</td><td>载荷控制装置、高度指示装置的信号发送、接收</td><td>动作灵敏、指示正确、安全可靠</td><td colspan="2"></td></tr>
<tr><td>10</td><td>手摇或电机驱动</td><td>操作方便，运行平稳，传动皮带无打滑现象</td><td colspan="2"></td></tr>
<tr><td>11</td><td>双吊点启闭机</td><td>同步升降，无卡阻现象</td><td colspan="2"></td></tr>
<tr><td>12</td><td>地脚螺栓</td><td>螺栓紧固，无松动</td><td colspan="2"></td></tr>
<tr><td colspan="7">检查意见：</td></tr>
<tr><td colspan="3">检验人：（签字）
年　月　日</td><td colspan="2">评定人：（签字）
年　月　日</td><td colspan="2">监理工程师：（签字）
年　月　日</td></tr>
</table>

___×××电站____工程

表 13.2　螺杆式启闭机试运行质量检查表（实例）

编号：____________

<table>
<tr><td>单位工程名称</td><td>电站厂房工程</td><td>分部工程名称</td><td>金属结构及启闭机安装</td><td>单元工程量</td><td>22t</td></tr>
<tr><td colspan="2">单元工程名称、部位</td><td>螺杆式启闭机</td><td>试运行日期</td><td colspan="2">2013 年 7 月 16 日</td></tr>
<tr><td>项次</td><td>部位</td><td>检验项目</td><td>质量要求</td><td>检测情况</td><td>结论</td></tr>
<tr><td rowspan="3">1</td><td rowspan="3">电气设备测试</td><td>全部接线</td><td>符合图样规定</td><td>符合图样规定</td><td rowspan="3">优良</td></tr>
<tr><td>线路的绝缘电阻</td><td>符合设计要求（大于 0.5MΩ）</td><td>0.9MΩ</td></tr>
<tr><td>试验中各电动机和电器元件温升</td><td>不超过各自的允许值</td><td>不超过各自的允许值</td></tr>
<tr><td rowspan="3">2</td><td rowspan="3">无载荷试验（全行程往返 3 次）</td><td>电动机</td><td>三相电流不平衡度不超过 10%</td><td>三相电流不平衡度 5%</td><td rowspan="3">优良</td></tr>
<tr><td>行程限位开关</td><td>运行到上下限位置时，能发出信号并自动切断电源，使启闭机停止运转</td><td>运行到上下限位置时，有信号发出并自动切断电源，启闭机停止运转</td></tr>
<tr><td>机械部件</td><td>无冲击声及其他异常声音</td><td>无冲击声及其他异常声音</td></tr>
<tr><td rowspan="6">3</td><td rowspan="6">载荷试验（在动水工况下闭门 2 次）</td><td>传动零件</td><td>运转平稳，无异常声音、发热和漏油现象</td><td>运转平稳，无异常声音、发热和漏油现象</td><td rowspan="6">优良</td></tr>
<tr><td>行程开关</td><td>动作灵敏可靠</td><td>动作灵敏可靠</td></tr>
<tr><td>载荷控制装置、高度指示装置的信号发送、接收</td><td>动作灵敏、指示正确、安全可靠</td><td>动作灵敏、指示正确、安全可靠</td></tr>
<tr><td>手摇或电机驱动</td><td>操作方便，运行平稳、传动皮带无打滑现象</td><td>操作方便，运行平稳、传动皮带无打滑现象</td></tr>
<tr><td>双吊点启闭机</td><td>同步升降，无卡阻现象</td><td>同步升降，无卡阻现象</td></tr>
<tr><td>地脚螺栓</td><td>螺栓紧固，无松动</td><td>螺栓紧固，无松动</td></tr>
<tr><td colspan="6">检查意见：
试运行符合质量标准，质量等级优良。</td></tr>
<tr><td colspan="2">检验人：×××
2013 年 7 月 16 日</td><td colspan="2">评定人：×××
2013 年 7 月 16 日</td><td colspan="2">监理工程师：×××
2013 年 7 月 16 日</td></tr>
</table>

表 13.2　螺杆式启闭机试运行质量检查表

填　表　说　明

填表时必须遵守“填表基本规定”，并应符合下列要求。

1. 单位工程、分部工程、单元工程名称及部位填写应与第一部分水工金属结构安装工程单元工程施工质量验收评定表中表 13 相同。

2. 单元工程量：填写本单元启闭机重量（t）或型号。

3. 启闭机试运行按运行质量标准要求进行。螺杆式启闭机的试运行由电气设备测试、无载荷试验、载荷试验三部分组成。

4. 单元工程安装质量试运行质量标准。设备的试验和试运行符合《水利水电工程单元工程施工质量验收评定标准——水工金属结构安装工程》（SL 635—2012）及相关专业标准的规定；各项报验资料符合《水利水电工程单元工程施工质量验收评定标准——水工金属结构安装工程》（SL 635—2012）的要求。

______工程

表 14　液压式启闭机安装单元工程施工质量验收评定表（样表）

编号：______

<table>
<tr><td colspan="2">单位工程名称</td><td colspan="2"></td><td>单元工程量</td><td colspan="2"></td></tr>
<tr><td colspan="2">分部工程名称</td><td colspan="2"></td><td>安装单位</td><td colspan="2"></td></tr>
<tr><td colspan="2">单元工程名称、部位</td><td colspan="2"></td><td>评定日期</td><td colspan="2"></td></tr>
<tr><td rowspan="2">项次</td><td rowspan="2">项目</td><td colspan="2">主控项目</td><td colspan="2">一般项目</td></tr>
<tr><td>合格数</td><td>其中优良数</td><td>合格数</td><td>其中优良数</td></tr>
<tr><td>1</td><td>液压式启闭机机械系统机架安装</td><td></td><td></td><td></td><td></td></tr>
<tr><td>2</td><td>液压式启闭机机械系统钢梁与推力支座安装</td><td></td><td></td><td></td><td></td></tr>
<tr><td>3</td><td>明管安装单元工程安装质量检查表</td><td></td><td></td><td></td><td></td></tr>
<tr><td>4</td><td>箱、罐及其他容器安装单元工程质量检查表</td><td></td><td></td><td></td><td></td></tr>
<tr><td colspan="2">试运行效果</td><td colspan="4"></td></tr>
<tr><td>安装单位自评意见</td><td colspan="5">各项试验和单元工程试运行符合要求，各项报验资料符合规定。检验项目全部合格。检验项目优良率为____%，其中主控项目优良率为____%。
单元工程安装质量验收评定等级为____。
（签字，加盖公章）　　年　月　日</td></tr>
<tr><td>监理单位复核意见</td><td colspan="5">各项试验和单元工程试运行符合要求，各项报验资料符合规定。检验项目全部合格。检验项目优良率为____%，其中主控项目优良率为____%。
单元工程安装质量验收核定等级为____。
（签字，加盖公章）　　年　月　日</td></tr>
<tr><td colspan="6">注　1. 主控项目和一般项目中的合格数指达到合格及其以上质量标准的项目个数。
2. 优良项目占全部项目百分率 $=\frac{\text{主控项目优良数}+\text{一般项目优良数}}{\text{检验项目总数}}\times 100\%$。</td></tr>
</table>

＿＿×××电站＿＿工程

表14　液压式启闭机安装单元工程施工质量验收评定表（实例）

编号：＿＿＿＿＿

<table>
<tr><td colspan="2">单位工程名称</td><td>溢流坝工程</td><td colspan="2">单元工程量</td><td colspan="2">20t</td></tr>
<tr><td colspan="2">分部工程名称</td><td>金属结构及启闭机安装</td><td colspan="2">安装单位</td><td colspan="2">中国水利水电第×××工程局有限公司</td></tr>
<tr><td colspan="2">单元工程名称、部位</td><td>液压式启闭机安装</td><td colspan="2">评定日期</td><td colspan="2">2014年6月13日</td></tr>
<tr><td rowspan="2">项次</td><td rowspan="2" colspan="2">项目</td><td colspan="2">主控项目</td><td colspan="2">一般项目</td></tr>
<tr><td>合格数</td><td>其中优良数</td><td>合格数</td><td>其中优良数</td></tr>
<tr><td>1</td><td colspan="2">液压式启闭机机械系统机架安装</td><td>1</td><td>1</td><td>2</td><td>2</td></tr>
<tr><td>2</td><td colspan="2">液压式启闭机机械系统钢梁与推力支座安装</td><td>1</td><td>1</td><td>/</td><td>/</td></tr>
<tr><td>3</td><td colspan="2">明管安装单元工程安装质量检查表</td><td>1</td><td>1</td><td>2</td><td>2</td></tr>
<tr><td colspan="3">试运行效果</td><td colspan="4">＿符合＿质量标准</td></tr>
<tr><td>安装单位自评意见</td><td colspan="6">各项试验和单元工程试运行符合要求，各项报验资料符合规定。检验项目全部合格。检验项目优良率为＿100＿%，其中主控项目优良率为＿100＿%。
单元工程安装质量验收评定等级为＿优良＿。
×××（签字，加盖公章）　2014年6月13日</td></tr>
<tr><td>监理单位复核意见</td><td colspan="6">各项试验和单元工程试运行符合要求，各项报验资料符合规定。检验项目全部合格。检验项目优良率为＿100＿%，其中主控项目优良率为＿100＿%。
单元工程安装质量验收核定等级为＿优良＿。
×××（签字，加盖公章）　2014年6月13日</td></tr>
<tr><td colspan="7">注　1. 主控项目和一般项目中的合格数指达到合格及其以上质量标准的项目个数。
2. 优良项目占全部项目百分率＝$\frac{主控项目优良数+一般项目优良数}{检验项目总数}\times 100\%$。</td></tr>
</table>

表14　液压式启闭机安装单元工程施工质量验收评定表

填　表　说　明

填表时必须遵守“填表基本规定”，并应符合下列要求。

1. 单元工程划分：宜以每一个液压系统的安装划分为一个单元工程。

2. 单元工程量：填写本单元启闭机重量（t）或型号。

3. 本表是在第一部分水工金属结构安装工程单元工程施工质量验收评定表中表14.1～表14.4检查表质量评定合格基础上进行。

4. 单元工程施工质量验收评定应提交下列资料。

（1）施工单位应提供启闭机到货检验记录（资料）、安装记录、试运行记录等。

（2）监理单位应提交对单元工程施工质量的平行检测资料。

5. 液压式启闭机安装包括机架安装、钢梁与推力支座安装等部分，其安装技术要求应符合《水利水电工程启闭机制造安装及验收规范》（SL 381）的规定。各部分安装完毕后应进行试运行。

6. 液压式启闭机设备出厂前应进行整体组装和试验。设备运到现场后，应经检查，开箱验收后方可安装。

7. 单元工程安装质量评定标准。

（1）合格等级标准。

1）各检验项目均达到合格等级及以上标准。

2）设备的试验和试运行符合《水利水电工程单元工程施工质量验收评定标准水利机械辅助设备系统安装工程》（SL 635—2012）及相关专业标准的规定；各项报验资料符合《水利水电工程单元工程施工质量验收评定标准水利机械辅助设备系统安装工程》（SL 635—2012）的要求。

（2）优良等级标准。在合格等级标准基础上，安装质量检验项目中优良项目占全部项目70%及以上，且主控项目100%优良。

______________工程

表 14.1　液压式启闭机机架安装质量检查表（样表）

编号：__________

分部工程名称				单元工程名称				
安装部位				安装内容				
安装单位				开/完工日期				
项次		检验项目	质量要求		实测值	合格数	优良数	质量等级
			合格	优良				
主控项目	1	机架横向中心线与实际起吊中心线的距离	±2.0mm	±1.5mm				
一般项目	1	机架高程偏差	±5.0mm	±4.0mm				
	2	双吊点液压式启闭机支撑面的高差	±0.5mm	±0.5mm				

检查意见：

主控项目共____项，其中合格____项，优良 ____项，合格率____%，优良率____%。

一般项目共____项，其中合格____项，优良 ____项，合格率____%，优良率____%。

检验人：（签字） 年　月　日	评定人：（签字） 年　月　日	监理工程师：（签字） 年　月　日

×××电站 工程

表 14.1　液压式启闭机机架安装质量检查表（实例）

编号：＿＿＿＿＿＿

<table>
<tr><td colspan="2">分部工程名称</td><td colspan="3">金属结构及启闭机安装</td><td>单元工程名称</td><td colspan="3">液压式启闭机安装</td></tr>
<tr><td colspan="2">安装部位</td><td colspan="3">机械系统机架</td><td>安装内容</td><td colspan="3">机械系统机架安装</td></tr>
<tr><td colspan="2">安装单位</td><td colspan="3">中国水利水电第×××工程局有限公司</td><td>开/完工日期</td><td colspan="3">2014 年 6 月 1—13 日</td></tr>
<tr><td colspan="2" rowspan="2">项次</td><td rowspan="2">检验项目</td><td colspan="2">质量要求</td><td rowspan="2">实测值</td><td rowspan="2">合格数</td><td rowspan="2">优良数</td><td rowspan="2">质量等级</td></tr>
<tr><td>合格</td><td>优良</td></tr>
<tr><td>主控项目</td><td>1</td><td>机架横向中心线与实际起吊中心线的距离</td><td>±2.0mm</td><td>±1.5mm</td><td>左：1.0mm
右：1.0mm</td><td>2</td><td>2</td><td>优良</td></tr>
<tr><td rowspan="2">一般项目</td><td>1</td><td>机架高程偏差</td><td>±5.0mm</td><td>±4.0mm</td><td>设计高程为 468922mm；左侧实测值：468924mm；右侧实测值：468924mm</td><td>2</td><td>2</td><td>优良</td></tr>
<tr><td>2</td><td>双吊点液压式启闭机支撑面的高差</td><td>±0.5mm</td><td>±0.5mm</td><td>检查机架 4 个角高差，实测值为 0.3mm、0.3mm、0.2mm、0.2mm</td><td>4</td><td>4</td><td>优良</td></tr>
<tr><td colspan="9">检查意见：
主控项目共 1 项，其中合格 1 项，优良 1 项，合格率 100 %，优良率 100 %。
一般项目共 2 项，其中合格 2 项，优良 2 项，合格率 100 %，优良率 100 %。</td></tr>
<tr><td colspan="3">检验人：×××

2014 年 6 月 13 日</td><td colspan="3">评定人：×××

2014 年 6 月 13 日</td><td colspan="3">监理工程师：×××

2014 年 6 月 13 日</td></tr>
</table>

表 14.1 液压式启闭机机架安装质量检查表

填 表 说 明

填表时必须遵守“填表基本规定”，并应符合下列要求。

1. 分部工程、单元工程名称填写应与第一部分水工金属结构安装工程单元工程施工质量验收评定表中表 14 相同。

2. 各检验项目的检验方法及检验数量按下表要求执行。

<table>
<tr><th>检验项目</th><th>检验方法</th><th>检验数量</th></tr>
<tr><td>机架横向中心线与实际起吊中心线的距离</td><td rowspan="3">钢板尺、水准仪、经纬仪、全站仪、垂球</td><td>机架中心线应按门槽实际中心线测出</td></tr>
<tr><td>机架高程偏差</td><td rowspan="2">启闭机 4 个角各测 1 个点</td></tr>
<tr><td>双吊点液压式启闭机支撑面的高差</td></tr>
</table>

3. 液压式启闭机机械系统的安装，主要包括机架、钢梁与推力支座的安装。

4. 现场安装管路应进行整体循环油冲洗，冲洗速度宜达到紊流状态，滤网过滤精度应不低于 10μm，冲洗时间不应少于 30min。

5. 现场注入的液压油型号、油量及油位应符合设计要求，液压油过滤精度应不低于 20μm。

6. 单元工程安装质量检验项目质量标准。

(1) 合格等级标准。

1) 主控项目，检测点应 100%符合合格标准。

2) 一般项目，检测点应 90%及以上符合合格标准，不合格点最大值不应超过其允许偏差值的 1.2 倍，且不合格点不应集中。

(2) 优良等级标准。在合格等级标准基础上，主控项目和一般项目的所有检测点应 90%及以上符合优良标准。

7. 表中数值为允许偏差值。

______________工程

表 14.2　液压式启闭机钢梁与推力支座安装质量检查表（样表）

编号：__________

<table>
<tr><td colspan="2">分部工程名称</td><td colspan="3"></td><td>单元工程名称</td><td colspan="4"></td></tr>
<tr><td colspan="2">安装部位</td><td colspan="3"></td><td>安装内容</td><td colspan="4"></td></tr>
<tr><td colspan="2">安装单位</td><td colspan="3"></td><td>开/完工日期</td><td colspan="4"></td></tr>
<tr><td colspan="2" rowspan="2">项次</td><td colspan="2" rowspan="2">检验项目</td><td colspan="2">质量要求</td><td rowspan="2">实测值</td><td rowspan="2">合格数</td><td rowspan="2">优良数</td><td rowspan="2">质量等级</td></tr>
<tr><td>合格</td><td>优良</td></tr>
<tr><td rowspan="2">主控项目</td><td>1</td><td colspan="2">机架钢梁与推力支座组合面通隙</td><td>0.05mm</td><td>0.05mm</td><td></td><td></td><td></td><td></td></tr>
<tr><td>2</td><td colspan="2">推力支座顶面水平偏差（每延米）</td><td>0.2mm</td><td>0.2mm</td><td></td><td></td><td></td><td></td></tr>
<tr><td rowspan="3">一般项目</td><td rowspan="3">1</td><td rowspan="3">机架钢梁与推力支座的组合面</td><td>局部间隙</td><td>0.1mm</td><td>0.08mm</td><td></td><td></td><td></td><td></td></tr>
<tr><td>局部间隙深度</td><td>1/3 组合面宽度</td><td>1/4 组合面宽度</td><td></td><td></td><td></td><td></td></tr>
<tr><td>局部间隙累计长度</td><td>20% 周长</td><td>15% 周长</td><td></td><td></td><td></td><td></td></tr>
<tr><td colspan="10">检查意见：
主控项目共____项，其中合格____项，优良____项，合格率____%，优良率____%。
一般项目共____项，其中合格____项，优良____项，合格率____%，优良率____%。</td></tr>
<tr><td colspan="4">检验人：（签字）

年　　月　　日</td><td colspan="3">评定人：（签字）

年　　月　　日</td><td colspan="3">监理工程师：（签字）

年　　月　　日</td></tr>
</table>

×××电站　　工程

表 14.2　液压式启闭机钢梁与推力支座安装质量检查表（实例）

编号：____________

<table>
<tr><td colspan="3">分部工程名称</td><td colspan="3">金属结构及启闭机安装</td><td>单元工程名称</td><td colspan="3">液压式启闭机安装</td></tr>
<tr><td colspan="3">安装部位</td><td colspan="3">钢梁与推力支座</td><td>安装内容</td><td colspan="3">钢梁与推力支座安装</td></tr>
<tr><td colspan="3">安装单位</td><td colspan="3">中国水利水电第×××工程局有限公司</td><td>开/完工日期</td><td colspan="3">2014 年 6 月 1—13 日</td></tr>
<tr><td colspan="2" rowspan="2">项次</td><td colspan="2" rowspan="2">检验项目</td><td colspan="2">质量要求</td><td rowspan="2">实测值</td><td rowspan="2">合格数</td><td rowspan="2">优良数</td><td rowspan="2">质量等级</td></tr>
<tr><td>合格</td><td>优良</td></tr>
<tr><td rowspan="2">主控项目</td><td>1</td><td colspan="2">机架钢梁与推力支座组合面通隙</td><td>0.05mm</td><td>0.05mm</td><td>/</td><td>/</td><td>/</td><td>/</td></tr>
<tr><td>2</td><td colspan="2">推力支座顶面水平偏差（每延米）</td><td>0.2mm</td><td>0.2mm</td><td>左侧：纵向 0.1mm/m；横向 0.2mm/m
右侧：纵向 0.1mm/m；横向 0.1mm/m</td><td>4</td><td>4</td><td>优良</td></tr>
<tr><td rowspan="3">一般项目</td><td rowspan="3">1</td><td rowspan="3">机架钢梁与推力支座的组合面</td><td>局部间隙</td><td>0.1mm</td><td>0.08mm</td><td>/</td><td>/</td><td>/</td><td>/</td></tr>
<tr><td>局部间隙深度</td><td>1/3 组合面宽度</td><td>1/4 组合面宽度</td><td>/</td><td>/</td><td>/</td><td>/</td></tr>
<tr><td>局部间隙累计长度</td><td>20% 周长</td><td>15% 周长</td><td>/</td><td>/</td><td>/</td><td>/</td></tr>
<tr><td colspan="10">检查意见：
主控项目共__1__项，其中合格__1__项，优良__1__项，合格率__100__%，优良率__100__%。
一般项目共__/__项，其中合格__/__项，优良__/__项，合格率__/__%，优良率__/__%。</td></tr>
<tr><td colspan="4">检验人：×××

2014 年 6 月 13 日</td><td colspan="3">评定人：×××

2014 年 6 月 13 日</td><td colspan="3">监理工程师：×××

2014 年 6 月 13 日</td></tr>
</table>

表 14.2　液压式启闭机钢梁与推力支座安装质量检查表

填　表　说　明

填表时必须遵守“填表基本规定”，并应符合下列要求。

1. 分部工程、单元工程名称填写应与第一部分水工金属结构安装工程单元工程施工质量验收评定表中表 14 相同。

2. 各检验项目的检验方法及检验数量按下表要求执行。

<table>
<tr><th colspan="2">检验项目</th><th>检验方法</th><th>检验数量</th></tr>
<tr><td colspan="2">机架钢梁与推力支座组合面通隙</td><td rowspan="5">塞尺、水准仪、全站仪</td><td>沿组合面检查 4～8 个点</td></tr>
<tr><td colspan="2">推力支座顶面水平偏差（每延米）</td><td>纵、横向各测 1 个点</td></tr>
<tr><td rowspan="3">机架钢梁与推力支座的组合面</td><td>局部间隙</td><td rowspan="3">沿组合面检查 4～8 个点</td></tr>
<tr><td>局部间隙深度</td></tr>
<tr><td>局部间隙累计长度</td></tr>
</table>

3. 单元工程安装质量检验项目质量标准。

（1）合格等级标准。

1）主控项目，检测点应 100%符合合格标准。

2）一般项目，检测点应 90%及以上符合合格标准，不合格点最大值不应超过其允许偏差值的 1.2 倍，且不合格点不应集中。

（2）优良等级标准。在合格等级标准基础上，主控项目和一般项目的所有检测点应 90%及以上符合优良标准。

4. 表中数值为允许偏差值。

________工程

表 14.3 液压式启闭机试运行质量检查表（样表）

编号：________

<table>
<tr><td colspan="2">单位工程名称</td><td colspan="2"></td><td>分部工程名称</td><td></td><td>单元工程量</td><td></td></tr>
<tr><td colspan="3">单元工程名称、部位</td><td colspan="2"></td><td>试运行日期</td><td colspan="2"></td></tr>
<tr><td>项次</td><td colspan="3">检验项目</td><td>质量要求</td><td colspan="2">检测情况</td><td>结论</td></tr>
<tr><td>1</td><td rowspan="5">试运行前检查</td><td colspan="2">门槽及运行区域</td><td>障碍物清除干净，闸门及油缸运行不受卡阻</td><td colspan="2"></td><td rowspan="5"></td></tr>
<tr><td>2</td><td colspan="2">液压系统的滤油芯</td><td>清洗或更换，试运行前液压系统的污染度等级应不低于 NAS9 级</td><td colspan="2"></td></tr>
<tr><td>3</td><td colspan="2">环境温度</td><td>不低于设计工况的最低温度</td><td colspan="2"></td></tr>
<tr><td>4</td><td colspan="2">机架固定</td><td>焊缝达到要求，地脚螺栓紧固</td><td colspan="2"></td></tr>
<tr><td>5</td><td colspan="2">电器元件和设备</td><td>调试完毕，符合《机械电气安全　机械电气设备》（GB 5226.1）的有关规定</td><td colspan="2"></td></tr>
<tr><td>6</td><td rowspan="5">油泵试验</td><td colspan="2">油泵溢流阀全部打开，连续空转 30min</td><td>无异常现象</td><td colspan="2"></td><td rowspan="5"></td></tr>
<tr><td rowspan="3">7</td><td rowspan="3">管路充油运转试验的工作压力</td><td>50%</td><td rowspan="3">分别连续运转 5min，系统无振动、杂音、温升过高等现象；阀件及管路无漏油现象</td><td rowspan="3" colspan="2"></td></tr>
<tr><td>75%</td></tr>
<tr><td>100%</td></tr>
<tr><td>8</td><td colspan="2">排油检查</td><td>油泵在 1.1 倍工作压力下排油，无剧烈振动和杂音</td><td colspan="2"></td></tr>
</table>

续表

项次	检验项目		质量要求	检测情况	结论
9	手动操作实验	闸门升降	缓冲装置减速正常、闸门升降灵活、无卡阻		
10	自动操作实验	闸门启闭	灵活、无卡阻；快速闭门时间符合设计要求		
11	闸门沉降实验	活塞油封和管路系统漏油检查	将闸门提起，24h内闸门沉降量不大于100mm		
12		警示信号和自动复位功能	24h后，闸门沉降量超过100mm时，警示信号应提示；闸门沉降量超过200mm时，液压系统能自动复位；72h内自动复位次数不大于2次		
13	双吊点同步实验	同一台启闭机的两套油缸在全行程内同步运行	在行程内任意位置的同步偏差大于设计值时，如有自动纠偏装置，应自动投入纠偏装置		

检查意见：

检验人：（签字）	评定人：（签字）	监理工程师：（签字）
年 月 日	年 月 日	年 月 日

×××电站______工程

表 14.3　液压式启闭机试运行质量检查表（实例）

编号：____________

单位工程名称	溢流坝工程	分部工程名称	金属结构及启闭机安装	单元工程量	20t
单元工程名称、部位	液压式启闭机安装		试运行日期	2014 年 6 月 13 日	

项次	检验项目			质量要求	检测情况	结论
1	试运行前检查	门槽及运行区域		障碍物清除干净，闸门及油缸运行不受卡阻	障碍物清除干净，闸门及油缸运行不受卡阻	优良
2		液压系统的滤油芯		清洗或更换，试运行前液压系统的污染度等级应不低于 NAS9 级	清洗干净，试运行前液压系统的污染度等级不低于 NAS9 级	
3		环境温度		不低于设计工况的最低温度	高于工况的最低温度	
4		机架固定		焊缝达到要求，地脚螺栓紧固	焊缝达到要求，地脚螺栓紧固	
5		电器元件和设备		调试完毕，符合《机械电气安全　机械电气设备》（GB 5226.1）有关规定	调试完毕，符合《机械电气安全　机械电气设备》（GB 5226.1）有关规定	
6	油泵试验	油泵溢流阀全部打开，连续空转 30min		无异常现象	无异常现象	优良
7		管路充油运转试验的工作压力	50%	分别连续运转 5min，系统无振动、杂音、温升过高等现象；阀件及管路无漏油现象	连续运转 5min，系统无振动、杂音、温升过高等现象；阀件及管路无漏油现象	
			75%			
			100%			
8		排油检查		油泵在 1.1 倍工作压力下排油，无剧烈振动和杂音	油泵在 1.1 倍工作压力下排油，无剧烈振动和杂音	

续表

项次	检验项目		质量要求	检测情况	结论
9	手动操作实验	闸门升降	缓冲装置减速正常、闸门升降灵活、无卡阻	缓冲装置减速正常、闸门升降灵活、无卡阻	优良
10	自动操作实验	闸门启闭	灵活、无卡阻；快速闭门时间符合设计要求	灵活、无卡阻；快速闭门时间符合设计要求	
11	闸门沉降实验	活塞油封和管路系统漏油检查	将闸门提起，24h内闸门沉降量不大于100mm	将闸门提起，24h内闸门沉降量80mm	优良
12		警示信号和自动复位功能	24h后，闸门沉降量超过100mm时，警示信号应提示；闸门沉降量超过200mm时，液压系统能自动复位；72h内自动复位次数不大于2次	警示信号和自动复位功能正常	
13	双吊点同步实验	同一台启闭机的两套油缸在全行程内同步运行	在行程内任意位置的同步偏差大于设计值时，如有自动纠偏装置，应自动投入纠偏装置	同一台启闭机的两套油缸在全行程内同步运行，纠偏灵敏	

检查意见：

试运行符合质量标准，质量等级优良。

检验人：×××	评定人：×××	监理工程师：×××
2014年6月13日	2014年6月13日	2014年6月13日

表 14.3 液压式启闭机试运行质量检查表

填 表 说 明

填表时必须遵守“填表基本规定”，并应符合下列要求。

1. 单位工程、分部工程、单元工程名称及部位填写应与第一部分水工金属结构安装工程单元工程施工质量验收评定表中表 14 相同。

2. 单元工程量：填写本单元启闭机重量（t）或型号。

3. 启闭机试运行按运行质量标准要求进行。

4. 液压式启闭机试运行由试运行前检查、油泵试验、手动操作试验、自动操作试验、闸门沉降试验、双吊点同步试验等检验项目组成。

5. 单元工程安装质量试运行质量标准。设备的试验和试运行符合《水利水电工程单元工程施工质量验收评定标准水利机械辅助设备系统安装工程》（SL 635—2012）及相关专业标准的规定；各项报验资料符合《水利水电工程单元工程施工质量验收评定标准水利机械辅助设备系统安装工程》（SL 635—2012）的要求。

第二部分

施工质量评定备查表

表 1 管节安装施工质量验收检测表

单位工程名称			施工单位			
分部工程名称			检测部位			
单元工程名称			检测日期	年 月 日		
检测项目	钢管圆度		环缝对口径向错边量		其他部位管节的管口中心	
质量要求	合格	优良	合格	优良	合格	优良
	$5D/1000$，且不大于40mm	$5D/1000$，且不大于40mm	板厚 $\delta \leqslant 30$，不大于 $15\%\delta$，且不大于3mm	不大于 $10\%\delta$，且不大于3mm	25mm	20mm
测点位置（桩号）	实测值	偏差	实测值	偏差	实测值	偏差
合计						
质检员			测量员			

表 2

焊缝内部施工质量验收检测表

单位工程名称		施工单位		
分部工程名称		检测部位		
单元工程名称		检测日期	年　月　日	
检测项目	射线探伤		其他部位管节的管口中心	
质量要求	合格	优良	合格	优良
	一类焊缝不低于Ⅱ级，二类焊缝不低于Ⅲ级	一次合格率不低于90%	一类焊缝不低于Ⅰ级，二类焊缝不低于Ⅱ级	一次合格率不低于95%
测点位置（桩号）	实测值	偏差	实测值	偏差
合计				
质检员		测量员		

表 3　　平面闸门门体安装施工质量验收检测表

<table>
<tr><td>单位工程名称</td><td colspan="3"></td><td>施工单位</td><td colspan="2"></td></tr>
<tr><td>分部工程名称</td><td colspan="3"></td><td>检测部位</td><td colspan="2"></td></tr>
<tr><td>单元工程名称</td><td colspan="3"></td><td>检测日期</td><td colspan="2">年　月　日</td></tr>
<tr><td>检测项目</td><td colspan="2">止水橡皮顶面平度</td><td colspan="2">两侧止水中心距离和顶止水中心至底止水底缘距离</td><td colspan="2">止水橡皮实际压缩量和设计压缩量之差</td></tr>
<tr><td rowspan="2">质量要求</td><td>合格</td><td>优良</td><td>合格</td><td>优良</td><td>合格</td><td>优良</td></tr>
<tr><td>2.0mm</td><td>2.0mm</td><td colspan="2">±3.0mm</td><td colspan="2">−1.0～+2.0mm</td></tr>
<tr><td>测点位置（桩号）</td><td>实测值</td><td>偏差</td><td>实测值</td><td>偏差</td><td>实测值</td><td>偏差</td></tr>
<tr><td></td><td></td><td></td><td></td><td></td><td></td><td></td></tr>
<tr><td></td><td></td><td></td><td></td><td></td><td></td><td></td></tr>
<tr><td></td><td></td><td></td><td></td><td></td><td></td><td></td></tr>
<tr><td></td><td></td><td></td><td></td><td></td><td></td><td></td></tr>
<tr><td></td><td></td><td></td><td></td><td></td><td></td><td></td></tr>
<tr><td></td><td></td><td></td><td></td><td></td><td></td><td></td></tr>
<tr><td></td><td></td><td></td><td></td><td></td><td></td><td></td></tr>
<tr><td></td><td></td><td></td><td></td><td></td><td></td><td></td></tr>
<tr><td></td><td></td><td></td><td></td><td></td><td></td><td></td></tr>
<tr><td></td><td></td><td></td><td></td><td></td><td></td><td></td></tr>
<tr><td></td><td></td><td></td><td></td><td></td><td></td><td></td></tr>
<tr><td></td><td></td><td></td><td></td><td></td><td></td><td></td></tr>
<tr><td></td><td></td><td></td><td></td><td></td><td></td><td></td></tr>
<tr><td></td><td></td><td></td><td></td><td></td><td></td><td></td></tr>
<tr><td></td><td></td><td></td><td></td><td></td><td></td><td></td></tr>
<tr><td></td><td></td><td></td><td></td><td></td><td></td><td></td></tr>
<tr><td></td><td></td><td></td><td></td><td></td><td></td><td></td></tr>
<tr><td>合计</td><td></td><td></td><td></td><td></td><td></td><td></td></tr>
<tr><td>质检员</td><td colspan="2"></td><td colspan="2">测量员</td><td colspan="2"></td></tr>
</table>

表 4 **弧形闸门底槛施工质量验收检测表**

单位工程名称			施工单位	
分部工程名称			检测部位	
单元工程名称			检测日期	年　月　日
检测项目	工作表面平面度			
质量要求	合格		优良	
	2.0mm			
测点位置（桩号）	实测值		偏差	
合计				
质检员		测量员		

表 5　　　　　　　　弧形闸门侧止水板施工质量验收检测表

单位工程名称		施工单位	
分部工程名称		检测部位	
单元工程名称		检测日期	年　月　日
检测项目	对孔口中心线 b		
质量要求	合格		优良
	$-2.0 \sim +3.0$mm		
测点位置（桩号）	实测值		偏差
合计			
质检员		测量员	

表 6　　弧形闸门侧轮导板施工质量验收检测表

单位工程名称			施工单位	
分部工程名称			检测部位	
单元工程名称			检测日期	年　月　日
检测项目	对孔口中心线（工作范围内）		对孔口中心线（工作范围外）	
质量要求	合格	优良	合格	优良
	−2.0～+3.0mm		−2.0～+6.0mm	
测点位置（桩号）	实测值	偏差	实测值	偏差
合计				
质检员		测量员		

表 7　弧形闸门铰座钢梁及其相关埋件安装施工质量验收检测表

单位工程名称			施工单位			
分部工程名称			检测部位			
单元工程名称			检测日期	年　月　日		
检测项目	两侧止水板间距		两侧轮导板间距		侧止水板中心曲率半径	
质量要求	合格	优良	合格	优良	合格	优良
	－3.0～＋5.0mm		－3.0～＋5.0mm		±6.0mm	
测点位置（桩号）	实测值	偏差	实测值	偏差	实测值	偏差
合计						
质检员			测量员			

表 8　　人字闸门门体施工质量验收检测表

单位工程名称		施工单位	
分部工程名称		检测部位	
单元工程名称		检测日期	年　月　日
检测项目	支枕垫块间隙		
质量要求	合格	优良	
	2.0mm		
测点位置（桩号）	实测值	偏差	
合计			
质检员		测量员	

表 9　　**活动式拦污栅施工质量验收检测表**

单位工程名称			施工单位			
分部工程名称			检测部位			
单元工程名称			检测日期	年　月　日		
检测项目	主轨对栅槽中心线		反轨对栅槽中心线		主、反轨工作面距离	
质量要求	合格	优良	合格	优良	合格	优良
	−2.0～+3.0mm		−2.0～+5.0mm		−3.0～+7.0mm	
测点位置（桩号）	实测值	偏差	实测值	偏差	实测值	偏差
合计						
质检员			测量员			

表 10　　大车轨道安装施工质量验收检测表

单位工程名称			施工单位	
分部工程名称			检测部位	
单元工程名称			检测日期	年　月　日
检测项目	轨道实际中心线对轨道设计中心线位置的偏差		轨距	
质量要求	合格	优良	合格	优良
	2.0mm	1.5mm	±4.0mm	±3.0mm
测点位置（桩号）	实测值	偏差	实测值	偏差
合计				
质检员		测量员		

表 11　　　　大车轨道安装施工质量验收检测表

单位工程名称			施工单位	
分部工程名称			检测部位	
单元工程名称			检测日期	年　月　日
检测项目	轨道在全行程上最高点与最低点之差		同一横截面上两轨道标高相对差	
质量要求	合格	优良	合格	优良
	2.0mm	1.5mm	5.0mm	4.0mm
测点位置（桩号）	实测值	偏差	实测值	偏差
合计				
质检员		测量员		

第三部分

单位、分部工程质量评定通用表

________工程

表1　　工程项目施工质量评定表（样表）

<table>
<tr><td colspan="2">工程项目名称</td><td colspan="3"></td><td>项目法人</td><td colspan="5"></td></tr>
<tr><td colspan="2">工程等级</td><td colspan="3"></td><td>设计单位</td><td colspan="5"></td></tr>
<tr><td colspan="2">建设地点</td><td colspan="3"></td><td>监理单位</td><td colspan="5"></td></tr>
<tr><td colspan="2">主要工程量</td><td colspan="3"></td><td>施工单位</td><td colspan="5"></td></tr>
<tr><td colspan="2">开工、竣工日期</td><td colspan="3">年　月　日
至　年　月　日</td><td>评定日期</td><td colspan="5">年　月　日</td></tr>
<tr><td rowspan="2">序号</td><td rowspan="2">单位工程名称</td><td colspan="3">单元工程质量统计</td><td colspan="3">分部工程质量统计</td><td rowspan="2">单位工程等级</td><td rowspan="2">备注</td></tr>
<tr><td>个数/个</td><td>其中优良/个</td><td>优良率/%</td><td>个数/个</td><td>其中优良/个</td><td>优良率/%</td></tr>
<tr><td>1</td><td></td><td></td><td></td><td></td><td></td><td></td><td></td><td></td><td rowspan="14"></td></tr>
<tr><td>2</td><td></td><td></td><td></td><td></td><td></td><td></td><td></td><td></td></tr>
<tr><td>3</td><td></td><td></td><td></td><td></td><td></td><td></td><td></td><td></td></tr>
<tr><td>4</td><td></td><td></td><td></td><td></td><td></td><td></td><td></td><td></td></tr>
<tr><td>5</td><td></td><td></td><td></td><td></td><td></td><td></td><td></td><td></td></tr>
<tr><td>6</td><td></td><td></td><td></td><td></td><td></td><td></td><td></td><td></td></tr>
<tr><td>7</td><td></td><td></td><td></td><td></td><td></td><td></td><td></td><td></td></tr>
<tr><td>8</td><td></td><td></td><td></td><td></td><td></td><td></td><td></td><td></td></tr>
<tr><td>9</td><td></td><td></td><td></td><td></td><td></td><td></td><td></td><td></td></tr>
<tr><td>10</td><td></td><td></td><td></td><td></td><td></td><td></td><td></td><td></td></tr>
<tr><td>11</td><td></td><td></td><td></td><td></td><td></td><td></td><td></td><td></td></tr>
<tr><td>12</td><td></td><td></td><td></td><td></td><td></td><td></td><td></td><td></td></tr>
<tr><td>13</td><td></td><td></td><td></td><td></td><td></td><td></td><td></td><td></td></tr>
<tr><td colspan="2">单元工程、
分部工程合计</td><td></td><td></td><td></td><td></td><td></td><td></td><td></td></tr>
<tr><td colspan="2">评定结果</td><td colspan="8">本项目单位工程____个，质量全部合格。其中优良工程____个，优良率____%，主要单位工程优良率____%，观测资料分析结论：</td></tr>
<tr><td colspan="3">监理单位意见</td><td colspan="4">项目法人意见</td><td colspan="3">工程质量监督机构核定意见</td></tr>
<tr><td colspan="3">工程项目质量等级：

总监理工程师：

监理单位：（盖公章）

年　月　日</td><td colspan="4">工程项目质量等级：

法定代表人：

项目法人：（盖公章）

年　月　日</td><td colspan="3">工程项目质量等级：

负责人：

质量监督机构：（盖公章）

年　月　日</td></tr>
</table>

表1　工程项目施工质量评定表

填　表　说　明

填表时必须遵守“填表基本规定”，并符合以下要求。

1. 工程项目名称：按批准的初步设计报告的项目名称填写。

2. 工程等级：填写本工程项目等别、规模及主要建筑物级别。

3. 建设地点：填写建设工程的具体地名，如省、县、乡。

4. 主要工程量：填写2～3项数量最大及次大的工程量。混凝土工程必须填写混凝土（包括钢筋混凝土）方量，土石方工程必须填土石方填筑方量，砌石工程必须填写砌石方量。

5. 项目法人（建设单位）：填写全称。

6. 设计、施工、监理等单位：填写与项目法人签定合同时所用的名称（全称）。若一个工程项目是由多个施工（或多个设计、监理）单位承担任务时，表中只需填出承担主要任务的单位全称，并附页列出全部承担任务单位全称及各单位所完成的单位工程名称。若工程项目由一个施工单位总包、几个单位分包完成，表中只填总包单位全称，并附页列出分包单位全称及所完成的单位工程名称。

7. 开工日期：填写主体工程开工的年份（4位数）及月份。竣工日期：填写批准设计规定的内容全部完工的年（4位数）及月份。

8. 评定日期：填写工程项目质量等级评定的实际日期。

9. 本表在工程项目按批准设计规定的各单位工程已全部完成，各单位工程已进行施工质量等级评定后，由监理单位质量检测机构负责人填写，并进行工程项目质量评定，总监理工程师签字加盖公章，再交项目法人评定；项目法人的法定代表人签字，并盖公章，报质量监督机构核定质量等级；质量监督项目站长或质量监督机构委派的该项目负责人签字，并加盖公章。

10. 工程项目质量标准。

（1）合格等级标准。

1）单位工程质量全部合格。

2）工程施工期及试运行期，各单位工程观测资料分析结果均符合国家和行业技术标准以及合同约定的标准要求。

（2）优良等级标准。

1）单位工程质量全部合格，其中有70%及以上单位工程质量达到优良等级，且主要单位工程质量全部优良。

2）工程施工期及试运行期，各单位工程观测资料分析结果均符合国家和行业技术标准以及合同约定的标准要求。

______________工程

表 2　　单位工程施工质量评定表（样表）

工程项目名称		施工单位					
单位工程名称		施工日期	年　月　日至　　年　月　日				
单位工程量		评定日期					

序号	分部工程名称	质量等级		序号	分部工程名称	质量等级	
		合格	优良			合格	优良
1				8			
2				9			
3				10			
4				11			
5				12			
6				13			
7				14			
分部工程共____个，全部合格，其中优良____个，优良率____%，主要分部工程优良率____%							

外观质量	应得____分，实得____分，得分率____%
施工质量检验资料	
质量事故处理情况	
观测资料分析结论	

施工单位自评等级：	监理单位复核等级：	项目法人认定等级：	工程质量监督机构核定等级：
评定人：	复核人：	认定人：	核定人：
项目经理：	总监或副总监：	单位负责人：	机构负责人：
（盖公章）	（盖公章）	（盖公章）	（盖公章）
年　月　日	年　月　日	年　月　日	年　月　日

表2　单位工程施工质量评定表

填　表　说　明

填表时必须遵守“填表基本规定”，并符合以下要求。

1. 本表是单位工程质量评定表的统一格式。

2. 单位工程量，只填写本单位工程的主要工程量，表头其余各项按“填表基本规则”填写。

3. 分部工程名称按项目划分时确定的名称填写，并在相应的质量等级栏内加“√”标明。主要分部工程是指对工程安全、功能或效益起控制作用的分部工程，在项目划分时确定，主要分部工程名称前应加“△”符号。

4. 表身各项由施工单位按照经建设、监理单位核定的质量结论填写。

5. 表尾由各单位填写：①施工单位评定人指施工单位质量检测处负责人，项目经理指该项目质量责任人，本表应由施工单位质量检测处负责人填写和自评，项目经理审查、签字并加盖公章；②监理单位复核人指负责本单位工程质量控制的监理工程师，监理工程师复核后应由总监理工程师签字并加盖公章；③工程质量监督机构的核定人指负责本单位工程的质量监督员，机构负责人指项目站长或该项目监督责任人。

6. 单位工程质量标准。

(1) 合格等级标准。

1) 所含分部工程质量全部合格。

2) 质量事故已按要求进行处理。

3) 工程外观质量得分率达到70%及以上。

4) 单位工程施工质量检验与评定资料基本齐全。

5) 工程施工期及试运行期，单位工程观测资料分析结果符合国家和行业技术标准以及合同约定的标准要求。

(2) 优良等级标准。

1) 所含分部工程质量全部合格，其中70%及以上达到优良等级，主要分部工程质量全部优良，且施工中未发生过较大质量事故。

2) 质量事故已按要求进行处理。

3) 外观质量得分率达到85%及以上。

4) 单位工程施工质量检验与评定资料基本齐全。

5) 工程施工期及试运行期，单位工程观测资料分析结果符合国家和行业技术标准以及合同约定的标准要求。

______________工程

表 3　　单位工程施工质量检验与评定资料检查表（样表）

单位工程名称			施工单位	
			核查日期	年　月　日
项次	项　目		份数	核查情况
1	原材料	水泥出厂合格证、厂家试验报告		
2		钢材出厂合格证、厂家试验报告		
3		外加剂出厂合格证及有关技术性能指标		
4		粉煤灰出厂合格证及技术性能指标		
5		防水材料出厂合格证、厂家试验报告		
6		止水带出厂合格证及技术性能试验报告		
7		土工布出厂合格证及技术性能试验报告		
8		装饰材料出厂合格证及有关技术性能试验报告		
9		水泥复验报告及统计资料		
10		钢材复验报告及统计资料		
11		其他原材料出厂合格证及技术性能试验资料		
12	中间产品	砂、石骨料试验资料		
13		石料试验资料		
14		混凝土拌和物检查资料		
15		混凝土试件统计资料		
16		砂浆拌和物及试件统计资料		
17		混凝土预制件（块）检验资料		
18	金属结构及启闭机	拦污栅出厂合格证及有关技术文件		
19		闸门出厂合格证及有关技术文件		
20		启闭机出厂合格证及有关技术文件		
21		压力钢管生产许可证及有关技术文件		
22		闸门、拦污栅安装测量记录		
23		压力钢管安装测量记录		
24		启闭机安装测量记录		
25		焊接记录及探伤报告		
26		焊工资质证明材料（复印件）		
27		运行试验记录		

续表

项次	项　目		份数	核查情况
28	机电设备	产品出厂合格证、厂家提交的安装说明书及有关文件		
29		重大设备质量缺陷处理资料		
30		水轮发电机组安装测试记录		
31		升压变电设备安装测试记录		
32		电气设备安装测试记录		
33		焊缝探伤报告及焊工资质证明		
34		机组调试及试验记录		
35		水力机械辅助设备试验记录		
36		发电电气设备试验记录		
37		升压变电电气设备检测试验报告		
38		管道试验记录		
39		72h 试运行记录		
40	重要隐蔽工程施工记录	灌浆记录、图表		
41		造孔灌注桩施工记录、图表		
42		振冲桩振冲记录		
43		基础排水工程施工记录		
44		地下防渗墙施工记录		
45		主要建筑物地基开挖处理记录		
46		其他重要施工记录		
47	综合资料	质量事故调查及处理报告、重大缺陷处理检查记录		
48		工程施工期及试运行期观测资料		
49		工序、单元工程质量评定表		
50		分部工程单位工程质量评定表		

施工单位自查意见	监理单位复查结论
自查： 填表人： 质量检测部门负责人： （签字，盖公章） 年　月　日	复查： 监理工程师： 监理单位： （盖公章） 年　月　日

表3　单位工程施工质量检验与评定资料检查表

填　表　说　明

填表时必须遵守“填表基本规定”，并符合以下要求。

1. 本表是单位工程施工质量检验资料核查时使用。

2. 本表由施工单位内业技术人员负责逐项填写，并签名。施工单位质量检测部门负责人签字加盖公章，再交该单位工程监理工程师复查，填写复查意见、签名，加盖监理单位公章。

3. 核查情况栏内，主要应记录核查中发现的问题，并对资料齐备情况进行描述。

4. 核查应按照《水利水电工程单元工程施工质量验收评定标准——水工金属结构安装工程》（SL 635—2012）和《水利水电工程施工质量检验与评定规程》（SL 176—2007）要求逐项进行。

5. 核查意见填写尺度。

（1）齐全。指单位工程能按上述第4点所述要求，具有数量和内容完整的技术资料。

（2）基本齐全。指单位工程的质量检验资料的类别或数量不够完善，但已有资料仍能反映其结构安全和使用功能符合设计要求者。

对达不到“基本齐全”要求的单位工程，尚不具备评定单位工程质量等级的条件。

________________工程

表 4　　分部工程施工质量评定表（样表）

<table>
<tr><td colspan="2">单位工程名称</td><td colspan="2"></td><td>施工单位</td><td colspan="2"></td></tr>
<tr><td colspan="2">分部工程名称</td><td colspan="2"></td><td>施工日期</td><td colspan="2">年　月　日至　年　月　日</td></tr>
<tr><td colspan="2">分部工程量</td><td colspan="2"></td><td>评定日期</td><td colspan="2">年　月　日</td></tr>
<tr><td>项次</td><td>单元工程种类</td><td>工程量</td><td>单元工程
个数</td><td>合格数
/个</td><td>其中优良数
/个</td><td>备注</td></tr>
<tr><td>1</td><td></td><td></td><td></td><td></td><td></td><td></td></tr>
<tr><td>2</td><td></td><td></td><td></td><td></td><td></td><td></td></tr>
<tr><td>3</td><td></td><td></td><td></td><td></td><td></td><td></td></tr>
<tr><td>4</td><td></td><td></td><td></td><td></td><td></td><td></td></tr>
<tr><td>5</td><td></td><td></td><td></td><td></td><td></td><td></td></tr>
<tr><td>6</td><td></td><td></td><td></td><td></td><td></td><td></td></tr>
<tr><td colspan="2">合　计</td><td></td><td></td><td></td><td></td><td></td></tr>
<tr><td colspan="2">重要隐蔽单元工程、
关键部位单元工程</td><td></td><td></td><td></td><td></td><td></td></tr>
<tr><td colspan="3">施工单位自评意见</td><td colspan="2">监理单位复核意见</td><td colspan="2">项目法人认定意见</td></tr>
<tr><td colspan="3">本分部工程的单元工程质量全部合格，优良率为____%，重要隐蔽单元工程及关键部位单元工程____个，优良率为____%。原材料质量____，中间产品质量____，金属结构及启闭机制造质量____，机电产品质量____。质量事故及质量缺陷处理情况：
分部工程质量等级：
评定人：
项目技术负责人：
（签字，盖公章）
年　月　日</td><td colspan="2">复核意见：
分部工程质量等级：
监理工程师：
年　月　日
总监或副总监：
（签字，盖公章）
年　月　日</td><td colspan="2">认定意见：
分部工程质量等级：
现场代表：
年　月　日
技术负责人：
（签字，盖公章）
年　月　日</td></tr>
<tr><td colspan="2">工程质量
监督机构</td><td colspan="5">核定（备）意见：
核定等级：
核定（备）人：　（签名）　负责人：　（签名）
年　月　日　至　年　月　日</td></tr>
<tr><td colspan="7">**注**　分部工程验收的质量结论，由项目法人报工程质量监督机构核备。大型枢纽工程主要建筑物的分部工程验收的质量结论，由项目法人报工程质量监督机构核定。</td></tr>
</table>

表4　分部工程施工质量评定表

填　表　说　明

填表时必须遵守“填表基本规定”，并符合以下要求。

1. 本表是分部工程质量评定表的统一格式。

2. 分部工程量，只填写本分部工程的主要工程量。

3. 单元工程类别按《新标准》的单元工程类型填写。

4. 单元工程个数指一般单元工程、主要单元工程、重要隐蔽工程及关键部位的单元工程个数之和。

5. 合格个数指单元工程质量达到合格及以上质量等级的个数。

6. 主要单元工程、重要隐蔽工程、工程关键部位指工程项目划分中所确定的主要单元工程、重要隐蔽工程、工程关键部位。其中主要单元工程用“△”符号表示，重要隐蔽工程用“*”符号表示，工程关键部位用“#”符号表示。

7. 本表自表头到施工单位自评意见均由施工单位质量检测部门填写，并自评质量等级。评定人签字后，由项目经理或经理代表签字并加盖公章。

8. 监理单位复核意见栏，由负责该分部工程质量控制的监理工程师填写，签字后交总监或副总监核定、签字并加盖公章。

9. 工程质量监督机构核备栏，本工程的分部工程施工质量，在施工单位自评、监理单位复核后，报工程质量监督机构核备。

10. 分部工程施工质量评定时，工程的原材料（主要指水泥、钢材、土工布等）、中间产品（主要指砂、石骨料，混凝土、砂浆拌和物等）、金属结构（主要指闸门、启闭机、拦污栅等）以及机电、设备（主要指升压变电电气设备等）的质量，由施工单位自查，监理单位进行核查，并作为分部工程质量评定的依据。

11. 分部工程质量标准。

（1）合格等级标准。

1）所含单元工程的质量全部合格，质量事故及质量缺陷已按要求处理，并经检验合格。

2）原材料、中间产品及混凝土（砂浆）试件质量全部合格，金属结构及启闭机制造质量合格，机电产品质量合格。

（2）优良等级标准。

1）所含单元工程质量全部合格，其中70%及以上达到优良等级，重要隐蔽单元工程和关键部位单元工程质量优良率达到90%以上，且未发生过质量事故。

2）中间产品质量全部合格，混凝土（砂浆）试件质量达到优良等级（当试件组数小于30时，试件质量合格），原材料质量、金属结构及启闭机制造质量合格，机电产品质量合格。

______________工程

表 5　重要隐蔽（关键部位）单元工程质量等级签证表（样表）

<table>
<tr><td colspan="2">单位工程名称</td><td></td><td>单元工程量</td><td colspan="2"></td></tr>
<tr><td colspan="2">分部工程名称</td><td></td><td>施工单位</td><td colspan="2"></td></tr>
<tr><td colspan="2">单元工程名称、部位</td><td></td><td>自评日期</td><td colspan="2">年　月　日</td></tr>
<tr><td colspan="2">施工单位自评意见</td><td colspan="4">1. 自评意见：
2. 自评质量等级：
终检人员：　　（签名）</td></tr>
<tr><td colspan="2">监理单位抽查意见</td><td colspan="4">抽查意见：
监理工程师：　　（签名）</td></tr>
<tr><td colspan="2">联合小组核定意见</td><td colspan="4">1. 核定意见：
2. 质量等级：
年　月　日</td></tr>
<tr><td colspan="2">保留意见</td><td colspan="4"></td></tr>
<tr><td colspan="2">备查资料清单</td><td colspan="4">1. 地质编录 □
2. 测量成果（包括平面图、纵横断面图） □
3. 检验试验报告（岩芯试验、软基承载力试验、结构强度等） □
4. 影像资料 □
5. 其他（　　　　） □</td></tr>
<tr><td rowspan="6">联合小组成员</td><td colspan="3">单位名称</td><td>职务、职称</td><td>签名</td></tr>
<tr><td>项目法人</td><td colspan="2"></td><td></td><td></td></tr>
<tr><td>监理单位</td><td colspan="2"></td><td></td><td></td></tr>
<tr><td>设计单位</td><td colspan="2"></td><td></td><td></td></tr>
<tr><td>施工单位</td><td colspan="2"></td><td></td><td></td></tr>
<tr><td>运行管理</td><td colspan="2"></td><td></td><td></td></tr>
<tr><td colspan="6">注　重要隐蔽单元工程验收时，设计单位应同时派地质工程师参加。备查资料清单中凡涉及的项目应在“□”内打“√”，如有其他资料应在括号内注明资料的名称。</td></tr>
</table>

______________工程

表5　重要隐蔽（关键部位）单元工程质量等级签证表

填　表　说　明

填表时必须遵守“填表基本规定”，并符合以下要求。

1. 重要隐蔽（关键部位）单元工程应在项目划分时明确。

2. 重要隐蔽单元工程指主要建筑物的地基开挖、地下洞室开挖、地基防渗、加固处理和排水等隐蔽工程中，对工程安全或使用功能有严重影响的单元工程。关键部位单元工程指对工程安全、效益、或使用功能有显著影响的单元工程。

3. 重要隐蔽单元工程及关键部位单元工程质量经施工单位自评合格，监理机构抽验后，由项目法人（或委托监理）、监理、设计、施工、运行管理（施工阶段已经有时）等单位组成联合小组，共同检查核定其质量等级并填写签证表，报质量监督机构核备。

4. 地质编录指在地质勘查、勘探中，利用文字、图件、影像、表格等形式对各种工程的地质现象进行编绘、记录的过程。包括建基面地质剖面的岩性及厚度、风化程度、不良地质情况等，由设计单位形成书面意见，测绘人员和复核人员签字。

5. 测量成果是指平面图、纵横断面图，包括测量原始手簿、测量计算成果等。

6. 检验试验报告包括地基岩芯试验报告、岩石完整性超声波检测报告、软基承载力试验报告、结构强度试验报告等，检验报告中须注明取样的平面位置和高程。

7. 影像资料包括照片、图像、影像光盘等。

8. 其他资料包括施工单位原材料检测资料等。

9. 质量验收评定标准视具体单元工程类别确定。